智能系统与技术丛书

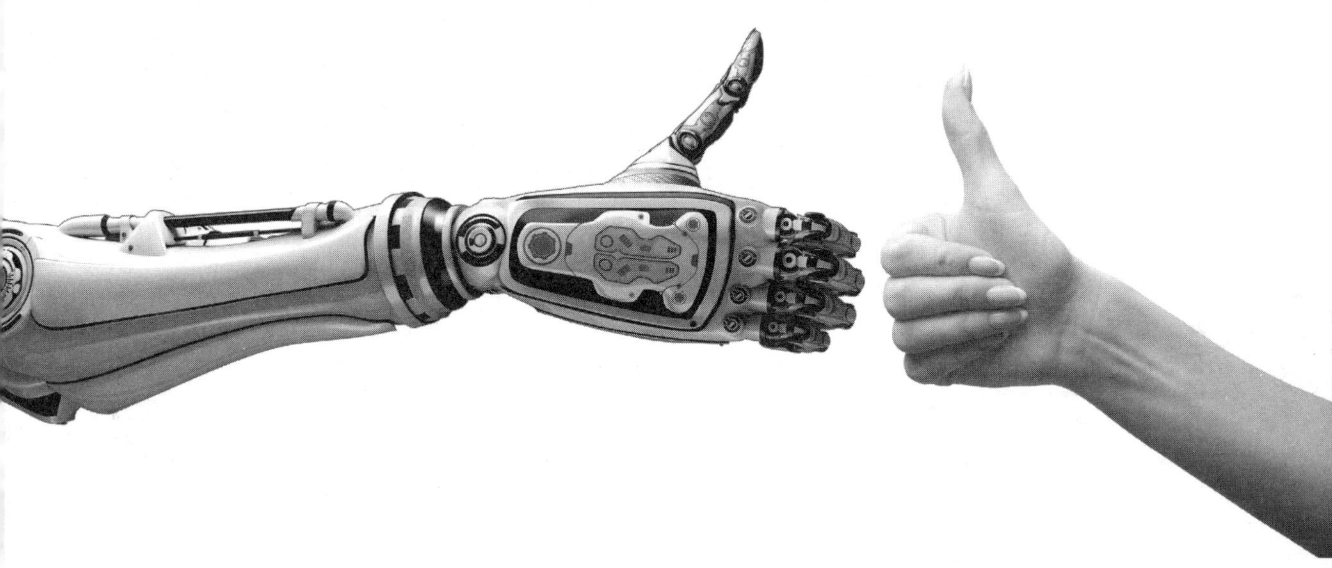

智能科学技术导论

INTRODUCTION TO INTELLIGENT SCIENCE AND TECHNOLOGY

周昌乐 著

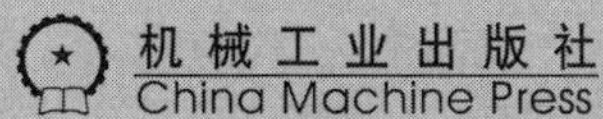

图书在版编目（CIP）数据

智能科学技术导论 / 周昌乐著 . —北京：机械工业出版社，2015.9（2020.5 重印）
（智能系统与技术丛书）

ISBN 978-7-111-51703-0

I. 智⋯ II. 周⋯ III. 人工智能 - 研究 IV. TP18

中国版本图书馆 CIP 数据核字（2015）第 237056 号

本书主要围绕着学科内涵展开，强调学科基础知识、主要研究方法、核心研究领域、若干热点问题以及前沿应用技术等，内容涉及智能哲学、智能科学、智能技术等诸多方面。本书覆盖了智能科学与技术专业入门课程所必须掌握的核心知识，强调基础性、思想性和前沿性并重，主要包括学科基础、科学研究和技术应用等部分，学科基础部分涉及学科概述、算法运用和学科展望等方面的内容，科学研究部分涉及环境感知、思维运作、行为表现等方面的内容，而技术应用部分则涉及智能接口、智能系统和智能社会等方面的内容。

本书可作为高等院校智能科学与技术专业本科生入门课程的教材，也可以供智能科学技术专业教师与科技人员学习参考。

出版发行：机械工业出版社（北京市西城区百万庄大街 22 号 邮政编码：100037）
责任编辑：佘 洁　　责任校对：殷 虹
印 刷：三河市宏图印务有限公司　　版 次：2020 年 5 月第 1 版第 4 次印刷
开 本：185mm × 260mm 1/16　　印 张：11.5
书 号：ISBN 978-7-111-51703-0　　定 价：30.00 元

客服电话：(010) 88361066 88379833 68326294　　投稿热线：(010) 88379604
华章网站：www.hzbook.com　　读者信箱：hzjsj@hzbook.com

PREFACE

前　　言

智能科学与技术专业是一个新兴的学科专业，也是一个发展极为迅速的学科专业。自北京大学2003年率先获教育部批准建立，并于2004年开始招收该专业本科学生以来，目前在全国已有10余所高校建立了智能科学与技术系，近30余所高校设置了智能科学与技术本科专业。但是遗憾的是，由于属于尚在不断发展之中的新兴学科，该专业的教材建设相对滞后，特别是专业入门教材更为短缺，远远不能满足该专业的教学需求。

厦门大学是全国第三个建立智能科学与技术系的大学，并于2007年正式招生，开始了智能科学与技术专业本科生的培养。在该专业办学伊始，厦门大学智能科学与技术系就十分重视教学质量的管控，考虑到笔者从事人工智能研究的时间相对较长，因此推荐笔者承担该专业入门课程的教学任务。

鉴于教材缺乏，自从承担入门课程的教学以来，笔者便有意留心教材的撰写工作。虽然由于身体和出国原因，笔者担任的该课程教学任务曾经中断过一段时间，但教材的撰写却一直没有中断。2011年访学美国一年回国后，笔者又继续担任该入门课程的教学工作，开始采用初步撰写的教材进行授课，并取得了较为满意的教学效果。

现在，又经过4年的不断改进与讲授，该课程教材终于能够出版面世了。应该说，对于从未为本科生撰写过教材的笔者来说，能够为智能科学与技术专业的教材建设做出一点微薄的贡献，还是感到十分欣慰的。

本教材共分为五个部分。第一部分只包含第1章“概述”，旨在让学生了解智能科学与技术学科的概貌，包括学科内涵的界定说明、学科发展的简短历史以及有关人脑运作机制的论述。其中1.2节“智能简史”和1.3节“人脑机制”的撰写主要参考了《心脑计算举要》（周昌乐，2003）第1章的相关内容，并根据最近十几年的学术进展加以补充和完善。

第二部分只有第2章“算法运用”，旨在让学生了解智能科学与技术学科所依仗的算法工具，不但介绍算法及其性质、构建算法的步骤以及算法结构的分析，还介绍运用算法思想来求解智力问题的策略。本章的内容除了来自《无心的机器》（周昌乐，2000）相关章节之外，部分内容根据美国布罗克契尔所著《计算机科学概论》第7版的相关章节有针对性地改造、丰富和完善而形成，特此致以衷心感谢。

第三部分包括三章，反映了智能科学研究最为核心的内容，旨在让学生了解智能科学主要涉及的研究对象及其方法。第 3 章“环境感知”、第 4 章“思维运作”和第 5 章“行为表现”分别从人类智能处理过程的主要环节来讨论机器智能实现可能采取的具体策略。本部分各章节内容主要来自《无心的机器》和《心脑计算举要》的相关章节，并根据各个涉及领域的最新进展加以完善而成。

第四部分主要介绍智能学科有关技术应用方面的核心内容，包括第 6 章“智能接口”、第 7 章“智能系统”和第 8 章“智能社会”，希望通过系统的教学让学生了解智能技术在社会和经济建设发展中重要的应用领域，进而意识到该学科对未来智能社会发展的技术支撑作用。为了尽可能体现当代成熟的智能方法、技术及其应用，各章节内容除了援引笔者自己的著述外，主要博采众家相关文献并加以改写而成，对所有引用文献的作者致以衷心的感谢。

最后一部分只有一章内容，即第 9 章“展望”，涉及哲学思辨和学科前景的思考，教学的主要目的是培养学生的独立思考能力和科学批判精神。

从撰写教材的指导思想来看，基础性、前瞻性、生动性是笔者主要遵循的宗旨。所谓基础性，是要求学生掌握智能科学与技术专业的基本概念、知识和方法，了解本学科的研究对象、任务与历史。所谓前瞻性，是要求学生具备独立把握学科发展趋势的宽阔视野，并对学科前沿研究领域和应用前景有充分的认识。所谓生动性，则是要求教材不但思想深刻先进、内容丰富多彩，而且讲述形式生动有趣，能够激发学生对本专业的兴趣和热爱。

当然，目前智能科学技术学科尚未成型，但其蓬勃发展的趋势必将是不可阻挡的。众所周知，影响社会形态发展的核心要素主要有观念、制度和技术这样三个层面，其中技术是社会发展变革的动力。当今是信息技术支撑的信息社会时代，而信息技术的高级阶段是智能技术，因此未来必将进入智能社会的时代。实际上，从智能手机、智能家居、智能社区到智慧城市，智能科学与技术确实发挥着越来越重要的作用。因此，这样一部新兴学科专业的入门教材，在智能科学与技术专业的人才培养中也一定会越来越重要。

最后，衷心感谢厦门大学智能科学与技术系的全体同仁对笔者这门课程教学工作的支持。特别要感谢曾多年接替笔者担任此门课程教学工作的陈锦秀博士，第 2 章算法运用方面的内容参考了其授课课件。另外，还要感谢历届智能科学与技术专业学生的意见反馈，如果没有他们的支持，这部教材也没有出版的可能。

作者

2015 年 9 月

SUGGESTION

教学建议

教学章节	教学要求	课时
第 1 章 概述	了解智能科学技术学科的内涵 了解智能科学技术的发展历史 了解人脑及其工作原理	3
	开放式讨论智能科学、神经科学和认知科学等热点问题	1
第 2 章 算法运用	掌握算法构造方法 了解算法结构及其主要特点 掌握编制基本问题求解算法的方法，特别是空间搜索方法、归结策略以及机器博弈等最为常用的方法	3
	补充讲授机器系统运行的工作原理	1
第 3 章 环境感知	了解人类视觉原理 了解机器视觉的基本原理 掌握机器视觉中有关景物理解的实现途径，包括如何获取景物空间线索、典型的马尔视觉计算理论以及视觉主动计算问题等	3
	补充讲授图像处理技术的基本方法	1
第 4 章 思维运作	了解语言理解的主要步骤 了解机器意识的研究现状 了解机器艺术创作主要涉及的问题	3
	开放式讨论语言理解、机器意识和艺术创造等前沿智能科学问题	1
第 5 章 行为表现	了解人体运动系统的神经机制 了解机器仿人行为的研究现状 了解机器歌舞实现的主要内容	3
	参观相关的智能机器人实验室，加深对机器行为控制难度的认识	1
第 6 章 智能接口	掌握人机会话系统的实现原理 了解机器情感交流的研究现状 了解脑机接口前沿技术的发展趋势	3
	开放式讨论脑机接口、脑机融合以及脑联网等前沿问题	1

（续）

教学章节	教学要求	课时
第 7 章 智能系统	掌握专家系统的基本工作原理 了解混合系统的构成方法 了解各类智能机器的发展现状	3
	演示若干典型的智能系统，如传统专家系统、混合智能系统或智能机器人系统	1
第 8 章 智能社会	了解智能家居的系统架构 了解智能交通的系统架构 了解智慧城市的系统架构	3
	邀请具有丰富开发经验的智能社会工程系统架构师，介绍相关工程项目	1
第 9 章 展望	掌握机器困境的基本知识 了解智能哲学的主要观点和范式 了解学科前景的主要发展趋势	3
	开放式讨论有关植入芯片、心灵控制、大脑扫描等带来的智能哲学问题	1
理论教学课时		27
讨论、补习、观摩等环节课时		9
合计		36

说明：

① 讨论、补习、观摩环节课时与理论课时按 1：3 配置，共 9 课时。

② 可将该课程的教学全部安排在多媒体机房中，以 2 课时为教学单位，共需 18 个教学单位，每周 1 个教学单位，共 18 周。

CONTENTS

目　录

CHAPTER 1
第 1 章

概　　述

任何一个学科都有自己研究的对象、任务与历史，作为智能科技导论教材的第1章，我们首先就这一学科的基本概况、发展历史以及研究对象做简要的论述，使得读者一开始就对本学科有一个比较整体的把握。

1.1　学科界定

智能科学与技术学科的核心概念自然就是“智能”（Intelligence）了。那么如何界定“智能”这一概念呢？应该承认，智能科学技术学界对这一基本概念目前尚无一致接受的界定。从某种意义上讲，一门学科的主要任务之一往往就是要厘清其最为核心的概念。比如美学研究的目的就是要弄清“美”这一概念的内涵和外延，因此产生了各种美学学派，对什么是“美”有着各种不同的解释。智能科学技术学科也一样，由于研究问题的角度与目标不同，对“智能”的性质、作用及其形成机制等解释也有种种不同的认识。这里我们主要对目前其中涉及的学科内涵、学科地位和社会作用等先来进行概要说明。

1.1.1　作为新兴学科的内涵

首先我们来看看什么叫做智能。通常人们愿意将智能看作一种心智能力，因此从科学角度上讲必然与神经机制和认知活动密切相关。不过不同于生物层次的“神经”和心理层次的“认知”，“智能”更多的是偏重于宏观行为层次的界定。

大致而言，对智能的描述可以归纳为适应环境的学习能力、灵活机智的反应能力以及预想创造的思维能力等等。应该说“智能”一词重在“能”字，指的是一种心智能力，所以特别强调心智机制的实现，跟学习、适应、感知、理解、推理、判断、情感、预想、创造、行为和意识等心理能力都密切相关。诸位读者，不知你们自己心目中的“智能”定义又是什么？不妨也给出一个自己认可的定义。

虽然对学科核心概念“智能”难以界定，但智能科学技术学科本身的研究对象和任务还是比较清晰的，有着比较统一的认识。归纳起来，该学科的目标性界定可以陈述为：**将人类智能（部分地）植入机器，使其更加“聪明”灵活地服务于人类社会。**根据这个定义，智能科学技术专业的学科内涵将涉及智能哲学、智能科学、智能技术等多个方面，下面我们分别简要加以论述。

1）**智能哲学**。在上述学科界定陈述中“部分地”一词就涉及心灵哲学，特别是智能哲学的研究探讨：机器能够拥有人类哪些部分的心智能力？抑或是全部？人类具有美妙绝伦的心智能力，机器能否也可以拥有与之相媲美的智能呢？

比如，英国一位名叫凯文·渥维克的绅士在《机器的征途》一书中，不无耸人听闻地宣称，到了2050年机器将取代人类成为这个世界的主宰，而人类将丧失最终的智力优势。难道这真的将成为未来的现实吗？

也就是说，机器真的也会拥有人类的心智能力，机器也能够像我们一样会哭会笑并意识到自己的情感波动，像我们一样具有创造性能力并会不断自我完善、创造出更加聪明的机器后代吗？这些问题就构成了智能哲学的研究任务。

2）**智能科学**。要将人类智能植入机器，自然要涉及狭义认知科学研究，主要关注的是人工智能理论研究内容。在认知科学的范围内，所谓狭义的认知科学就是“心智计算理论”，如果加上其应用技术方面的工作，就构成了智能科学技术的核心内容：心智计算理论及其应用技术。加拿大著名的认知科学家保罗·萨伽德认为：“认知科学的中心假设是CRUM（Computational-Representational Understanding of Mind），对思维最恰当的理解是将其视为心智中的表征结构以及在这些结构上进行操作的计算程序。”

这也可以看作智能科学研究任务的界定。作为与计算机科学中程序概念的对比，智能科学更关心的是“思维”概念，因此可以有如下的类比：

程序 = 数据结构 + 算法 ~ 思维 = 心理表征 + 计算程序

这样，结合脑科学、心理学和语言学，智能科学理论的主要研究内容及其关系就可以用图1-1来呈现。

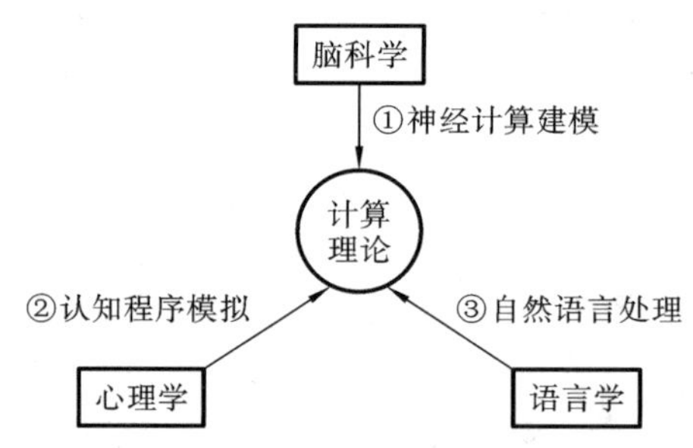

图1-1　智能科学理论涉及的内容及其关系

从图1-1中不难看出，智能科学理论主要运用计算理论，围绕着人类心智能力，开展神经计算建模、认知程序模拟和自然语言处理三个方面的研究内容。

3）**智能技术**。植入机器的工作毫无疑问就会涉及具体的技术实现问题。在这个方面，除了研制机器本身之外，主要涉及各种智能信息处理方法，特别是那些最为关键的核心智能方法及其实现技术。

应该说，智能科学与技术学科的奇异之处就是试图将一长串严格形式化的规则放在一起，用这些规则教会不灵活的机器如何变得灵活起来。此时，也会涉及具体方法的技术实现问题，包括智能计算技术、智能控制技术、智能交互技术，甚至脑机融合技术等。这就需要研究各种有效的智能方法及其实现技术，使得制造灵活智能的机器成为可能。但我们也必须指出，真正有效的智能方法及其实现技术的形成恰恰也就是智能学科具有挑战性的核心问题。

我们知道，任何事物均可以从不同的层次去描述，特别是复杂的事物，往往可以从多个层次去描述。一些简单的事物往往只需从一个层次来描述，比如非智能化计算算法中的问题。而智能学科研究中的一个重大问题就是要指出如何跨越不同层次描述间的鸿沟，即如何构造一个系统，使它可以接受一个层次上的描述，然后从中涌现性地生成另一个层次上的描述。显然，在复杂智能系统中最高层次就涉及意识能力问题。从智能技术上讲，目前仅仅依赖于预先编程的机器还不可能在一个更高的意识层次上思考问题。因此，智能科学技术的研究发展也是任重道远。

应该明白，智能科学技术正是具有人类心智能力的机器实现的关键所在，层出不穷的各种机器智能实现方法也构成了智能科学与技术不断发展的动力，成为智能科学与技术学科长期积累最为主要的内容。

1.1.2　在信息学科中的地位

从上面的论述中，我们了解了智能科学技术学科的目标任务以及广泛的研究内容。现在，根据其主要的学科目标、任务和内容，我们也不难看到该学科在整个信息科学技术及信息社会发展中的重要地位。下面我们分别加以简略说明。

信息科学与技术学科群主要包括电子科学与技术、通信科学与工程、控制科学与工程、计算机科学与技术以及智能科学与技术五个本科专业。为了让读者大略了解不同学科在整体信息学科群的地位与相互之间的关系，我们给出了一个“信息类学科 ICE 关系图”，如图 1-2 所示。在图 1-2 中，“电子”是基础，“计算”提供核心方法，并与“通信”与“控制”一起构成信息科学与技术的基本运作手段，最后“智能”则是进一步的发展趋势，“三 C”均可以加以“智能化”发展，代表着信息科学与技术的前进方向与未来。

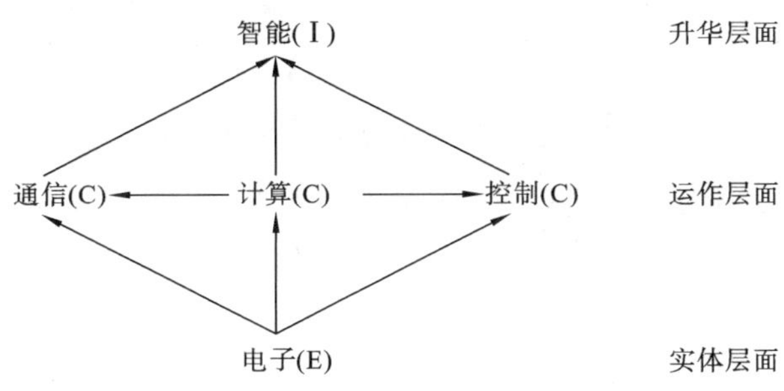

图 1-2　信息冰山：信息类学科 ICE 关系图

如果将整个信息学科看作海洋中的一座冰山（刚好全部构成学科的英文名称首字母构成“ICE”），那么智能学科就是露出海面的冰山尖，尽管只占冰山体积的八分之一，但一旦阳光普照，便能熠熠生辉。要知道“无限风光在险峰”，智能学科技术发展尽管无比艰难，有无数险阻，但一旦有所突破，便可以发出无限耀眼的光芒。

1.1.3　推动社会进步的作用

至于智能科学技术在社会发展进程中所起的作用，更是前途一片光明。研究开发出来的智能技术是要灵活地服务于人类社会的，这样就涉及智能产品的研发，其属于智能技术应用研究的内容。未来重大产业的发展机遇必将出现在人工智能、智能机器人和脑科学领域，而其中就像人类基因组计划带动生物技术的革命一样，目前人类大脑计划也将成为新兴智能技术革命的驱动引擎。总之，未来智能技术的应用前景无比广阔。

应该看到，我们正处在一个信息化的时代，支撑这个时代的技术就是信息技术，而信息技术的前沿技术就是智能技术。因此，信息化不可能停留在数字化之上，如数字家庭、数字城市、数字媒体、数字地球等；而是应该不断走向智能化，从智能家居、智能社区、智慧城市，一直到智能社会。在当今社会发展中，智能技术不仅仅是信息技术发展的驱动力，而且其本身也越来越成为信息技术的主流。这就意味着，智能技术在当今和未来的社会中必将具有极为广泛的用武之地。

我们已经知道，21 世纪的社会不是信息社会，而是智能社会。就像信息技术是信息社会的核心支撑技术一样，智能社会的核心支撑技术就是智能技术。众所周知，构成社会形态的三个要素中（思想观念、社会制度和支撑技术）起决定性作用的是技术，技术层面的进步必定会带来社会形态的变革。我们从人类社会的发展历程中已经看到这样的必然规律，石器时代（原始社会）、青铜器时代（奴隶社会）、铁器时代（农业社会）、蒸汽机时代（工业社会）、电子时代（信息社会）无不如此。

信息技术的进步带来了传统的生活方式和社会交往形式的改变，从而导致人们价值观念体系的重大变革。而从技术层面上讲，信息技术高度发展的最终表现形式就是智能技术，并因此可以说智能社会也就是信息时代的社会最终表现形态。

更加确切地讲，信息化社会的发展分为三个阶段：电子化、数字化、智能化。其中，智能化是信息化的高级阶段，因此信息社会的高级阶段必将是智能社会，也就成为必然的发展趋势。从这个意义上讲，我们没有理由不扎实地掌握先进的智能科学技术，以迎接智能社会的到来。

特别是作为本专业的学生，就是要通过系统专业知识的学习，不断提高自己的工作能力、专业素质和思想境界。一方面要充分了解本学科的基本内容，包括概念、思想、方法、前沿及挑战等；另一方面，则要拓展相关学科知识面，开拓眼界、提高思维能力、转变思想境界。努力打造成为未来社会建设洪流中的领军人才，切实为加快智能社会的发展，做出自己重要的贡献。

1.2　智能简史

比起其他学科，智能科学与技术学科正式的历史就显得十分短暂。但再短的历史，通过读史照样可以明智的。因此，通过回顾智能学科简短的历史，也许我们会对如何进一步推动智能科学技术发展进程有更加清醒的认识。

1.2.1　智能科学的草创期

现代计算机的诞生及其所表现出来越来越强大的计算能力，为智能科学与技术的研究提供了越来越先进的实现工具。这便促使科学家考虑机器能不能像人脑一样思维的问题。1950年，英国著名数学家、理论计算模型图灵机的提出者阿兰·图灵（A M Turing）运用他非凡的才智，在《心智》杂志上发表了一篇题为“计算机器与心智”的文章，第一次提出了“机器能不能思维”这一重要课题。从此也拉开了人类史上智能科学研究的序幕。

智能科学肇始于早期人工智能的研究。所谓人工智能指的是这样一种科学研究领域，其主要研究如何使机器做过去只有人才能做的智能工作。1956年夏天，作为对图灵所提出课题的一种响应，美国的一些科学家包括明斯基（M L Minsky）、香农（C Shannon）、莫尔（T Moore）、塞缪尔（A Samual）、罗杰斯特（N Lochester）、塞尔夫利奇（O Selfrige）、西蒙（H A Simon）、纽厄尔（A Newell）以及麦卡锡（J Mccarthy）等人，他们在美国达特茅斯大学联合发起召开了第一次人工智能学术研讨会。经麦卡锡提议，会上正式决定使用“人工智能”（Artificial Intelligence）来概括会议所关心的研究内容。从此，也就宣告了作为一门独立学科的正式诞生。

人工智能学科一经正式形成，在最初的十年时间里（大约在1956年~1965年之间，史称早期的热情期），主要围绕着问题求解研究展开，产生了以机器翻译、智力游戏、人机博弈、定理证明和字符识别等为主的一大批研究成果，如图1-3所示。伴随着研究工作的展开，与此同时也形成逻辑符号、神经网络和遗传演化三种人工智能主要方法的雏形，因此也确定了人工智能进一步深入研究的基础。

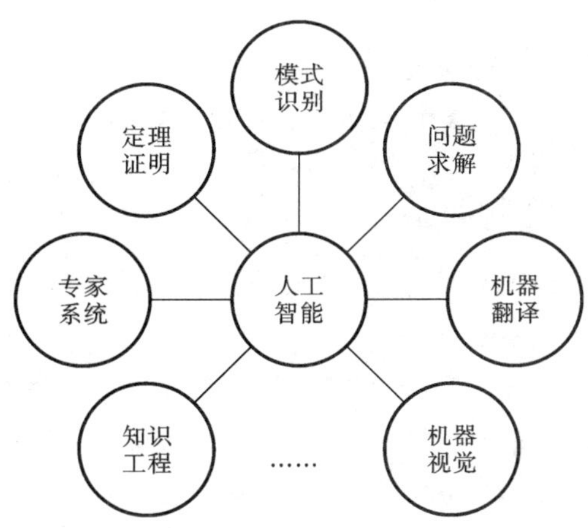

图1-3　早期人工智能主要关心的研究领域

自然语言的机器翻译也许是人工智能研究中最早的研究领域。电子计算机刚问世，人们就有了机器翻译的想法。到了1953年，美国乔治敦大学的语言系进行了第一次机器翻译的实际试验。1954年，IBM公司则在701机上进行了俄英翻译的公开表演。1956年另一个对自然语言处理有深远影响的成就是乔姆斯基（N Chomsky）提出的一种转换生成语法，开创了形式语言的研究先河。

在人机博弈和定理证明方面，塞缪尔编制的跳棋程序，具有一定积累经验的自学习能力，并于1962年荣获美国州级跳棋冠军。作为数学定理证明的最初尝试，纽厄尔编制的“逻辑理论家”程序可以模拟人类用数理逻辑证明定理的思想，采用分解、代入和替换等规则来进行定理自动证明。在1963年，“逻辑理论家”程序就独立完成了英国数学家怀特海和罗素所著《数学原理》第一章中的全部定理的证明。此后的1965年，在美籍华裔数理逻辑学家王浩和美国数理逻辑学家鲁宾逊的努力下，采用消解方法，结果机器不仅在数分钟内证明了《数学原理》中的全部命题演算定理，而且还可以证明该书中大部分谓词演算的定理。可以说，正是消解方法的提出使得定理机器证明取得了长足的进步。1963年，斯莱格尔通过符号积分程序的编制，解决了一些困难的数学问题。

早期人工智能研究的另一个领域则是通用问题求解。纽厄尔、肖和西蒙合作编制了通用问题求解程序GPS。该程序能够求解11种不同类型的问题，其中包括逻辑表达式的符号处理，在人工智能早期产生了重大影响。

在字符识别方面，1956年塞尔夫利奇研究出第一个字符识别程序，这样的研究后来被更为广泛的模式识别研究所取代。而到了1965年，美国MIT人工智能实验室的罗伯兹编制了多面体识别程序，开创了机器视觉的新领域。

除了上述符号逻辑方法为基础的人工智能研究外，早期人工智能在神经模型和演化计算方面也同样做了初步的探索。1957年罗森勃兰特首次引入了感知机的概念，将神经元模型用于感知和学习能力的模拟，开始了联结主义方法的研究。同样大约在20世纪60年代，荷兰德的遗传算法、斯威佛的演化策略和福格尔的演化规划等就分别开始了模仿自然生物进化机制的演化计算研究。

1.2.2 智能科学的积累期

但上述早期的研究方法并没有真正产生任何富有成效的结果，除了解决有限的简单任务外，当初许下的诺言并没有兑现。接着遇到的种种困难很快使人们对人工智能的发展前景失去了信心。这样在经过最初十年的热情期之后，人工智能研究遇到了第一次全面挫折，随着人工智能研究基金在全球范围内的削减，人工智能研究进入了低潮（大约在1966~1975年，史称黑暗期）。

于是人们开始了认真的反思，一方面以德雷福斯为代表的哲学学派对强人工智能派进行了无情的批驳，另一方面以费根鲍姆为代表的人工智能学派看到了早期“无知识表示”方法的局限性，在人工智能面临种种困难的处境中，认识到要摆脱困境，只有大量使用知识。到了20世纪70年代后期，知识工程、机器学习和专家系统等研究领域迅速兴起，人工智能研究进入了一个以知识表示、获取和利用为主的复兴期（大约在1976~1980年）。

在此期间，逻辑符号主义方法得到进一步加强，各种知识表示方法层出不穷，逻辑的、文法的、脚本的、框架的、语义网的等等应有尽有，特别是以学习机制模拟的研究已成为实现人工智能目标的新途径和主流。在这样的研究带动下，加上各种搜索策略的发展，以专家系统为核心的应用得到空前的成功。另一方面，由于弱人工智能有限目标的主导作用，人工智能各个分支领域，如机器视觉、机器推理、机器翻译和问题求解等也得到了不同程度的长足进步。

但对于强人工智能的目标而言，基于逻辑符号主义方法的根本局限性问题依然存在。正如侯世达（Douglas R Hofstadter）在《哥德尔、艾舍尔、巴赫》一书中指出的：“一旦某些心智功能被程序化了，人们很快就不再把它看作‘真正的思维’的一种本质成分。智能所固有的核心永远是存在于那些尚未程序化的东西之中。”很明显，由于哥德尔定理的存在，只要人工智能不走出逻辑符号主义方法的阴影，就难以真正找到光明的出路。

正是认识到了这一点，进入20世纪80年代后，人工智能的研究除了在符号逻辑主义方法方面的进一步发展外，重新肯定了早期人工智能研究中的神经联结方法和遗传演化方法，并加以全面复兴和发展，使之成为占主导地位的人工智能新方法。人工智能的研究因此也迎来了一个全面繁荣的新时期（大约在1981~1990年）。

首先，在逻辑符号研究方面，一方面知识表示、机器学习和关于常识的推理等技术进一步得到发展，同时也形成了各种精湛的机械推理技术，如非单调推理、缺省推理、定性推理、模糊推理、概率推理以及认知状态推理等等。另一方面，作为对序列符号处理的突破，分布式人工智能随着智能主体，特别是多智能主体系统研究的出现，已成为了逻辑符号主义方法进一步发展的新希望所在。

在神经联结研究方面，自1982年赫普费尔（J Hopfied）提出了HNN神经网络模型以后，神经联结方法异军突起，很快成为20世纪80年代人工智能的主导方法。反传播、自组织、自学习、自适应等各种神经网络模型几乎遍及人工智能的所有领域。由于与大脑神经系统和复杂的非线性动力学相关联，又不同于逻辑符号方法，能够避开知识表示带来的困难，因此给人工系统智能的发展带来了美好的憧憬。

几乎与此同时，与神经联结方法主要以解决优化问题为特点相类似，作为对神经联结方法权值选择困难不足的重要补充，促使了基于生命遗传演化思想的计算方法的崛起。20世纪80年代中，经歌德贝吉（D E Goldberg）归纳总结，形成了遗传演化方法的基本理论框架。一时，遗传算法、演化程序和人工生命呈现勃勃生机，引领了人工智能发展的新潮流。

在20世纪80年代同时兴起还有环境行为主义的思潮，主要以美国麻省理工学院的布罗克斯（R A Brooks）为首的人工智能专家倡导的一种人工智能实现的新途径，强调感知与行为的直接联系，以应对变化的环境。这样的研究主要以构建各种动物机器为主，来实现其对环境的应变策略，直接产生适应的行为来实现智能能力的涌现。

如图1-4所示，由于上述研究逐渐建立起比较系统的方法论，人工智能研究的空前繁荣，作为比较成熟的学科，智能科学也已见雏形。这给人工智能科学家们注入了新的激情，引发了日本的第五代机和美国的CYC工程这样的超级工程全面开展。

遗憾的是，经过轰轰烈烈历时十年的努力，所有的这一切，包括像第五代机和CYC工程这样主要的人工智能研究，并没有真正导致出智能的结果或者成功的商业性产品。因此，到了20世纪90年代，人工智能的前景再次发生逆转并出现了一些批评意见。人工智能进入了新的冬季（大约在1991~1995年）。

这些清醒的批评意见主要基于两个基本观点。第一，就基本原理而言，今天的计算机同三十年前的计算机并无两样（仅仅是时空性能有大的差别），因而同过去的努力一样不可能达到实现人类智能的水平。第二，作为心脑整体的一部分，智与情、智与意之间有着不可分割的联系。有证据表明，基于已有的算法手段的数字计算机不可能实现超越逻辑和算法之上的情感和意识（注意，单就意识而言，由于其自指性特性，就已不是逻辑和算法所能表述的了），因此从根本上讲，也同样不可能实现“智”的问题。

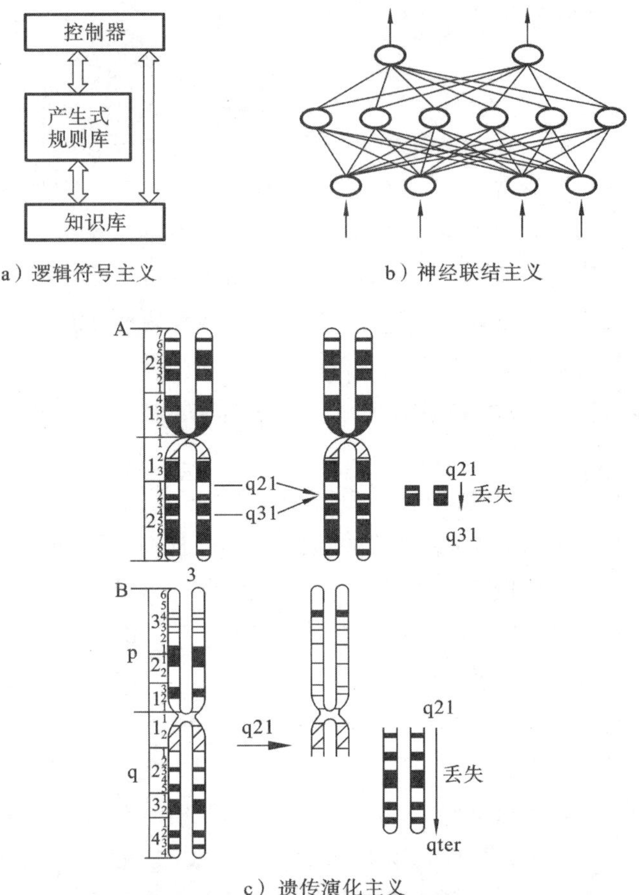

a）逻辑符号主义

b）神经联结主义

c）遗传演化主义

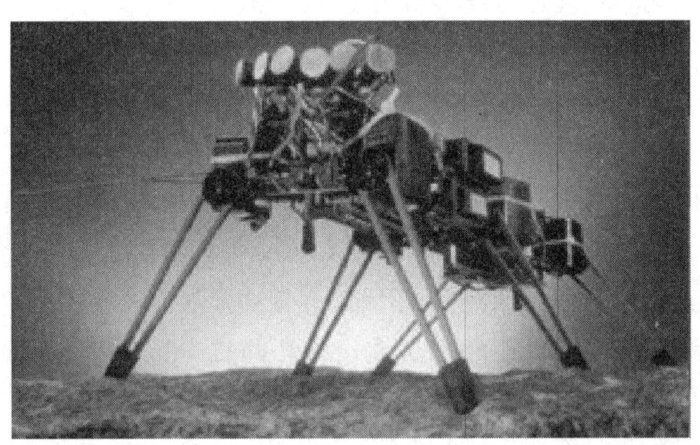

d）环境行为主义

图 1-4 实现人工智能的四种途径

这便是以彭罗斯为代表的批评观点。由于不管是逻辑符号方法，还是后来的神经联结、遗传演化和环境行为等方法，就目前为止，无一例外都是以丘奇—图灵意义上的算法为基础的，又都是只面对孤立的单纯智能问题的。因此像彭罗斯这样的批评意见可谓一针见血，切中了已有人工智能研究局限性的要害，给人带来的警示是深刻的。也就是说，正像笔者在《无心的机器》一书最后指出的，基于逻辑的机器、以纯算法的手段是不可能真正产生像“心”一样的东西的。

这样，除了神经网络、演化遗传和多主体系统方面惯性研究的延续外，人工智能研究转入了悄无声息的工程应用之中。嵌入式智能软件、大容量数据挖掘、智能搜索引擎、智能优化算法以及机器生物和人工生命等，充分体现和利用了人工智能已经取得的成就。与此同时，一场非经典计算革命也正悄然兴起，为人工智能走向新生迎来了曙光（大约在1996年之后）。

1.2.3 智能科学的成熟期

于是，随着人工智能研究不断深入，智能科学家们对人类心智能力的认识也不断深入。很明显，由人脑表现出来的心智现象不仅体现在智力方面，而且还体现在情感和意识方面，因此随着研究工作的不断深入和开拓，人工智能已经不仅仅停留在智力实现方面的研究，而且同样也在情感和意识方面开始了“仿造”性的研究。智能科学真正开启了全面“仿造脑”的研究历程。

实际上在人工智能创立之前，就有面向仿脑研究的脑模型提出。1943年由麦克卡洛克（W S McCulloch）和比脱斯（W Pitts）创立的脑模型就是利用仿生学的观点和方法，把脑的微观结构与宏观功能统一起来的仿脑研究成果。后来发展起来的神经网络技术也是一种更加细微的仿脑神经系统研究。

目前，随着脑科学研究的不断深入，仿脑研究已经成为脑科学的重要组成部分，即成为认识脑、保护脑、开发脑和仿造脑的一部分，并且走出了人工智能以“智”为对象的局限性，开始从智、情和意三个方面展开研究，形成了心脑计算的新阶段。于是，智能科学作为一个学科也开始走向成熟。

首先，人有喜、怒、哀、乐、悲、恨、惊等七情六欲，机器呢？机器也能够具有人类的情感和欲望吗？显然，作为心智三大要素之一的情感部分，同样也是仿造脑研究的一个重要方面。特别是由于情感与理智、意识密不可分，因此如果没有情感表现，那么机器无论如何是谈不上能够真正具备人类完整的心智能力的。正因为这样，20世纪90年代后期以来，人工智能专家们也开始将兴趣转向了情感的计算化研究。

1997年，美国科学家皮卡特在MIT出版了一本名为《情感计算》的书。书中对情感的计算化研究作了系统介绍，认为目前情感计算主要分为三个方面，即让机器发自内心地拥有情感驱动力、让机器表现得似乎富有情感以及让机器能够理解识别人类的情感表现。

那么情感是可计算的吗？我们相信，就情感的表达和识别而言，随着多媒体技术和人工智能技术的不断发展和广泛应用，机器的水平在不远的将来一定会有长足的进步。但对于让机器拥有真正的情感内驱力，由于情感本身的非逻辑性，恐怕只有突破基于逻辑运算的经典计算才有可能实现。

20世纪90年代后期以来，国际学术界开始把意识问题作为自然科学多学科研究的重要领域之一，从而也带动了人工意识研究兴起。目前，理论上有关意识模型方面的研究主要分为两种途径。一种途径是从神经网络方法出发来对意识过程进行建模，如泰勒提出的三阶段意识的神经网络模型、巴尔斯的注意模型，以及亚历山大有关视觉觉知模型等，都是这方面的研究工作。

另一种途径是为了避免意识自指性带来的逻辑困境，一些科学家们提倡采用量子物理学方法来进行意识的建模研究。另外皮绿士（M Perus）还提出了一种将神经计算与量子意识相结合的方法，并通过详细比较神经网络模型与量子理论模型之间的一致性，论证了这种结合方法的可行性。当然所有这些研究都还属于初级阶段，其中涉及超逻辑问题还需要全新的计算方法支持。

除了情感和意识方面的研究外，即使在理智方面，进入 20 世纪 90 年代后期，心脑计算研究也全面开始从人类大脑机制出发，来进行类脑机制和方法的研究，强调无表示智能、集群相互作用机制、多主体系统中信念/愿望/意图的协商/协调/协作机制以及艺术创造力等。

特别是，随着新世纪的到来，欧美的一些发达国家纷纷开展各种人脑研究计划项目。比如 2009 年提出的蓝脑计划（Blue Brain Project），由瑞士科学家马克拉姆博士设想的一个复制人类大脑的计划；2009 年微软亿万富翁保罗·艾伦的大脑图谱计划项目，着重于弄清形成大脑神经布线的基因组；2009 年美国国立卫生研究院宣布的人脑连接组计划，试图绘制出不同活体人脑功能、结构的“图谱”；2012 年英国曼彻斯特大学的科学家开展的 SpiNNaker 项目，开发一种类似于人脑的十亿神经元计算机；2013 年美国奥巴马总统宣布“推进创新型神经技术开展大脑研究计划”项目（简称“人类大脑研究计划”），其目标是要绘制人脑中的神经通路，揭开大脑神经系统的秘密；2013 年 1 月欧盟宣布开展的人类大脑计划项目（HBP），对大脑进行计算模拟，用芯片创建复制人类大脑；以及 2014 年 IBM 公司开展的 TrueNorth 神经形态系统，集成了 54 亿个晶体管来模拟 2560 万个神经突触的群体行为；等等。除了为了揭示人脑复杂的神经系统结构和功能图谱外，这些项目的大多数研究目标都通过构建数量庞大的神经芯片集群来给出某种大脑模拟系统。

很明显，这些心脑计算新兴研究的情感计算、机器意识和类脑智能等新问题，往往都涉及突破经典逻辑算法的问题，需要新的计算方法的支持。特别是对于意识和情感而言，仅仅依靠经典计算的方法显然远远不够。正因为这样，几乎与心脑计算研究同步发展起来的基因计算、量子计算和集群计算等非经典计算也就成为智能科学技术研究全新的重要方法论基础。

有了这种非经典计算方法，再加上经典计算方法，我们就可以真正通过“自然机制 + 算法”弱人工智能的策略来实现心脑计算的目标，从而避免强人工智能一味采用逻辑算法而陷入的困境。这里“自然机制”就是直接利用物理、生物甚至神经物质本身的固有机制能力。而“算法”则用来作为人工组织这些“自然机制”的手段，完全是逻辑算法的。

的确，从模拟人类智能行为到模仿人类心脑机制，这是心脑计算不同于传统人工智能的最大进步。我们有理由相信，建筑在新的“自然机制 + 算法”这一计算观念之上的心脑计算，一定会取得比以往任何时候都要丰硕的成就，并将智能科学带入一个充满活力的新纪元！我们期待着这一天的到来。

归纳起来，智能科学技术的发展经历了传统人工智能和新兴心脑计算两个阶段。前者的研究对象只局限于“智”，研究策略主要是符号逻辑、神经联结、遗传演化和环境行为四大方法；而后者的研究对象扩展至“情”、“智”、“意”三位一体的“心”，研究策略主要是类脑集群、脑机融合和非经典计算的“自然机制 + 算法”的途径。应该说，正是心脑计算的新阶段促使智能科学走向成熟。

总之，从历史不难看出，尽管遇到了挫折与困难，智能科学技术研究总是充满活力，并为信息科学与技术的迅速发展提供了源源不断的新理论、新方法与新技术。正是因为人工智能的研究积累以及后来心脑计算的新发展，才形成了新兴的智能科学与技术学科，为信息社会的智能化发展，提供了理论与技术保障。可以预见，随着智能科学与技术的不断发展，不远的将来，我们将一起见证一个崭新的智能社会时代的来临。

1.3 人脑机制

为了更有效地将人类智能植入机器，使机器更加聪明灵活地为人类服务，首先我们需要对人类智能产生的脑机制进行考察，理解人类心智是如何工作的。从根本上讲，无论我们所讨论的智能现象和行为多么复杂、多么难以为机器所拥有，都不过是人脑的产物。也就是说：心无非就是脑活动，是活动的脑，而机器能否拥有人类的心智能力，说到底也就是要看人脑活动机制能否从根本上可以化解为可机器执行的算法？为了弄清这一根本问题，让我们先从人脑的神经组织结构开始说起。

1.3.1 人脑结构功能定位

人脑很像一只放大尺寸、剥开硬壳的山西核桃，通过由内及外的软膜、蛛网膜和硬膜三层保护被包裹在头颅骨里面。如图1-5所示，紧靠上面的是布满皱纹沟回的大脑，其下便是间脑（丘脑及周边组织）、脑干（中脑、脑桥、延脑）和小脑。脑干的延脑部分与脊髓相接，联络外周神经组织。

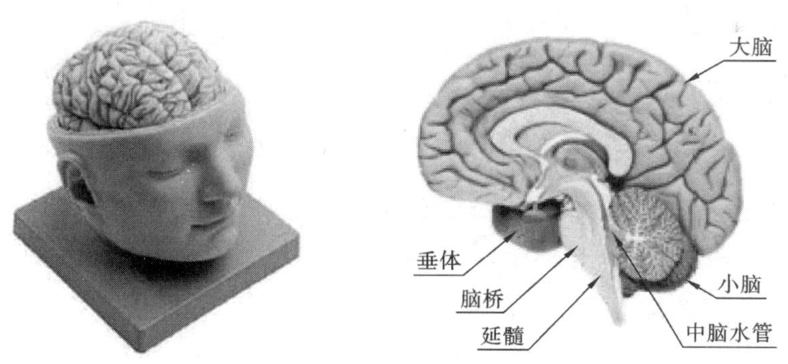

图1-5 人脑系统结构图（引自互联网图片）

大脑有左右两个半球，靠胼胝体相连。每个半球内各有一个侧脑室。另外间脑内有第三脑室，小脑内则有第四脑室。这些脑室并非像古代人所想象的那样是灵魂的住所；实际上，心智活动主要是在人脑中相互联络的皮层中发生的，其余多为支持组织。

小脑最重要的功能是协调身体各部分的肌肉运动，保持身体平衡，调节反射活动，使肌体运动得以圆滑进行。脑干网状结构是调节脑的整体活动、控制睡眠和觉醒的中枢。在间脑中，除了特异性中继信号的功能外，丘脑也具有综合处理信号的能力，能对躯体感觉信号进行整合并形成意识；丘脑后端的丘脑枕则与视觉和听觉的信号传导有关；另外，上丘脑（特别是松果体）与昼夜节律的光调节机制密切相关，而下丘脑则是维持恒定的体内环境、摄食行为及性行为等本能的中枢，并与大脑边缘系统（边缘叶和杏仁体）一起构成情绪行为的中枢。

每个大脑半球有背外侧、内侧及基底三个面，分布着深浅不等的沟回。按大脑表层深浅不等的沟回可将大脑皮层自然划分为不同的叶区，大致包括自额极至中央沟和外侧裂的额叶、中央前后沟之间的顶叶、顶枕裂至枕极的枕叶、枕极至颞极之间的颞叶、位于大脑外侧裂底部的岛叶以及嗅脑构成的边缘叶。

呈灰色的大脑皮层是高级神经活动的物质基础，约含有 10^{12} 左右的神经细胞，它们都以自内向外分层方式排列（一般6～8层），形态相似的细胞聚成一定的层次。皮层下呈白色的是神经元之间相互连接的神经纤维。通常沟通半球内神经元的神经纤维称为联络纤维，沟通两半球之间联系的神经纤维称为连合纤维，而负责与外周神经联系的神经纤维称为投射纤维。这些神经纤维的纵横交错，将皮层神经细胞聚集为一个不可分割的有机整体。一般可以依据皮层中各部细胞和纤维联系，将全部皮层分成若干区，其反映一定的心理功能。

目前大脑功能定位常采用的是Brodmann分区法，见图1-6所示。大致而言，顶叶与躯体知觉和运动关系密切。其中躯体运动中枢位于中央前回和中央旁小叶前部（4区）；而躯体感觉中枢位于中央后回和旁中央小叶后部（1，2，3区）。

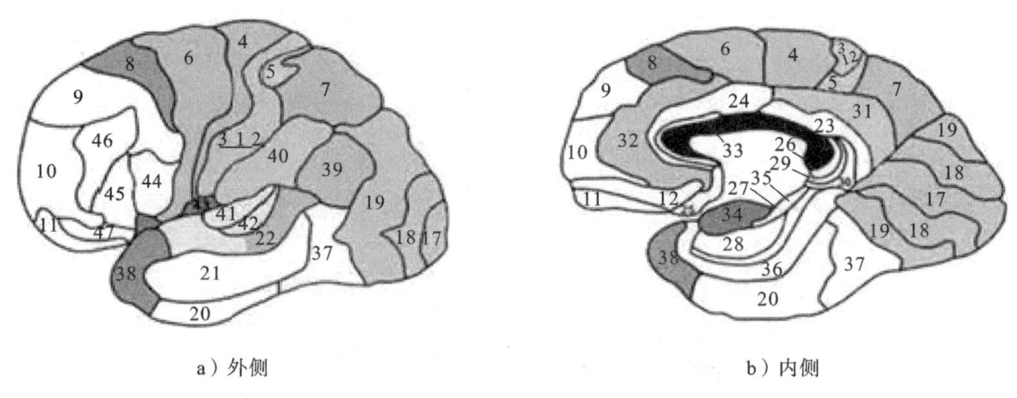

图1-6　Brodmann脑功能分区图（引自互联网图片）

枕叶主要与视觉中枢有关（17，18区），接受的纤维为同侧视网膜的颞侧半和对侧视网膜的鼻侧半，即所谓的视交叉。颞叶的结构非常复杂，它不仅与嗅觉（边缘叶）和听觉中枢（41，42区）有关系，而且也与视觉系统有关（19，21，22，37，39，40区为顶颞枕联络皮层），并将视知觉与从其他感觉系统来的信息整合到我们对周围世界的统一体验中。另外，颞叶（38区）在记忆方面同样也起着重要作用并含有保存意识体验的记录系统。

额叶（特别是8，9，10，11区的额叶联络皮层）据称与高级心理功能相关联（如创造性能力）；并与颞叶一起也构成了语言中枢，其中颞上回后部为听觉语言中枢（43区）、角回为视觉语言中枢（19区）、额中回后部为书写中枢（46区）及额下回后部为运动语言中枢（44，45区）。一般认为嗅脑（边缘叶）与嗅觉、内脏活动、情绪和记忆活动的复杂反射性功能有关，在维持个体生存和延续后代等方面甚为重要，有时相对于额叶被称为新皮层（种系发生较晚），也称嗅脑为旧皮层（种系发生较早）。

人脑叶区功能定位大致情况的综合图示参见图1-7，有些区位的功能尚有待做进一步研究。

应该说，自从1861年Broca发现大脑额叶存在语言运动区以来，脑功能定位观念一直在起主导地位，20世纪五六十年代对裂脑人研究提出的大脑半球功能一侧化理论也不过是定位观念的延续。然后，随着近年来fMRI（功能磁共振成像）、PET（正电子发射断层扫描）和MEG（脑磁图）、NIRS（近红外光谱仪）等无创伤脑功能成像技术的运用，发现了大量新的科学事实，支持脑多功能模块的主张。这种主张认为即便是简单的感知活动，也绝非只是某一特殊脑结构部位的功能，而是由数十个脑结构部位按一定顺序一起参与的结果，所形成的功能模块也是会不断发生变换的。

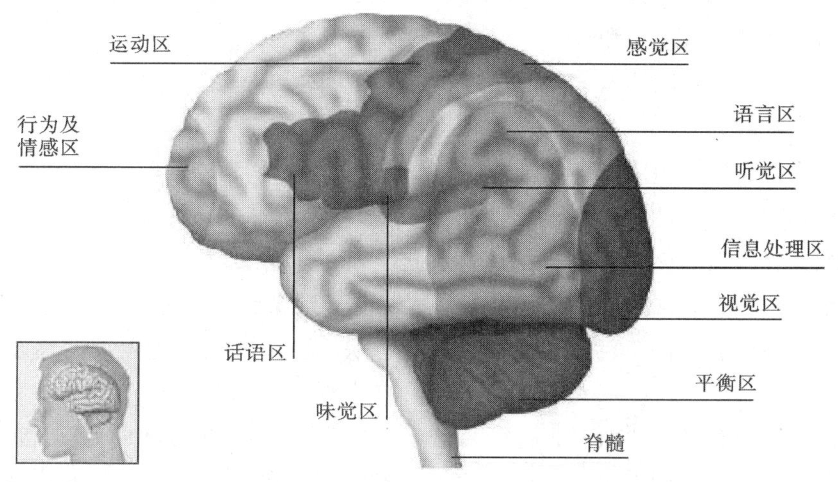

图1-7 大脑功能区划分（引自互联网图片）

实际上脑叶或脑区的功能似乎首先由输入、输出的神经投射相关联，然后才是由各区之间的联络纤维以及跨半球叶区之间的连合纤维相关联。因此，任何叶区的功能划分都不会是绝对明确的，确切的功能性叶区边界也是不存在的，并因人而异。可以设想，对于特定成熟大脑的脑区功能定位分布，其实际完全应看作长期神经活动彼此消长相互作用的结果，是整体神经活动中各输入激活刺激源相互作用、争奇的产物。脑功能区形成的这种分布式竞争机制的原则主要体现在如下规律之上。

a. 接近律：各部位或单元的功能表达首先受到就近原则的支配，也即其所体现的功能区主要受到最近刺激源功能类型的影响。

b. 联合律：其次，如果某部位受到多源同类刺激影响，则易形成该类联合性功能，这便是功能区形成的联合律。

c. 复合律：再有，如果某部位受到多源不同类刺激影响，则视各刺激经常表现出同步还是异步的不同，分别可形成复合性功能或交替性功能表现。这一原则称为（同步和异步）复合律。

d. 颉颃律：在任何尺度上，相邻部位均（通过神经回路）普遍受相互激励或抑制的颉颃原则所支配。

e. 分布律：整个脑功能表达的整体分布总是受到经济原则所支配，并以最有效的分布方式（避免无谓重复）尽可能多地表征外部刺激源丰富的变化组合。

f. 适应律：任何部位的功能表达将随相容功能实现的增多而不断强化（包括神经物质上的可塑性变化），但又随不相容功能实现的增多而分化。

g. 补偿律：一旦某个功能表达丧失，系统总会尽可能按以上诸种规律原则来加以补偿，重新动态形成替代部位，以应付原有的功能表达。

应该看到，用进废退，脑区的功能表现是长期与环境相互作用适应性的结果。因此，人脑任何一部分的功能都不是固定的，它们均相互依赖于其他部分的功能。并且它们的关系的全面和谐发展决定了整个网络的功能分布，因此神经细胞及其连接网络才是神经功能活动的主体。只有这样，才不仅可以解释脑损伤所出现的各种现象，而且也可以说明先天功能障碍的病人大脑皮层功能后天各功能区位置和分布的动态现象。

如果一定要进行概括性功能定位划分的话，那么大体上从整体到局部可以按照如下三个层次对人脑进行大致的划分。

首先是从进化发生学的角度，可以将整个人脑划分为内脑和外脑两个部分，内脑属于旧皮层，包括爬行动物之脑的脑干和古哺乳动物之脑的边缘系统；外脑则属于新皮层，主要是指灵长类发达的大脑皮层以及人类得到进一步高度进化的颞叶和前额叶皮层组织。从生存意义上看，脑干支配生命代谢等维持生存和繁衍的基本功能，边缘系统支配情绪和记忆等调节功能，而大脑新皮层是高级认知加工活动的中枢。因此，从内脑到外脑，生存策略逐渐向高级方向进化。

接着，对于进行高级认知加工活动的大脑新皮层而言，从加工方式的角度又可以将大脑皮层组织划分为左脑和右脑两个部分。除了少数左利手，一般而言，大多数人的左脑主要以分析、逻辑和（语言）思辨方式进行认知活动的；而右脑主要以整体、感悟、（音乐）想象方式进行认知活动。当然，通过胼胝体的联络，左右半球相互协作和互补，共同完成复杂的认知加工活动。

最后，再从各半球大脑皮层的认知加工功能分布角度，又可以将各半球大脑皮层划分为上脑与下脑两个部分。上脑主要包括额叶上半部和顶叶，主要是规划、行动和监督功能的实现；下脑包括额叶下半部和颞叶、枕叶，主要是感知、理解和决策功能的实现。上下脑功能协调及其发挥，就形成了应对不同环境的认知模式。

总之，从生存策略的内外区分对待、认知方式的左右分工协作以及认知功能的上下分配实施，加上神经系统整体上的可塑性适应变化，使得人脑可以应对错综复杂的环境信息并做出有利于生存发展的最佳响应。

1.3.2　神经细胞连接网络

人脑中大约有 10^{12} 个神经细胞，也称神经元，正像我们强调过的，它们是心智活动的主体。因此每个神经细胞也就成为实现心智功能的基本构件。现有的神经生物学研究指明，神经细胞在结构上通常由一个细胞体（Cell body）及其众多漫延开来的突起构成，如图 1-8 所示。在神经细胞的突起中，唯一一根长长的突起称为轴突（Axon），是神经细胞输出信号的主通道；剩余众多较短的、树状枝杈突起则称为树突（Dendrites），是神经细胞输入信号的各通道，有些神经细胞的树突表面会蔓生出多种形状的细小突起，称为树突棘，它们都可以成为输入信号的源点。

在任何一瞬间，都有来自外周各处的信息轰击大脑。有些互相加强，有些互相抵消。对各种类型信息进行考虑并确定重点的神经机制称为整合。一般而言，不同树突或树突棘来源的输入信号汇聚到神经细胞体后，经整合机制处理后会引起神经细胞兴奋或抑制的行为反应，并将结果信号通过轴突输出。

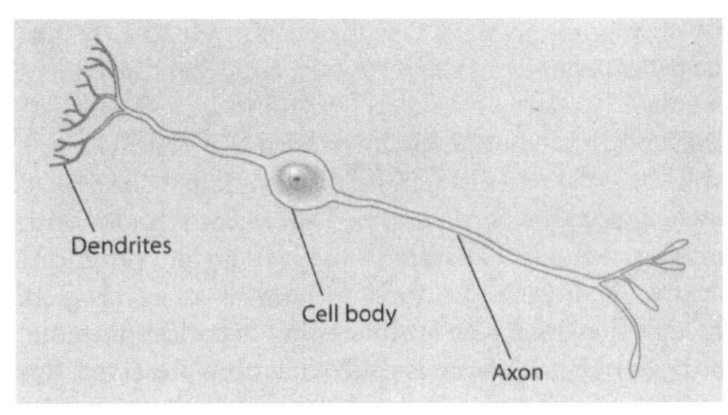

图1-8 神经细胞结构图（引自互联网图片）

在大脑中，神经细胞的品种繁多，大约可以分成几千种不同的类型（代表着几万种不同的形态）。所幸的是，虽然类型、形态各异的神经细胞以不同的方式相互连接起来时可以产生迥然不同的作用，但它们在信号产生的机制、神经细胞连接的方式以及可塑性机理等方面却有着许多共同的特征，这无疑大大降低了我们了解神经系统机制的困难程度。

在神经细胞中产生和传递的信号主要是电信号，分为分级电位（调幅方式）和动作电位（脉冲方式）两类。分级电位主要在短距离传递信号时起作用，而动作电位则可以在更远的距离内进行信号的传递，特别是在距离超过1毫米以上的情况下。应该说，神经细胞最主要的功能就是通过神经细胞之间广泛的连接来进行这类电信号的传递活动。而神经活动的意义便体现在神经细胞集群的各种活动模式之中，体现在神经细胞相互之间发生的动态连接关系之中。

通常，神经细胞之间的连接是通过形成在两个神经细胞之间的突触来实现的。如图1-9a所示，一个神经细胞的电信号通过轴突输出，经突触中继后，就可以到达另一个神经细胞的某些树突上，然后输入到另一个神经细胞。不过，突触模式并不限定于轴突到树突的形式，一般而言，神经细胞的轴突也能同其他神经细胞的胞体、轴突、效应细胞（如肌肉等）形成突触，甚至还存在树突到树突和树突到轴突型的突触模式。由此可见突触是一个双向性信号传送而又可调制的部位。

实际上，突触有着十分精细的结构，如图1-9b所示。如果我们将突触的输入端称为突触前，而将突触的输出端称为突触后，那么突触前与突触后伙伴关系的形成就可以看成是一对情侣恋爱关系的动态建立过程。它们通过相互选择、长期对话的调整和适应，各自发展和分化出所需传递信号的功能，并且这种关系又是可塑的。就此而言，神经连接方式是远远不同于机器内部固定不变的线路连接模式的。

由于在大脑皮层中，几乎每个神经细胞的胞体和树突都会聚集来自不同神经细胞的许多突触小体（一般在10^4数量级上），加上为了适应经常变动的环境，神经细胞集群发展了一套精细的调节性通路网络，从而形成了神经细胞之间千丝万缕的网状联系。因此，神经系统的任何心理行为活动都不是由单个神经细胞实现的，而是由众多神经细胞集群一同参与的结果。

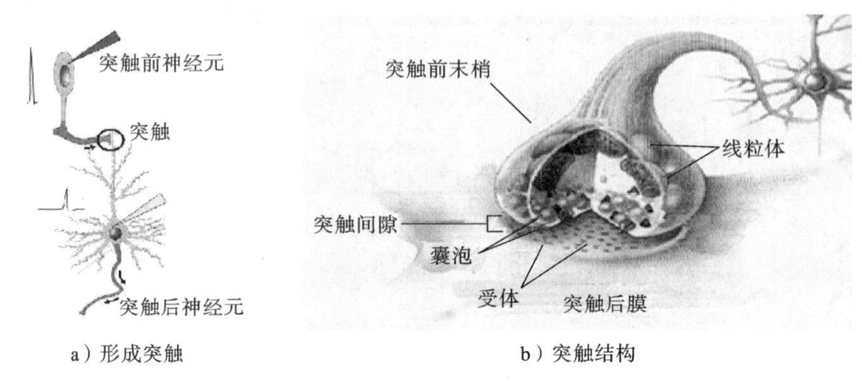

a）形成突触　　b）突触结构

图 1-9　突触结构图解（引自互联网图片）

目前业已探明，人脑的各种心理功能和行为是由神经细胞集群构成的多级神经环路完成的。其中微环路是由突触组构的最初级形式，在此基础上再形成更高级的局部环路，并通过这样逐级扩展，直到一个脑区、脑叶和整个脑。从这个意义上讲，我们可以将人脑中的神经系统看作由神经细胞及其突触联系所构成的一张巨大无比的神经网络。

人类的大脑正是通过这张复杂神经网络中的神经发放频率编码来实现对“加工内容”的表征，并通过神经环路的相互作用完成所谓的“计算程序”。不同的是，“计算任务”实施过程与好坏也还取决于各种神经递质、神经肽、激素的活跃性，因为正是这些化学分子的活性，决定着不同脑区神经细胞的激活与抑制。特别是人们的心情和情绪表现，往往是各种神经递质、神经肽、激素水平综合作用的反映。

总之，如果一定要将大脑比作一架机器的话，那它也是一架非常独特的机器，它由10^{12}个相当一致的物质基元，使用少数定型信号并通过基元之间$10^{12}\times10^4$量级的广泛连接，赋予了其不同寻常的能力。其物质基元及其连接本身的可塑性决非逻辑算法所可以模拟的，而建筑在活动信号组合模式之上的心智功能意义的产生，完全又是数以亿计的基元相互作用的动力学行为的结果。

1.3.3　心脑行为的自组织

的确，在科学研究中，恐怕没有哪项领域的深入探索会像对心脑奥秘的揭示那样，带来众多令人困惑的复杂问题了。比如像心脑关系的哲学问题、意识的自我缠结问题、思维是如何自涌现的问题等等。尽管在21世纪，我们对脑的研究有了突飞猛进的发展，获得了大量可靠的脑活动机理和知识，但对于这些令人困惑的复杂问题，依然难以建立起哪怕是十分简陋的解释理论。我们对于微观的脑细胞活动机制是如何组织为宏观的心理行为依然知之不多，对于这一问题的阐明，仅仅是停留在“脑为心之体，心为脑之用，名虽有二，体无两般”这种泛泛而论之上是不够的。我们必须了解，作为一个复杂的心脑系统，其整体宏观的自组织机理是什么？为此，让我们先来看看与此领域相关的科学家们是如何对待这一问题的。

美国学者侯世达教授在他的《哥德尔、艾舍尔、巴赫》一书中认为："为阐明大脑中发生的思维过程，我们还剩下两个基本问题：一个是解释低层次的神经发射通信是如何导致高层次的符号激活通信的；另一个是自足地解释高层次的符号激活通信——建立一个不涉及低层神经事件的理论。"无独有偶，作为神经生物学家的威廉·卡尔文教授也同样把神经活动的两个层次关系问题看作重要的研究目标，并在《大脑如何思维》一书中指出："迄今为止，我们实际上需要两种隐喻：一种是自上而下的隐喻，把思想映射于神经元群上；另一种是自下而上的隐喻，用来解释思维如何由那些看起来是杂乱无章的神经元集群产生的。"

很明显，心脑活动的复杂行为是建立在大量特异化神经组块相互作用的基础上的，因此侯世达和卡尔文所强调的正是指神经元集群如何自发（自组织）地产生宏观行为的问题。这一点英国科学家、诺贝尔奖得主克里克在《惊人的假说》一书中说得更加明白，他认为："首先，大脑的许多行为是'突现'的，即这种行为并不存在于像一个个神经元那样的各个部分之中。仅仅每个神经元的活动就说明不了什么问题的。只有很多神经元的复杂相互作用才能完成如此神奇的工作。"这便是一个心脑内部神经活动如何导致心脑整体性外在表现的自组织问题。

对于自组织的心脑活动，我们也不能只见树木（单个神经元），而不见森林（神经元集群）。我们必须从多层次的角度来看待心脑行为的活动规律。作为神经元个体，都要为自己的功能生效和生存而竞争，模块中的细胞群也一样要进行竞争，所以模块不是固定不变的实体，而是构成高级心智功能的基本砌块。由这些砌块可以构成更大规模的皮层区、叶和半球，直到整个神经分布系统。而大多数由皮层媒介的行为同样也是依靠不同皮层的各区之间的相互作用实现的。比如，单单就读书这样一个简单的行为就需要所有各叶的皮层回路的参与并需相互协调才能完成。单从神经元放电与激活等活动中，是无法沟通与整体行为表现之间的联系的。这就迫使我们必须转向整体行为的自组织规律上来。

的确，由于在神经活动中，小到离子去极化、神经元之间的颉颃，大到神经功能区的竞争、神经系统与环境的相互作用，无不体现着非线性规律，因此从自组织思想方法来看待心脑行为活动，有着重要的意义。

自组织方法主要强调的观点是：① 心脑行为是一个多层次、特异过程的宏观动力学系统；② 系统与环境进行连接交换，从而与环境共同演化；③ 跨层次整体效应的自涌现以及系统的自我超越，即演化过程本身的元演化。

值得注意的是，基于这点，正如美国学者詹奇在《自组织的宇宙观》中所讲的，我们可以看到"在一个多层次动力学实在中，每一个新层次都带来了新的进化过程，它们以特殊的方式与较低等级层次互相协调并强调了这些较低层次。因此，还原到一种描述层次是绝不可能的。"当然，这并没有否定低层次对高层次的作用，而只是强调高层次的整体行为并不能单单还原为一个描述层次。这种思想正是研究多层次神经系统所需要的。

首先，构成行为基础的神经系统中微观与宏观的共同演化是建立在多尺度跨层次基础之上的，构成了多层次动力学系统。其次，对于每一层次，都存在着神经回路的自催化过程，当激励的神经元规模超过一定的临界点时，就产生了自涌性现象，新的效应便产生并参与到高一层次的相互作用之中。再次，高层次整体恰好是低层次组块的环境，而低层次的组块分布便构成了高层次整体本身，环境与组块共生。最后，系统中大规模简单重复和变奏构成了神经活动形式的丰富多样性，而非线性所意味着的“游戏本身包括了改变游戏规则”的原则，导致了多样的行为表现。

必须注意，这种自组织原则不但刻画了心脑行为动力学系统的每个层次，而且同样适用于跨越层次相互作用的分析（跨越层次的自相似性是非线性的重要特性之一）。演化在宏观和微观层次同时的、相互依赖的意义上进行着。复杂性便来自分化和综合过程的相互渗透，也就是说来自同时“自上而下”和“自下而上”进行的过程的相互结合，它们从两个方面造就了等级层次。而意识或者意识活动的外显行为便可看作神经活动系统所固有的，但不是在固定的空间结构中，而是在系统自组织、自更新和演化的过程中，是系统活动的“旁效现象”。

总之，毫无疑问，我们的确可肯定，心脑行为从根本上讲是神经系统自组织活动本身的外效表现。不过，由于自组织行为涉及大量非线性科学的理论，特别是有关突变论、耗散理论、协同学、超循环论、混沌动力学以及分形几何等内容，其定量分析存在着非常巨大的困难。特别是由于非线性系统往往不存在解析解以及对初始条件的敏感性，我们即使找到了描述心脑自组织活动规律的微分方程组，并通过机器迭代计算给出其近似的数值解，从根本上讲也无助于我们对心脑行为实际过程的了解。

靠人类的智慧（心脑活动）来揭示人类心脑行为活动本身的奥秘，多少有点自我缠结的味道。正像人们可以用各种方法来观察自己——用镜子、照片或电影、录像带、靠别人描述、采用自省方法等等，但人们绝不可能冲破皮肤站到自己外面来面对自己一样，在心脑行为自组织的研究中，也有同样的问题。特别是对于允许多种不同层次的描述，我们必须在彼此相似的层次之间转来转去的时候，很容易迷失“自我”。

或者我们根本就不该询问大自然关于心脑行为活动的奥秘，就像维特根斯坦告诫的那样：对于不可言说的东西，必须保持沉默。或许借助于心脑活动的自我反映能力，就像禅师们对自心的体悟那样，基于自组织本身具有的自涌性，我们最终确能领悟到心脑活动其中的奥秘。但无论如何，这均是需要我们人类不断深入探索和思考的问题。

也许随着人类对自身心脑机制的不断了解、随着众多人类大脑计划项目的展开，我们终于能够解开人脑运作的根本机制。从而，我们因此就可以通过系统地融合人类与机器的智能途径，在某种程度上造就具有了真正意义上心脑自组织活动能力的类脑机器系统。当然，这样的结局对人类自身而言不知是福是祸，但愿任何脑科学及其技术的进步，都能够成为造福于人类的手段而不是相反。

本章小结和习题

在第1章中，除了介绍了包括学科界定、主要目标、作用地位等在内的智能科学技术学科的基本概况外，还简要介绍了智能学科的发展历程，以及对作为研究对象的人脑机制做了简要的介绍。智能科学技术是代表信息科学技术发展方向的新兴学科，也是未来信息社会高级形态，即智能社会发展的动力源泉与技术保障，因此其必将成为未来智能社会形态的主导学科，有着极为广阔的发展前景。

习题 1.1　举例说明，在学生进入大学后，还有哪些东西需要学习？

习题 1.2　为什么智能学科会涉及不同学科的知识与方法？

习题 1.3　对于理解智能，你能够提出什么不同的观点吗？

习题 1.4　你认为，人类心智的哪些方面是机器难以植入的？是什么使你确信一台机器具备了智能？

习题 1.5　如何理解计算机科学技术与智能科学技术的关系？

习题 1.6　你了解了人类大脑的工作机制吗？你认为人类大脑思维的工作机制的关键所在是什么？

CHAPTER 2
第 2 章

算法运用

算法是智能计算领域最为核心的概念之一。当你拥有了一台机器，希望机器系统能够为你服务，解决你需要解决的某个智能计算任务，那么你首先要给出完成这项任务的算法步骤。比如，你希望机器具备与人打桥牌这样一个智力游戏的能力，那么你就需要为机器编制完成这样任务的算法。

应该说，正是通过编制算法，人类才可以将智慧“植入”机器系统中，从而构建能够表现智能行为的机器。因此，你编制的算法越有智慧，那么所构建的机器也就越能够具有更加智慧的行为表现。从某种意义上讲，机器智能的限度就是能否找到相应智能算法的限度；能够找到算法的智能任务范围，也就是智能机器的可达能力范围。

于是，智能科学技术研究的一个重要目的就是要找出尽可能多的智能算法，使我们的机器拥有尽可能多的心智能力。由此可见，算法在智能科学与技术领域中的重要地位，掌握算法运用的方法也就成为学习这一专业的最基本技能。

2.1 算法构造

一般而言，所谓算法就是指解决一个（智能）计算问题具体步骤的集合。要让机器拥有某种智能能力，就需要首先构造相应的智能算法。而构造算法的前提，首先是要给出某种算法表示的方式。尽管算法功能是超越具体的表达形式的，但功能总是要通过一定的形式来呈现。当然根据算法与其表达的关系，用以表达算法的方式不是唯一的。因此，在算法构造中，为了相对独立于机器实现细节，一般采用某种原语作为算法的描述语言；然后在此基础上，再来给出算法的具体构造方法及其实例。

2.1.1 界定算法的性质

在日常生活中，我们在完成某项任务中，一般是要遵循一定的算法步骤的。比如“煮鸡蛋吃”算法如下：①从冰箱里取一枚鸡蛋；②将鸡蛋放进锅；③锅里加水直到盖满鸡蛋；④持续给锅加温直到沸腾为止；⑤停止加温取出鸡蛋；⑥将鸡蛋放入凉水浸泡 1 分钟；⑦敲破鸡蛋壳，去除全部蛋壳；⑧将去壳后的鸡蛋一口一口吃掉。

如果强调精确执行性，那么计算 1 +2 +3 +4 +5 问题就是一个机器可以真正精确执行的例子，其算法可表示为如下步骤：

1）先计算1+2，得到3。

2）将步骤1得到的结果加上3，得到6。

3）将步骤2得到的结果加上4，得到10。

4）将步骤3得到的结果加上5，得到15。

显然，该算法最后得到的计算结果为15。

通过上述算法例子，我们不难了解算法的一些特点。当然，作为机器系统能够严格精确执行的操作步骤集合，我们必须对算法下一个严格的定义，即算法是一组明确的、可以直接执行之步骤的有限有序集合。一般严格意义上的算法应该满足如下性质：

1）**有序性**：算法中所有步骤均规定有执行顺序。

2）**有限性**：算法中的步骤是有限的。

3）**明确性**：集合中的每条指令均是明确的、可以直接执行的步骤。

4）**终止性**：有时候，我们还会要求每一个算法不但构成步骤是有限的，而且还要求这些步骤的动态执行也是在有限时间中能够结束的，即所谓终止性。不过，对于特殊算法，有时候我们却需要永不终止，如操作系统。关于这个话题，更多地涉及计算理论的内容，并跟算法效率的讨论有关。

对于算法而言，还有一个重要的方面就是一定要区分算法内涵与算法表示之间的关系。算法内涵是指一个算法所固有的功能本质，完成某一任务的具体步骤及其内在联系。而算法表示则是具体给出的一种描述文本。一个算法可以有不同的描述文本，这些描述文本完成的任务完全一致，因此代表着一个相同的抽象本质。

算法内涵与算法表示之间的区别就好像一个故事与一部书本的区别：一个故事可以写成不同版本的书，而这不同版本的书却讲述的是同一个故事。这里我们需要强调指出的是，算法的抽象本质是任务固有的复杂本性所决定的；而算法的表示只是完成这一任务之算法的一种具体描述。

当然，对于算法，还要考虑算法的效率性问题。效率指的是执行一个算法程序所要花费的时空代价。在时空代价中，时间代价是指算法执行中花费的时间，而空间代价是指算法执行中占用的内存。当然，一般我们仅仅从理论上来讨论算法的效率，并不考虑具体机器系统中实际消耗的时空。由于空间代价可以转化为时间代价，一般在考虑算法的效率时，主要查看对于给定的输入数据规模，一个算法需要动态执行多少个计算步骤。这种衡量方法，也称为算法的计算复杂性。

算法的计算复杂性是由算法所解决的问题本身的复杂本性所决定的，这是算法问题的计算复杂性。不过，同样的问题可以由不同的算法来解决，这些不同算法的计算复杂性才是反映算法效率的关键。我们希望，对于给定的问题都能够找到最低计算复杂性的那个算法，刚好反映了问题本身的计算复杂性。

衡量算法计算复杂性一般用输入数据的规模来比照，也即算法计算复杂性是其输入数据规模的函数，通常记为：

$$O(f(n))$$

其中 n 为算法输入数据的规模，$f(\,)$ 为算法的计算复杂性函数，$O(\,)$ 为复杂性当量。从理论上讲，可以将算法按照计算复杂性函数类别来进行分类。比如，函数为对数函数的就称为对数复杂性，多项式的就称为多项式复杂性（又分为 k 次多项式），指数的称为指数复杂性。一般同类型复杂的算法，在实际计算复杂性的算法效率上相当，因此通常不做细分，所以用 $O()$ 来进行归类。

对于算法的计算复杂性，当然我们希望越低越好，但不要忘记对于给定的一个算法，其计算复杂性不可能低于其所解决问题的计算复杂性。因此在比较智能算法构造能力中，比的就是对于同样的一个问题，看谁找到的解决算法效率最高，就是指谁的算法计算复杂性最低或者说最接近问题固有的复杂性。

最后，算法还有一个正确性问题。算法的正确性是指要确保算法确实解决了给定的问题。目前，证明算法正确性的方法主要有两种途径。第一种途径是软件测试途径，就是具体地运行算法的程序，采用各种选择测试数据的方法来系统地测试算法程序，分析算法的结果是否符合规定的（中间环节或最终结果）输出要求。另一种途径是程序正确性证明方法，这种方法是从理论上分析证明算法的正确性。

当然我们希望所构造的算法都是正确的，即的确刚好解决了所要解决的问题，不多也不少。但实际上，当需要解决的问题足够复杂时，很难保证构造的算法是正确的。大多数构造的复杂算法，往往会存在许多错误（漏洞，bug），常常会给各种智能系统带来灾难性的后果。比如美国航天飞机的发射失败，常常就是因为软件算法上的一点点小问题导致的。因此，算法设计也是大事，不可不慎！

总之，算法是智能机器系统行为表现的内在核心“思维”所在，衡量算法的优劣除了看其是否描述所要实现的功能之外，主要是看算法的复杂性和正确性。智能算法的独特之处是能够将人类智慧“植入”机器，使其更加聪明灵活地解决各种复杂的智能问题。

2.1.2 描述算法的伪码

日常生活中我们一般采用自然语言来表达我们的思想，也常常采用某些图式来表达事物及其相互关系。但对于算法而言，由于明确性的要求，因此往往需要某种精确的形式语言作为算法表达的语言，这种可以精确描述算法的形式语言就称为原语。

定义原语一般包括两个方面的考虑：语法和语义。语法规定原语中符号组合的规则，语义则说明原语中符号及其组块的含义。

自然，我们可以采用机器语言作为描述算法的原语。但从有关机器语言的使用不难发现，尽管机器语言描述的算法能够非常方便机器的执行，但直接用机器语言指令来理解与书写算法肯定是十分单调乏味的，如果算法足够复杂时，也是极其繁琐的。因此，为了既兼顾机器算法执行的精确可行性，又兼顾人们算法描述的直观方便性，我们需要一种方便的算法描述语言，这便是产生种类繁多高级程序设计语言的动因。

当然，进一步为了使描述算法的高级语言具有某种通用性，避免与某种具体的程序设计语言相关联，因而可以忽略实现某种程序设计语言的细节，一般采用一种称为伪码的符号系统作为描述算法的原语。

伪码（pseudocode）是一种重在表达算法思想的非正式符号系统，常常用在算法的开发过程之中。与一般高级程序设计语言相比较，伪码的主要特点是，既具有直观方便性的优点，又忽略了严格语法的规范性。

由于算法思想主要是通过各种递归语义结构来描述的，因此与所有描述算法的语言符号系统一样，伪码必须要能够给出各种递归语义结构的表达方法。有时为了直观表达算法的思想，也常采用一种称为流程图的图式来对伪码描述的算法作补充说明。

图2-1给出了流程图的基本符号，下面我们针对主要的递归语义结构，结合流程图表示，给出一种算法原语-伪码的具体规范。

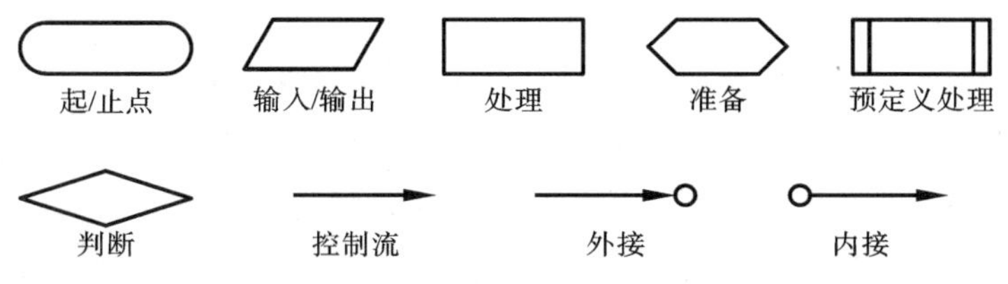

图2-1 流程图的基本符号

1）**赋值语义结构**：如果用 name 表示变量名称，用 expression 表示与 name 有关的表达式数值，那么我们称

```
name←expression
```

为一个赋值语义结构，其含义表示“把 expression 的值赋给 name”。赋值语义结构的流程图如图2-2所示。

比如如下赋值语义结构实例：

```
x←3 +4y
```

就表示将 3 +4y 表达式计算结果的值赋给 x。一旦这一计算结束后，变量 x 的值就变成“3 +4y”了，但注意变量 y 的值保持不变。

2）**条件语义结构**：根据某个条件式是否成立，来决定采取进一步计算活动。表示这样算法步骤的语义结构，就称为条件语义结构。一般采用如下的描述形式

```
if（条件）then（活动1）else（活动2）
```

或者

```
if（条件）then（活动）
```

其中 **if**、**then**、**else** 这些关键词称为保留词（不允许算法设计者用作命名变量名称的词，称为保留词），用于界定一个条件语义结构不同部分（内部）和作用范围（外部）。这些保留词的使用对于在多重递归语义结构中分清嵌套结构之间的边界有着重要意义。条件语义结构的流程图如图2-3所示。

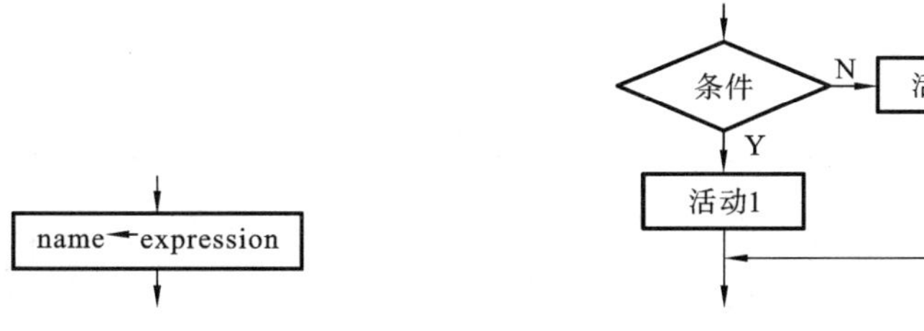

图2-2 赋值语句流程图

图2-3 条件语句流程图

在上述条件语义结构中，第一个式子的含义表示“如果（条件）成立，就执行（活动1），否则执行（活动2）”，第二个式子的含义表示“如果（条件）成立，就执行（活动）”。比如，

```
if (x≤6) then (y←x+2) else (y←x+6)
```

就是一个条件语义结构。

3）**循环语义结构**：用来表示只要某个条件式保持为真就继续规定的计算活动，表示这样的算法步骤的语义结构就称为循环语义结构。一般采用如下的描述形式

```
while (条件) do (活动)
```

其中 **while** 和 **do** 也是保留词。循环语义结构的流程图如图2-4所示。

循环语义结构的含义是“检查（条件）是否满足，如果其为真就执行（活动），并返回再次检查（条件）。只有当某次检查（条件）不满足时，才结束算法步骤”。比如x初始值假定为0，那么

```
while (x<6) do (x←x+1)
```

就意味着一直执行6次（x←x+1）计算，结果x的值变成了6，循环就此结束。

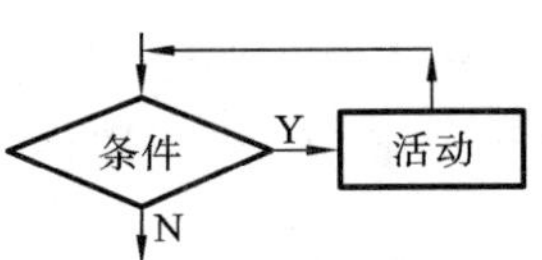

图2-4　while语句流程图

有了上述三种基本的语义结构描述形式，就可以用来表示完整的算法思想了。通常一个算法中的每一个相对独立的步骤，称为一个语句。算法中的语句，均可以用上面三种语义结构之一来描述，称为具体应用。在算法中，由这些语义结构组成的语句有序集合，就称为算法的伪码表示。为了使得这样的伪码表示更加具有可读性，一般规定语句之间用分号隔开。如果一个语句内部嵌有另一个语句，则采用缩进格式。比如语句

```
if (x≤6) then (y←x+2) else (if (x≤6) then (y←x+2) else (y←x+6))
```

写成缩进格式就是

```
if (x≤6)
        then (y←x+2)
    else (if (x≤6)
              then (y←x+2)
          else (y←x+6)
    )
```

进一步，对于重复出现的伪码段或者相对独立的一段伪码，可以用固定名称加以命名定义，称为过程。一旦一个过程定义了固定名称，那么在需要出现该过程伪码段的地方，就可以直接用该名称替代这段伪码。一般过程的定义方式为

```
procedure name (参量)
伪码段
```

引用之处直接用语句“**procedure** name”来替代所定义的这段“伪码段”。过程语句的流程图如图2-5所示。

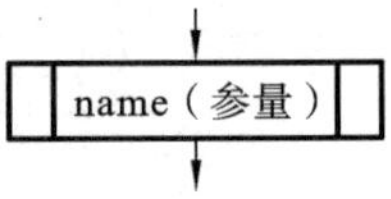

name（参量）

图2-5　过程语句流程图

比如下面就定义了一个称为greetings的过程：

```
procedure greetings (y)
x←y;
```

```
while (x≤6) do
     (print ( "hello");
      x←x +1)
```

此时，在其他需要完成这一过程功能的地方，只需要直接调用这一过程名即可，比如

```
if (x≤10) then (procedure greetings (3))
```

就等价于

```
if (x≤10) then (
    x←3;
    while (x≤6) do
       (print ( "hello");
        x←x +1)
)
```

有时候，为了使得伪码可读性更高，在嵌套的语句中，每一层语句的结束都用明显的标识来醒目地加以标记，使用诸如 **end while**、**end if** 等保留词。比如：

```
if (x≤10) then (
    x←3;
    while (x≤6) do
       (print ( "hello");
        x←x +1)
)
```

写成

```
if (x≤10) then (
    x←3;
    while (x≤6) do
    ( print ( "hello");
          x←x +1
    ) end while
) end if
```

使得伪码的嵌套层次更加一目了然。

当然，这种做法并非是强制性的，依赖于个人偏好。作为中国人，有时也可以用汉语保留词来替换英语保留词，以及只要不影响算法思想的表达，可以采用你自己认同的习惯方式来规定你的伪码表达习惯，前提是要让别人能够理解可读。

对于用流程图表达一个算法的过程，常常需要标记一个算法的开始和结束，其流程图标识如图 2-1“起/止点”所示。有了表示算法的伪码原语和流程图，现在我们可以来介绍如何编写解决具体问题的算法了，即所谓的算法构造。

2.1.3 算法构造的过程

针对某个具体需要解决的问题，算法构造可以分为两个阶段：发现解决该问题的算法，以及用伪码将发现的算法表达出来。如果你已经熟练掌握了伪码的使用，那么很显然，构造算法的重点在于发现算法。其实，发现算法就是一个理解解决问题的过程。

在人们一生中解决问题是不可避免的，无论是在工作、学习，还是在生活中，我们总会遇到各种各样的问题需要去解决。因此解决问题的能力更多地体现了个体或群体的智能水平。当然，除了根器潜质的深浅外，解决问题也是有一些窍门可以掌握的。

美籍匈牙利数学家波利亚（G Polya）在1945年给出了解决问题的一般原理是：

阶段1 理解问题。

阶段2 设计一个解决问题的方案。

阶段3 完成计划。

阶段4 从准确度以及作为解决普适问题的一个工具的潜力这两个方面来评估这个解决问题的方案。

从算法发现的角度看，可以将上述解决问题的一般原理对应到算法构造过程中，相应地形成算法发现的如下四个阶段：

阶段1 理解问题。

阶段2 寻找一个可能解决问题的算法过程（思路）。

阶段3 阐明算法并且用伪码将其表达出来。

阶段4 从准确度以及作为解决普适问题的一个工具的潜力这两个方面来评估这个算法。

具体解决问题的思路有许多，比如正向思维、逆向思维、混合思维以及灵机一动等等，读者可以参考美国科普作家伽德纳所著的《啊哈，灵机一动》一书。但对于算法发现而言，主要的难点不在于去解决一个问题的特定实例，而是要找出一种适合一个问题的所有实例的一般算法。

比如要给出加法运算的一般算法，而不是仅仅解决1+1这一个加法运算的特定实例。这时，你就会发现，对于给定问题，发现其解决算法并非是一个容易的问题。甚至对于许多问题，根本就不存在可以加以解决的算法。

为了使读者了解如何具体发现解决问题算法的一般过程，我们列举一个简单问题的实际算法构造例子，即计算1+2+⋯+n之和。这是一个简单从1开始连续求和的累加问题，按照发现算法的4个阶段，我们依次可以给出如下的算法发现过程。

1）**理解该问题要点如下：**

a. 从1开始重复地进行相加运算。

b. 本次的和作为下一次相加运算的被加数。

c. 加数连续递增有规律地变化着。

2）**寻找一个可能解决问题的算法过程思路如下：**

a. 令S表示被加数（初始值为0），令I表示加数（初始值为1）。

b. 进行n次加法后结束，或者当加数大于n时结束。

c. S 中存放计算结果。

3）**阐明算法并且用伪码将其表达出来**。设 S 表示被加数，也表示累加和，I 表示加数，则算法如下（对应的程序流程图如图 2-6 所示）：

步骤 1：输入 n 的值；S ← 0；I ← 1。

步骤 2：若 I 小于或等于 n，则转向步骤 3；否则，转向步骤 6。

步骤 3：S ← S + I。

步骤 4：I ← I + 1。

步骤 5：转向步骤 2。

步骤 6：S 的值就是计算结果，算法结束。

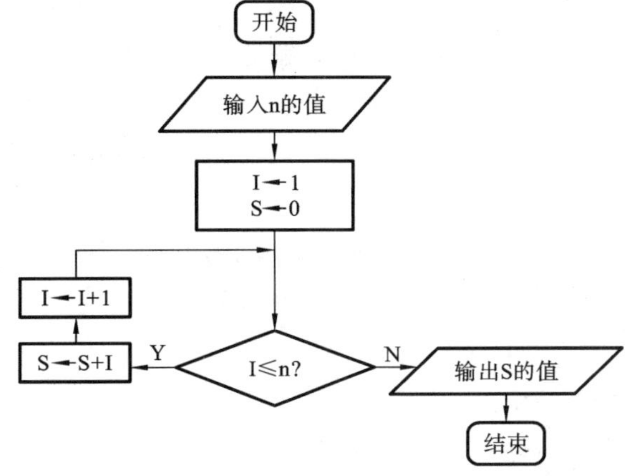

图 2-6　求 1 到 n 连加之和的程序流程图

4）**从准确度以及作为解决普适问题的一个工具的潜力这两个方面来评估这个程序**：通过分析，该算法准确解决了所描述的问题，并且对于任意给定的 n，都能给出正确唯一的结果，具有一定的普适性。

当然，解决 1 到 n 连加之和的算法不是唯一的。构造该问题算法的另一种思路是，计算 $1+2+\cdots+n$时，可以采用$(1+n)\times n/2$ 的计算公式来计算，就可以得到计算结果。具体算法步骤为：

步骤 1：S ← n + 1。

步骤 2：若 n 是偶数，则 S←(S × n) ÷ 2；否则，S←S × (n − 1) ÷ 2 + (n + 1) ÷ 2。

步骤 3：S 的值就是计算结果，算法结束。

正如在 2.1.1 节中说明的那样，同一个问题可用不同的方法解决，即用不同算法解决同一个问题。因此，就存在一个算法的比较（分析）和选择问题，比较的依据是算法的效率。显而易见，上面新的算法思路比原来的连加思路要优越。

上述所举例子是比较简单的问题，因此可以通过直接构造算法的方法来解决问题。对于一个可以存在解决算法的复杂问题，为了能够找到解决的算法思路，则往往难以直接给出问题解决的算法，而是需要通过逐步求精（stepwise refinement）方法来进行。

逐步求精就是通过把复杂问题不断分解为子问题，直到分解的子问题能够直接给出解决思路为止；然后再逐步将子问题的解决思路一层一层地整合起来，最终给出总问题的解决思路。这种问题不断分解的过程称为自上而下的分析方法，将思路不断整合的过程称为自下而上的综合方法。这也是编制复杂软件系统最为常用的两种策略。

当然，逐步求精不是求解问题的全部，对于给定问题如何发现解决的算法，永远是一个开放的科学难题，需要人们不断地去探索和发展新的方法。总之，算法发现是一项富有挑战性的技巧性工作，也是读者的聪明才智得以展现的最佳载体。

2.2 算法结构

算法是计算步骤的有序集合，自然构成算法的内容是按照一定顺序排列的语句集合。但是在顺序排列的基础上，算法往往也包含着非常复杂的组织结构，以便有效完成算法预定的各种复杂任务。为了有效地构造算法，我们必须学习并了解一般算法过程中常见的一些构造结构，特别是选择结构、迭代结构、递归结构。因此，在讨论算法运用时，我们专门对算法的结构进行详细的分析。

通常可以采用程序流程图直接表示不同的算法结构，但为了简洁起见，更为了有效地表示算法结构，我们将采用一种由美国学者纳希（I Nassi）和希内德曼（B Shneiderman）提出的N-S盒图表示法来辅助分析算法的复杂结构。与流程图相比，这种盒图表示法既保留了流程图方式直观、形象和易于理解的优点，又去掉了流程图功能域不甚明确、控制流可能任意跳转的缺点，使得其更容易确定局部和全局数据的作用域。

毫无疑问，算法结构的基础是顺序结构，如图2-7所示，顺序结构反映的就是算法步骤按照先后给定的顺序依次执行的事实。算法的顺序结构是一目了然的，也是非常简单的，就计算复杂性而言，并不起关键作用。在算法的语句集合中，反映算法复杂性的主要体现在构成算法的具体语句结构之中。具体语句结构主要包括选择结构、迭代结构和递归结构，也是分析计算复杂性的重点所在。因此，下面我们来分析算法中的这三种具体结构。

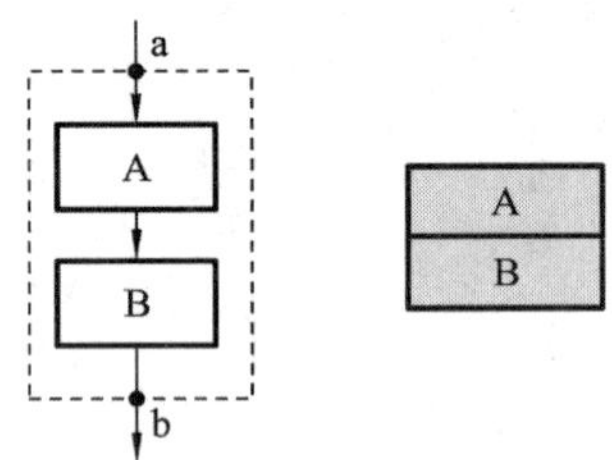

图2-7 算法顺序结构及其对应的N-S盒图表示

2.2.1 选择结构

首先是选择结构，在算法实现中需要考虑多种可能情况的不同处理策略时，就会采用算法的选择结构，具体表示一般采用条件语句。选择结构对应的典型结构流程图及其盒图分析如图2-8所示。

举例来说，对于给定的一个数据和一张数据表，要确定该数据是否在这张表中，就需要构

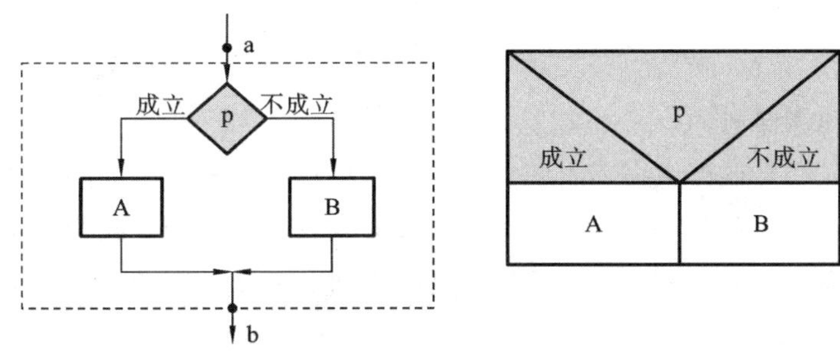

图 2-8 选择结构及其对应的 N-S 盒图表示

造一个算法来解决这个问题，这样的算法称为数据查找算法。比如查找某个人的姓名是否出现在给定的名单中，就属于这样一种数据查找问题。一般实现这一过程的伪码可以表示如下：

```
Procedure Search (list, TargetValue)
if (list 为空)
    then (返回失败)
    else (
        TestEntry←在 list 中选择第一个表项;
        while (TargetValue≠TestEntry 且 TestEntry 不是最后一个表项)
            do (TestEntry←在 list 中选择下一个表项);
        if (TargetValue = TestEntry)
            then (返回成功)
            else (返回失败)
) end if
```

在上述算法中就多次用到了选择结构的 **if** 语句，当然实现选择结构的语句不仅仅只有 **if** 语句，有时也会采用情况语句，一般定义如下（流程图如图 2-9 所示）：

```
switch (变量) (
  case "取值 1" (活动 1)
  case "取值 2" (活动 2)
  ......
```

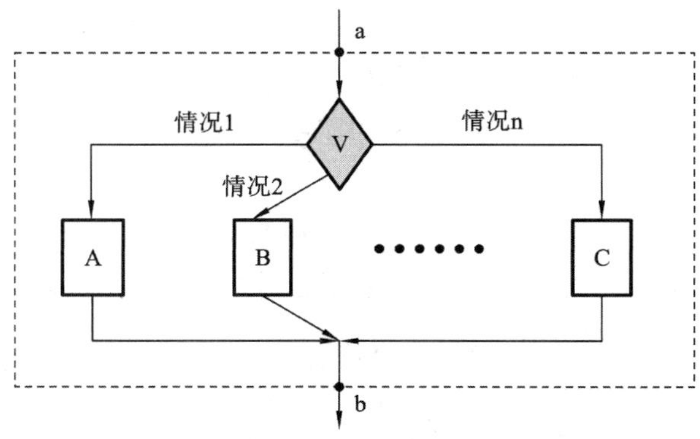

图 2-9 情况语句的程序流程图

```
  case“取值 n”(活动 n)
)
```

其中 **switch**、**case** 均为保留词。

鉴于情况语句可以化解为若干条件语句的组合，因此无须给出专门的盒图表示。不管是条件语句还是情况语句，选择结构本身不会增加计算复杂性。但是选择结构却是算法实现中非常重要的表达方式，可以有效地解决人们思维中的选择机制问题。因此，在算法的构造中通常是少不了选择结构的运用。

2.2.2 迭代结构

在算法构造中第二种实现结构就是迭代结构。在算法的迭代结构中，一组指令以循环方式重复执行。为了更好地理解这种循环结构，我们再以上述数据查找算法为例，来详细分析循环结构算法的特点。在上述 Search 算法中，为了解决姓名查找问题，我们是从名单首列开始依次逐一将待查姓名与名单中出现的姓名进行比较，找到了就查找成功；如果名单结束也没有找到，则查找失败。现在，如果名单是按照字母顺序排列的，那么只须按照字母顺序查找即可，不必比较所有的表项。这样，实现这一过程的伪码可以表示如下：

```
Procedure Search (list, TargetValue)
if (list 为空)
    then (返回失败)
else (
    TestEntry←在 list 中选择第一个表项;
    while (TargetValue > TestEntry 且 TestEntry 不是最后一个表项)
        do (TestEntry←在 list 中选择下一个表项);
    if (TargetValue = TestEntry)
        then (返回成功)
        else (返回失败)
) end if
```

上述新的 **Search** 算法是按照字母排列顺序来查找的，因此称其为顺序查找（sequential search）算法。简单分析可知，该算法的计算代价主要体现在 **while** 语句，如果表的长度为 n 的话，那么平均需要计算 $n/2$ 计算步，因此算法的计算复杂性为 $O(n)$。

实际上，该算法中 **while** 语句就是一个迭代结构，而其中的指令“TestEntry←在 list 中选择下一个表项”以重复的方式被执行。

通常，一条或一组指令的重复使用方式称为循环的迭代结构。这样的结构一般由两个部分组成：循环体和循环控制条件。在上述顺序查找算法中，是通过 **while** 语句来实现这样的迭代结构的，其循环控制过程是：检查条件，执行循环体，检查条件，执行循环体……直到条件为假。

一般，循环控制由状态初始化、条件检查和状态修改三个环节部分组成，其中每个环节都决定着循环的成功与否。其中状态初始化设置一个初始状态，并且这一状态是可以被修改的，直到满足终止条件；条件检查是将当前状态与终止条件比较，如果符合就终止循环；状态修改就是对当前状态进行有规律地改变，使其朝着终止条件发展。比如在顺序查找算法中，实现状态初始化的语句就是：

```
TestEntry←在 list 中选择第一个表项
```

条件检查部分是：

```
TargetValue >TestEntry 且 TestEntry 不是最后一个表项
```

而状态修改部分则是：

```
TestEntry←在 list 中选择下一个表项
```

这样，三个部分的联合就构成了一个循环迭代结构。图 2-10 给出了 while 循环迭代结构及其对应的 N-S 盒图表示。

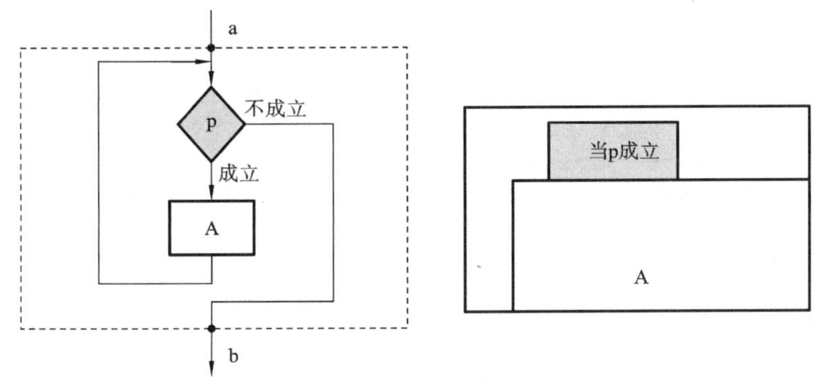

图 2-10 while 循环迭代结构及其对应的 N-S 盒图表示

当然，除了 while 语句外，也可以采用 repeat 语句来实现循环控制过程，其使用规定如下：

```
repeat (活动) until (条件)
```

其中 **repeat**、**until** 都是保留词。**repeat** 语句的含义如图 2-11 所示，跟 **while** 语句不同之处是先执行循环体，然后进行条件检查。

由于 **while** 语句先检查条件，因此有可能循环体一次也不被执行就终止了循环；而 **repeat**语句则起码要执行一次循环体，然后才有可能终止循环。我们称 **while** 语句是预查循环，而**repeat**语句是后查循环。图 2-12 所示为 **repeat** 循环迭代结构及其对应的 N-S 盒图表示。

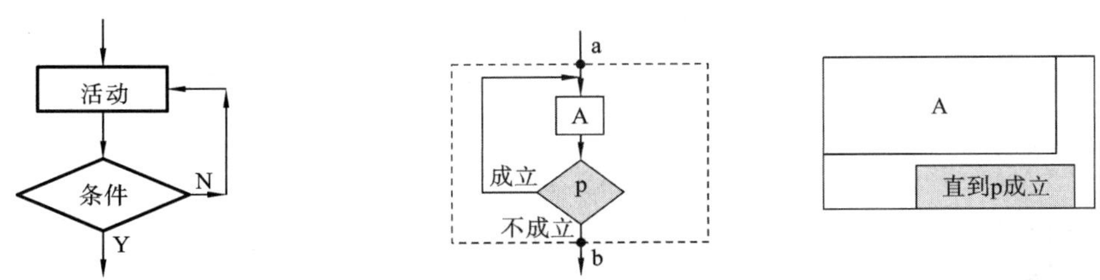

图 2-11 repeat 语句的程序流程图　　图 2-12 repeat 循环迭代结构及其对应的 N-S 盒图表示

图 2-13 给出了一个完整程序流程图转为盒图表示的实例，其中 a 为求最大公约数的程序流

程图，b 为对应的 N-S 盒图表示形式。从图 2-13 不难看出，用盒图表示算法结构具有十分简洁、直观和明确的特点。特别是对于循环迭代结构，可以一目了然得到清晰的表达。

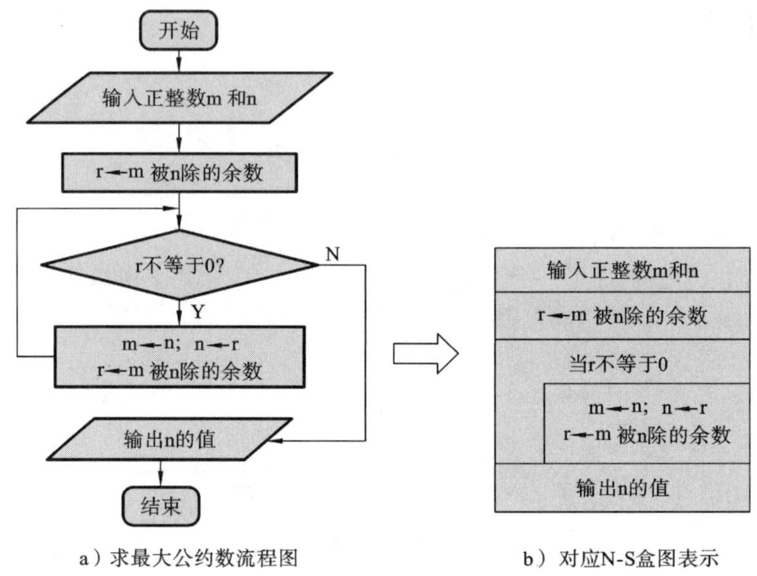

a）求最大公约数流程图　　b）对应N-S盒图表示

图 2-13　完整程序流程图转为盒图表示的实例

2.2.3　递归结构

最后我们来分析递归结构。所谓递归，就是重复进行自身调用。图 2-14 给出了有关“花哨名词”递归迁移网（RTN），它可以产生任意复杂的名词短语，其中用到的一个重要机制就是递归结构。

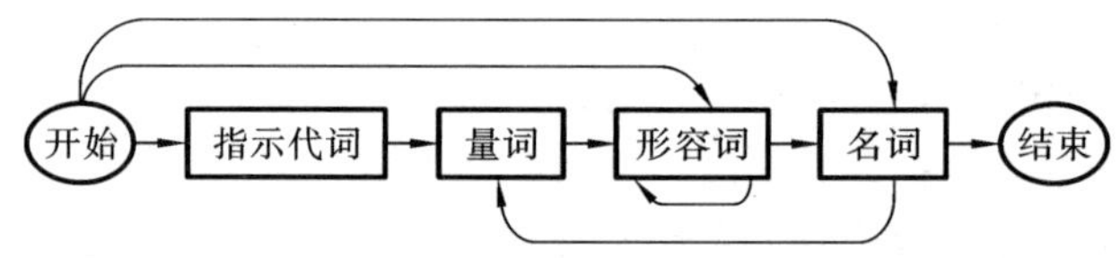

图 2-14　“花哨名词”递归迁移网（RTN）

在算法结构中也一样，存在着比循环还要复杂的递归结构，同样可以实现重复计算任务。如果说循环是通过重复执行同样一组指令的方式来进行的，那么递归则是通过将一组指令当作自身的一个子程序进行调用来进行的。

为了直观起见，下面通过一个名叫折半查找（binary search）的算法来说明算法中的递归结构。

对于同样的名字查找问题的递归分析，具体构造的算法如下：

```
procedure Search (List, TargetValue)
if (list 为空)
    then
        (返回失败)
```

```
  else (
     TestEntry←选择 List 的“中间”值;
     Switch (TargetValue) (
        case (TargetValue = TestEntry) (
             返回成功
        )
        case (TargetValue > TestEntry) (
             BList←位于 TestEntry 前半部分 List;
             返回 procedure Search (BList, TargetValue) 的返回值
        )
        case (TargetValue < TestEntry) (
             AList←位于 TestEntry 后半部分 List;
             返回 procedure Search (AList, TargetValue) 的返回值
        )
  )
) end if
```

上述算法中，出现了过程自身调用的情况，这便是递归结构。递归过程的控制主要是通过过程调用参数的变化来进行的。在上述算法中这样的参数就是列表本身。如果追踪某个递归过程，那么就会发现，其计算过程是一层一层递进的，然后再一层一层返回。

对于递归结构而言，在动态执行过程中，递进的最大层数就称为该递归结构的递归深度。对上述折半算法分析可知，递归算法的计算复杂性与递归深度密切关联，如果表的长度为 n 的话，那么平均需要计算的递归深度为 $\log_2 n$，因此算法的计算复杂性为 $O(\log_2 n)$。显然，折半查找算法的效率要高于顺序查找算法的效率。

另一个需要运用递归结构来设计求解算法的就是如图 2-15 所示的汉诺塔问题：将 A 柱子上的 n 个圆盘借助于 B 柱子移到 C 柱子上，问如何移动圆盘？约束规则是：① 每次只能移动一张圆盘；② 圆盘只能在这三个柱上存放；③ 大盘不能压在小盘上面。

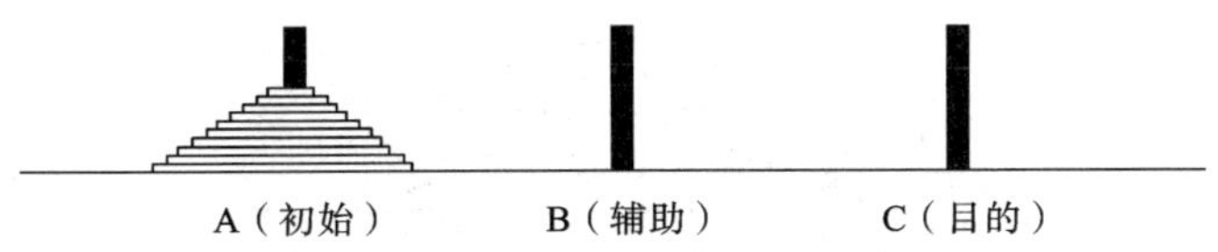

图 2-15 汉诺塔问题示意图

根据图 2-16 的实例分析，对于任意 n，求解的方法是：将 A 柱子上的 n 个圆盘分成两部分：1 个圆盘和 $n-1$ 个圆盘，如图 2-17 所示。然后按照如下移动圆盘步骤：

第一步：将 A 柱子的上面 $n-1$ 个圆盘移动到 B 柱子上面。

第二步：将 A 柱子上剩下的那个圆盘移动到 C 柱子上面。

第三步：将 B 柱子上的 $n-1$ 个圆盘移动到 C 柱子上面。

这样，剩下的问题就是 $n-1$ 个盘子的汉诺塔问题，这样就可以通过递归来求解，直到 $n=$

1 为止。因此，整个递归算法如下：

```
procedure hanoi (int n, char A, char B, char C)
if (n=1) then printf ("% c—>% c \n", A, C);          //输出
     else (
       hanoi (n-1, A, C, B);                          //左向递归
       printf ("% c—>% c \n", A, C);                  //输出
       hanoi (n-1, B, A, C);                          //右向递归
)
```

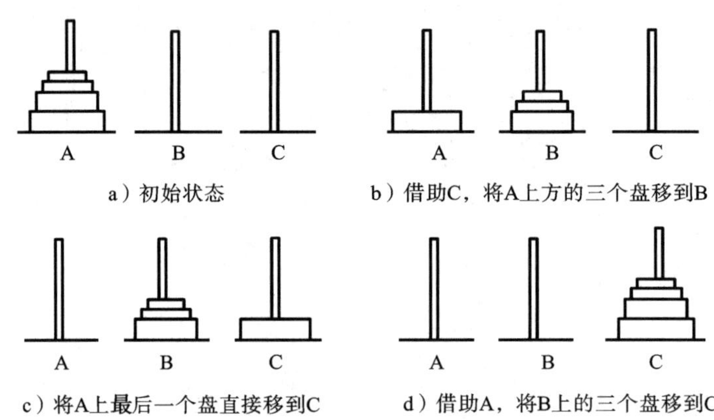

图 2-16　汉诺塔问题递归解法思路（设 $n=4$）

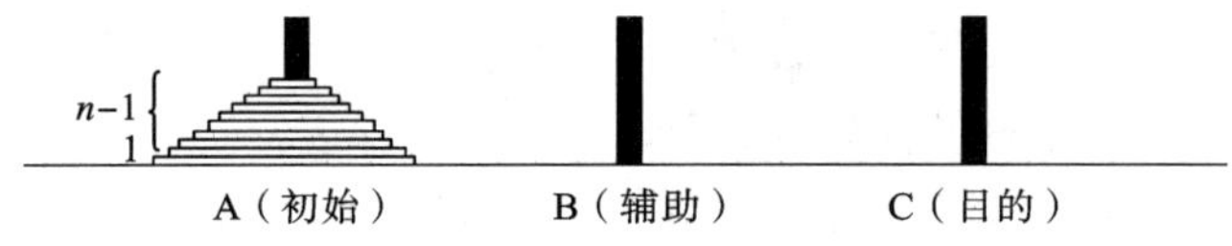

图 2-17　汉诺塔问题分解示意图

其中“左向递归”是借助 C，将 A 柱上方的 $n-1$ 个盘子移到 B 柱；“右向递归”则是借助 A，将 B 柱上 $n-1$ 个盘子移到 C 柱。图 2-18 给出的就是当 $n=3$ 时，上述算法的实际递归执行过程。

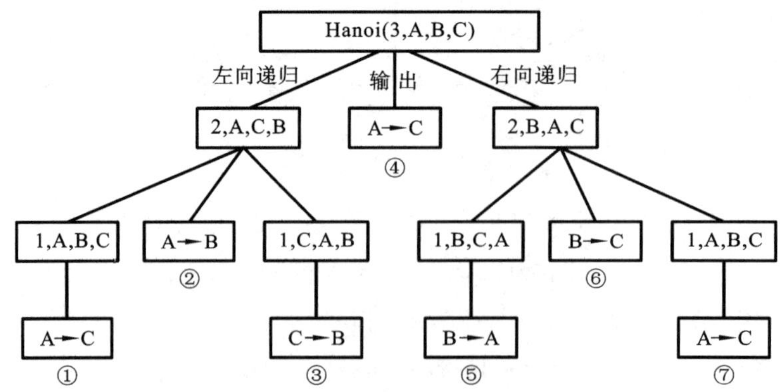

图 2-18　汉诺塔问题算法的运行图解（设 $n=3$）

对于递归结构的程序算法，保证递归过程终止的条件也是需要考虑的问题。比如上述折半查找算法中表列为空或者找到目标，可以保证递归过程的终止；而汉诺塔问题只须保证塔高层次 n 是有限值即可。与循环终止条件的显式表示不同，递归终止条件往往是隐含表示的，因此在设计递归算法时需要格外注意。因为，有时不恰当的递归也会产生悖论，使计算无法终止。

最后，我们强调指出，从理论上讲，所有算法的结构都可以看作并化解为递归结构，关键在于递归的深度。其中作为计算理论之一的递归函数论，就是以递归的思想建立起完整的计算理论模型的。这就是为什么我们在算法构造的原语介绍中，一开始就将各种算法步骤的描述方式称为递归语义结构的原因所在。

在算法中，递归的思想非常重要，如果说对于计算能力而言，“比”的就是算法，那么对于算法而言，“比”的就是递归。从更为广泛的视野讲，递归也是大自然的一种普遍现象，从自然界的分形，到语言、音乐、绘画中的嵌套结构，无不体现着递归的本性。正是从这个意义上讲，通过递归计算，算法的方法可以被应用到自然与人文的各个方面，特别是可以应用到智能问题的求解之中。

2.3 问题求解

衡量人类智能水平的一个重要方面就是看其在解决各种复杂问题中的智力表现了，因此对人类智力的算法模拟始终是人工智能研究的一个重要方面。为此，要知道机器到底是如何运用算法进行机器智能开发的，我们首先以相对简单的智力问题求解为例，来掌握其中运用算法解决问题的基本策略。

2.3.1 空间搜索的问题求解

首先让我们来看一个具体的八数码难题的智力问题。如图2-19所示，在3×3个格图中置入1到8这八个数码，问题要求对于任意事先设定的两种格局，你是否能单靠一步一步挪动数码（利用空格进行）来建立起从一种设定的格局转变为另一种设定格局的完整步骤。

图2-20给出的就是图2-19的一种解题步骤，可以让机器自动去完成。这种解法的思想就是，我们对所有可能走出的格局全部依次列出，然后寻找一条能够在两种设定格局之间连接起来的途径，那么这条路径所经过的格局，依次就构成了沟通两种设定格局转变的完整步骤。就图2-19所给出的问题来说，图2-20中按自上向下、自左向右次序排列的①→③→⑧→⑰构成的路径便是要求的解路径。

1		3
4	2	6
7	5	8

⇨

1	2	3
4	5	6
7	8	

图2-19 一个八数码问题

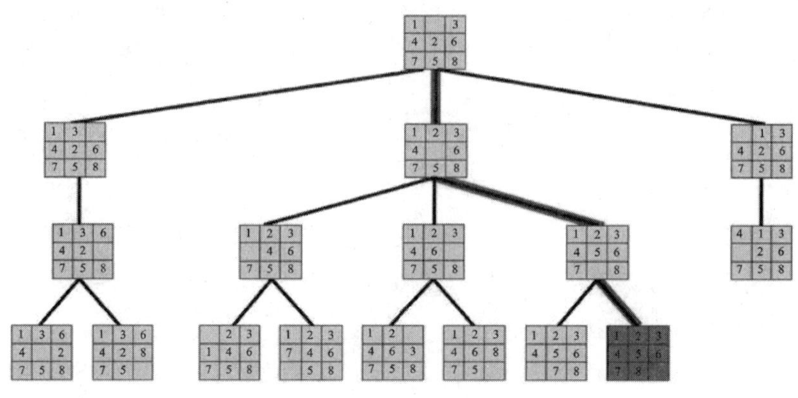

图 2-20 图 2-19 数码问题的解题步骤

更一般地，为了方便满足机器算法实现上的要求，我们还可以通过设置一些基本的格局单步变换规则，如图 2-21 所示，来使机器具有通用数码问题的解题能力。图中“←”表示将左边数码移入右边空位（空格左移规则），“→”表示将右边数码移入左边空位（空格右移规则），“↑”表示将上面数码移入下面空位（空格上移规则），“↓”表示将下面数码移入上面空位（空格下移规则）。此时机器可以对任意 $n \times n$ 给定数码问题的初始格局和终结格局，靠运用固定的变换规则，求解出其间完整的步骤路径。

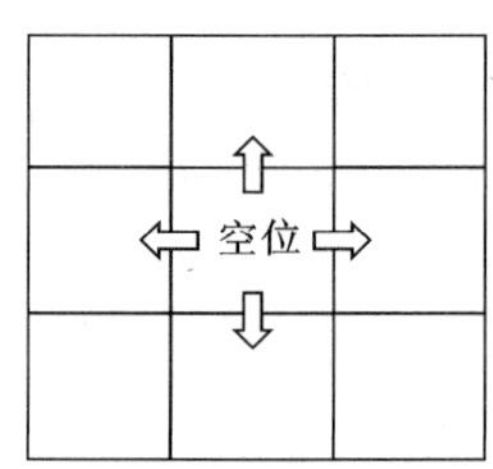

图 2-21 通用数码问题求解规则

在求解过程中使用规则来解题的办法是，从初始格局开始，运用所有可以运用的规则（当前的格局同规则左部的格局相同，则该规则就可以运用），去产生其全部可以产生的新格局（所运用规则右部的格局并未见于已有格局中），然后再对这些新格局的每一个，再重复同样的过程，直到不再有新的格局出现为止。这样就形成了所有从初始格局开始，运用规则所能产生的全体格局及其递推关系，我们称其为问题的状态空间。如果状态空间中出现了终结格局，那么从初始格局到终结格局的路径就构成了具体问题的一个解。当然如果状态空间中有多条通向终结格局的路径，那么就说明该问题有多种解。

很显然，只要给出的具体格局之间有解的路径存在，那么采用上述策略，机器照样可以胜任工作，顶多花费多一点时间而已。但如果让人来进行足够大的数码问题的求解，不管你有多么快的思考速度，要按照这里的思路去解题，恐怕你会力不从心了。这其实就是人与机器在求解问题中的一个显著差别，当然也是机器所固有的一个最大优势：具有十分强大的计算和搜索能力。

利用状态空间搜索方法，原则上我们可以让机器解决一大类智力游戏问题。只要为机器找到反映问题本身状态（格局）及其变化规则，然后利用机器无比惊人的搜索能力去寻找解路径。例如一个稍微复杂的问题是所谓寻找“独立钻石棋”解的问题。如图 2-22 所示。这是一个人独自下棋的游戏，在 33 个方格的棋盘上共有 32 个棋子，棋子的移动规则为：一个棋子以竖直或水平方向跳过与其相邻的棋子且正好落于空位，那么就可以去掉那个被跳过的棋子（这一步骤称为吃子）。如果你通过不断运用这唯一的规则能将棋盘上的棋子吃剩一个并且其刚好位于棋盘中央，那么你就获胜。用我们状态空间搜索的术语来讲，也就是说，问题的初始状态（图2-22a）是棋盘上除了中央位置外全都置满棋子；而终结状态则刚好与初始状态相反，除了中央位置外，全都为没有棋子的空位。而要完成的任务就是运用唯一的一条规则，设法找出从初始状态走到终结状态的完整步骤。

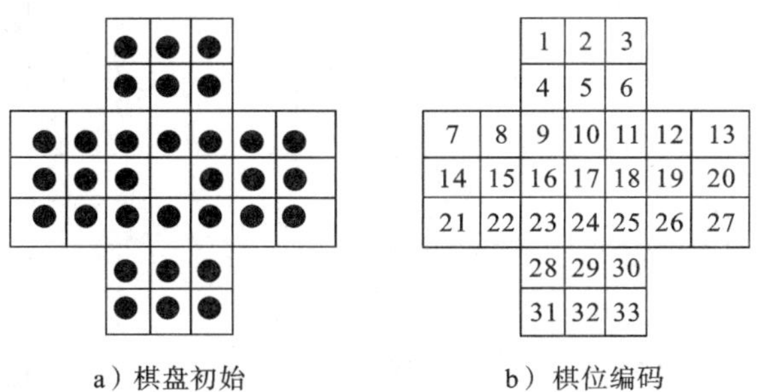

a）棋盘初始　　b）棋位编码

图2-22　独立钻石棋

很明显，如果你真正理解了刚才数码问题的解题策略的话，那么无疑你就可以如法炮制，通过找出所有可能到达终结状态的棋局状态的搜索来解决“独立钻石棋”的求解问题。图2-23给出了这一问题求解状态空间的一个片断。

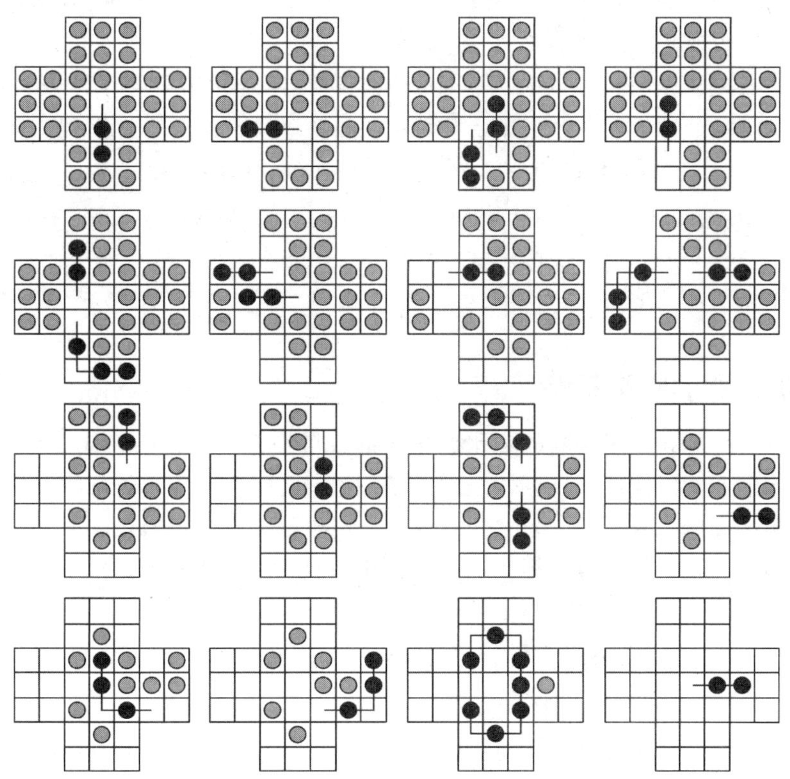

图2-23　独立钻石棋局部状态空间搜索

聪明的读者也许早已觉察到这种方法太机械蠢笨，许多绝对不可能获胜的状态棋局就根本没有必要去搜索和产生。确实如此，机器在解决问题时，同人类解决问题时所采用的那种审时度势和灵活机变的原则是大相径庭的。我的一位学生第一次下这种独立钻石棋时就是靠直觉判断和有方向的选择完成了问题的解。如果试想这位学生采用这种机械的搜索方法去搜索，那么恐怕劳其一生也未必能够找到通向成功的路径。

当然，尽管机器有强大的搜索能力，但机器的计算速度总是有限度的，特别是对于搜索空间特别庞大的问题求解，如何避免不必要的计算搜索也是机器要更好地解决实际问题所面临的课题。经过科学家们的研究，作为一种改进，原则上机器也可以变得稍许“聪明”一点，虽然仍难逃机械搜索的窠臼，但确实可以避免许多不必要的搜索；特别是那些会落入死胡同的路径，根本就不去搜索。

为了做到这一点，在实际的机器算法实现中，对于任意一种棋局状态都先将其与终结状态进行比较，计算其间的差距，然后每次在向前生成新棋局状态时，只对最有希望（差距最小）的做进一步搜索发展，并依此类推，直到遇到终结状态为止。只有在最佳棋局搜索发展失败时，才再去发展次佳棋局。如果为了保证不丢失正确的路径或多种解的可能，则要求能够判断出每个棋局状态是否为无效棋局，而搜索只在有效棋局间展开。这样一来就可以避免大量不必要状态的试探。

用这种方法，就需要有对所解问题本身的了解并在大量经验或知识的基本上设计出能巧妙估算出当前棋局好坏标准的策略和估算方法。只有有了这样的保证，才能够更加有效地实现问题求解，最终照样可以获得成功的解。

对于独立钻石棋，你当然可以采用这种新思想进行问题求解。鉴于涉及的技术过于专门化，我们就略去具体的算法而只给出用这种方法所得出的一个解为：5D，12L，3D，1R，18U，3D，30U，27L，13D，24R，27L，10R，12D，26L，23R，18D，31U，33U，22R，25L，32U，24L，21R，8R，10D，24L，7D，21R，23U，4D，15R。其中数码表示棋子所在位置，如图2-22b所示；字母 D、U、R、L 分别表示棋子跳跃方向为向下、向上、向右和向左。感兴趣的读者不妨画一个棋单，用围棋子代替棋子试一试。

2.3.2 步步为营的归结策略

也许有的读者会问，如果实际问题比独立钻石棋问题还要复杂，那么机器又如何进行求解呢？当求解的问题非常复杂，如果依然能用机器去解，此时往往需要将问题分解为一些相互联系又相对独立的子问题，然后对这些子问题逐步进行求解，最后求得总问题的解决。这种策略就称为问题求解的归结策略，其思想是分阶段对相关联的子问题各个击破，最后得出问题的求解结果。

还是让我们用例子来说明这种归结方法的求解思路吧。图 2-24 给出的是人工智能中很著名的“猴子与香蕉”问题。在一间房子里有一只猴子、一个箱子和一把香蕉，随意分布在各个位置上，问题是要让猴子在任何情况下都能吃到香蕉，猴子该怎么实现这个目标？

现在假设猴子是一台机器，要让你编制一个程序，使得这台机器能通过搬动箱子和走动来取到香蕉。这是一个较为复杂的问题，需要你深思熟虑的谋划。由于没有明显直接地照搬状态空间搜索方法来解题的可能，因此必须首先将问题进行分解。很明显，只要做一些深入分析，你就可以发现，这个问题可以归结为如下 4 个子问题：

1）猴子从位置 a 走到位置 b。

2）猴子把箱子从位置 b 推到位置 c。

3）猴子爬上箱顶。

4）猴子摘取香蕉。

也就是说只要你将这 4 个相继完成子目标的子问题解决了，你就可以获得整个问题的解，这就是归结策略的思想。如果我们能够得到这 4 个子问题的一组解答，那么我们也就求得了原问题的解答。

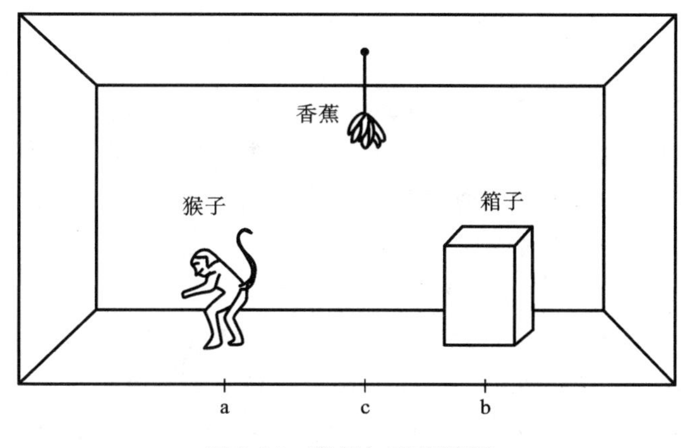

图 2-24 猴子与香蕉问题

首先，可以用四元组来表示猴子-香蕉问题某时刻的状态：

(W, x, Y, z)

其中 W 表示猴子的水平位置（取值为 a，b，c），x 表示猴子是否位于箱子之上（取值 1 表示是，0 表示否），Y 表示箱子的水平位置（取值为 a，b，c），z 表示猴子是否取到香蕉（取值 1 表示是，0 表示否）。

然后给出求解猴子-香蕉问题的 4 种基本变换操作，相应的算符分别是 goto(U)、pushbox(V)、climbbox 和 grasp，定义如下：

1）**移步**(goto(U))：(W,0,Y,z)→(U,0,Y,z)

2）**推箱**(pushbox(V))：(W,0,W,z)→(V,0,V,z)

3）**爬箱**(climbbox)：(W,0,W,z)→(W,1,W,z)

4）**摘蕉**(grasp)：(c,1,c,0)→(c,1,c,1)

最后，在上述给出的基本状态描述和变换操作的定义之下，就可以采用归结方法求解猴子-香蕉问题，描述如下：

1）初始问题表示为

({a, 0, b, 0}, F, G)

其中 $F=(f_1,f_2,f_3,f_4)$，f_1 = goto(U)，f_2 = pushbox(V)，f_3 = climbbox，f_4 = grasp；G 为结果解步骤。

2）满足解的关键条件是末位状态变量的值为 1，现初始状态显然不满足，于是产生差别。解决的关键算符是 f_4 = grasp，于是可用 f_4 来归约初始问题，得到如下子问题：

$(\{(a, 0, b, 0)\}, G_{f_4})$

$(\{f_4(s_1)\}, G)$

其中 G_{f4} 是适合于 f_4 处理的状态集，而 s_1 为 G_{f4} 中通过求解第一个子问题可以得到的状态。

3）进一步分析 s_1 与 G_{f4} 之间差别，依次可以找到关键算符 f_3、f_2、f_1，最终可以归结为原子问题，结果给出解序列为{goto(b),pushbox(c),climbbox,grasp}。

能够靠归结方法解决问题，这就使得机器的解题能力和范围大大提高和扩大了。即使是一个实际生活中的复杂问题，你只要能够将其分解或归结为某些机器能够解决的子问题，那么原则上机器就可以解决这样的实际问题。

2.3.3 智力游戏的机器博弈

博弈，主要是指对弈双方展开的一种智力竞争游戏或利益争斗。机器博弈则是指采用智能计算算法来独立或辅助地参与这样的博弈活动。在长期的研究积累中，目前已经形成了不少较为成熟的机器博弈方法与技术，也产生了水平相当高超的机器博弈算法。

1997 年 5 月 11 日，星期一，北京时间凌晨 4 时 50 分，一台美国 IBM 公司的“深蓝”超级计算机将棋盘上的一个兵走到 C4 位置时，世界国际象棋冠军加里·卡斯帕罗夫不得不沮丧地承认自己输给了没有情感和思想的机器对手。这就是 1997 年 5 月 3 日至 11 日在美国纽约公平大厦举行的第二届“深蓝”与卡斯帕罗夫国际象棋六局赛中的最后决胜局（第一届于 1996 年举办，那次卡斯帕罗夫以 4∶2 的成绩获胜），结果“深蓝”最终以 2 胜 1 负 3 平的微弱优势战胜了世界最优秀的棋手。一时舆论哗然，人们都被这突如其来的消息所震惊。

当然，在震惊之余，人们不禁要问，“深蓝”是如何会战胜人类最优秀棋手的呢？这是否真的意味着人类将在机器面前丧失最后的智能优势？为了能够回答这些问题，现在我们就回到“深蓝”下棋程序，来看一看“深蓝”是如何进行“运筹帷幄”的，看一看“深蓝”成功的背后所发生的事情。

早在 1988 年，美国卡内基 – 梅隆大学研究生许峰雄就开发了“深思”程序，战胜了国际象棋特级大师本特·拉尔森。“深蓝”是在“深思”的基础上又经九年的不断完善发展，形成的一个超级程序系统。那么，机器下棋靠的是什么制胜秘诀呢？为了揭开机器下棋的制胜奥妙，让我们从最简单的九宫图填数游戏说起。

九宫图源于易学中的洛书，据说同河图一起称为中华民族最古代的文化遗产，为远古帝王伏羲所创制。金庸在《射雕英雄传》里有一段专门描写九宫图填数问题的文字，讲到黄蓉如何巧答瑛姑所提出的奇门之数诘难，用的就是这个九宫图。如图 2-25 所示，仔细研究九宫图你会发现，在九个数码的安置中，不管是从哪个方向看，连成一线的三个数码之和均是定数 15。而所谓九宫图填数游戏（在西方，称为 tick-tack-toe 双人游戏，也称三子棋、一字棋或井字棋），就是由二人轮流向九宫图中填数，率先形成三数共线之和为 15 者，就是赢家。因为是两人对局，因此为了取胜你不仅要努力去完成胜局局面，而且还必须时刻防范对方胜局的出现。或者说既要充分利用对方的失误，又要尽可能避免自己出错。这就需要有比较全面的对局策略。

在机器对弈程序中，反映这种对局策略思想的具体方法就是所谓的最大最小法或称最佳最差法（迫使对方在所有最佳步骤中选择最差的）。如图2-26所示，在机器每走一步棋时，都要超前搜索对方所有可能的最佳应步，并从中选择使对方能取得最佳应步中最差的那种结果来走棋。如果用某种数值来衡量棋手每走一步的优劣程度，那么在机器下棋的这种策略中，所走的棋步就是要使对方的可能最大增益降至最小程度。

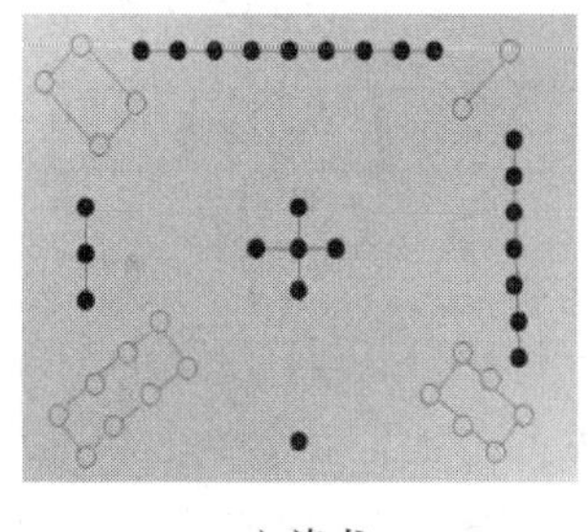

a）洛书

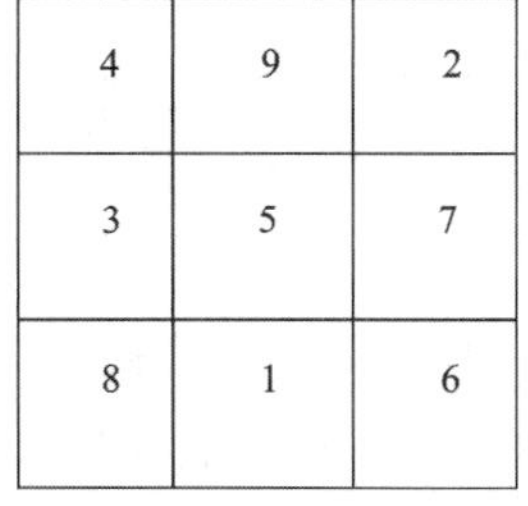

b）九宫图

图2-25　九宫图填数游戏

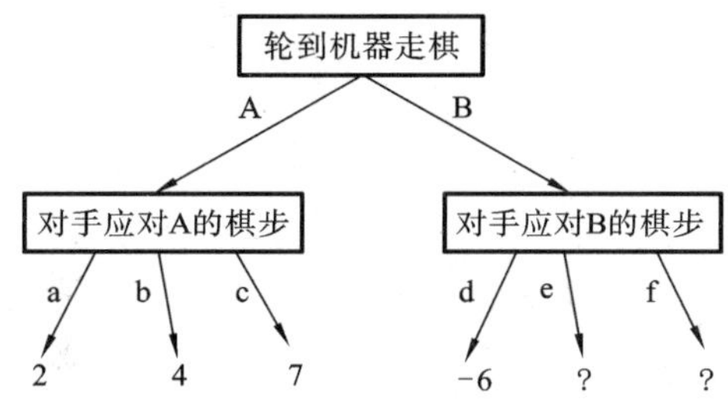

图2-26　最佳最差策略示意

在图2-26中，假设机器可选择的棋步为A或B，那么机器超前搜索后看出了对方对A步的最佳反应是应步a（当对方走了a步后，对机器的增益值为2），而对方对B步的最佳反应是应步d（当对方走了d步后，对机器的增益值为-6），因此机器此时有足够的理由选择A步，这时机器获得的增益值最大，而对方获得的增益值则为所有可能选择步下最佳值中最小的。注意，只要B步中对方应步出现了比A步中对方应步中最佳值还要差的结果，就不必考虑B步中其他对方应步，而义无反顾地选择A步，以节省运算时间。

对于九宫图游戏，采用这种超前搜索的最佳最差法，就可以形成一种类似于问题求解中状态空间的搜索树，称为博弈树。不同的是，状态的变迁由敌我双方轮流对局而形成。图2-27是侯世达在《哥德尔、艾舍尔、巴赫》一书中给出的九宫图对局中前两步形成的博弈树。依此类推，可以形成全部可能的搜索空间，然后机器只须在此空间中选择一条对已最有利、对敌最不利的着棋路线就能完成对局，并赢得胜利。

不过当我们回到国际象棋上，考虑到可能着棋步骤组合数十分巨大以及棋步优劣程度（也为棋局优劣程度）的判断问题，在具体运用这种最佳最差法来进行对弈时，还必须补充各种更为具体的技术性手段，比如采取一定的策略来修剪那些无用或不可能出现的着棋步骤所代表的分支树、将棋路分阶段考察而采用归结策略等，以便提高机器下棋效率。

当然，随着机器运算速度的不断提高，我们会发现，问题关键还在于对棋步优劣程度的判定上，或者说在于对棋局整体局势的优劣判定上。因为仅仅依赖于超前搜索而不具备整体局势

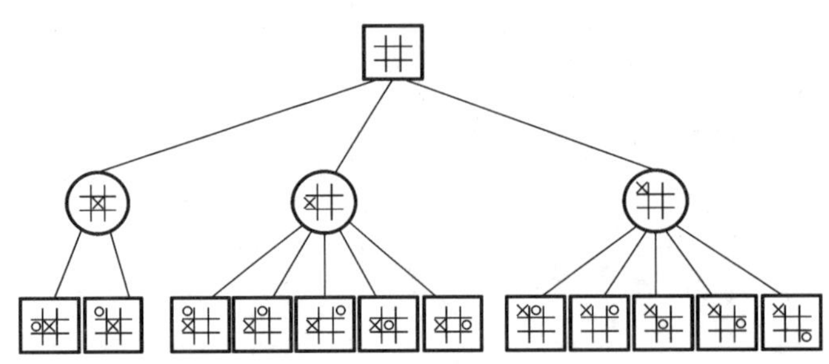

图 2-27 九宫图开始两步的超前博弈树

判断能力的机器下棋程序，免不了会将坏棋当作好棋来走并且缺乏灵活的应变能力。

就这一点而言，“深蓝”的研制人员是有远见的。他们在努力提高机器无比强大的运算速度的同时（“深蓝”的运算速度每秒钟可计算两亿步棋，相比之下，卡斯帕罗夫每秒钟只能思考三步棋），为了充分发挥机器对局势优劣程度的判断能力，就在第一次“深蓝”输于卡斯帕罗夫后的一年时间里，研制人员专门请来了美国国际象棋大师本杰明，将他自己对局势的全部理解输入了“深蓝”，并且同时研制人员还给“深蓝”输入了一百多年来优秀棋手对弈的两百多万份棋谱。正是靠着这样的优势，加上“心态稳沉”机器的严格运算，靠着十分简单机械的策略，机器战胜了人类最优秀的棋手。

很明显，就计算速度而言，越是需要大量快速精确搜索的事情机器越能胜任，这是意料之中的事；而越是需要灵活创造能力的事情人类越能胜任。凭着超前搜索和事前准备充足的知识储备，蛮劲十足的机器确实战胜了人类最优秀的棋手——但那也只是一个很小的智慧之果，我们不必为之大惊小怪。

而真正人类思维能力的本质，更多的是指惯常方法无济于事时，人们所动用的那种急中生智式的应变能力，即所谓“眉头一皱，计上心来”；而不在于按照刻板的规则去做无穷无尽的超前搜索劳作。

因此，在机器智力模拟实现之中，更加困难的问题是如何让机器拥有应变能力，即那种动态产生应对复杂局势的博弈策略的能力。在更加广阔的智能范围上看，像人类所具有的环境感知、语言理解、意识整合、艺术创造以及行为表现中体现出的心智能力，更是摆在机器智能算法运用中需要不断去探索解决的开放性课题。

本章小结和习题

本章介绍了智能计算中最为核心，也是最为基础的内容，即算法设计及其运用。人类的智能是否都可以用算法来表示，这是一个开放问题，我们不得而知。但是起码目前来说，算法不说是实现机器智能的唯一手段，起码也是最为重要的手段。因此，我们必须对这里介绍的有关算法的概念、结构、效率，以及构造原语、伪码及求解问题原则有基本的了解，并掌握其中的核心内容与思想，为智能系统的构建奠定基础。

习题 2.1 有一种火柴棍游戏是这样的：由 17 根火柴棍构成的一幅 2×3 个小方格的图案，如下图所示。现需要去掉其中的 5 根火柴，使得剩余的火柴棍刚好形成相互独立的、两两之间没有公共边的3个小方格。请你给出起码三种以上的解决问题的算法思路。

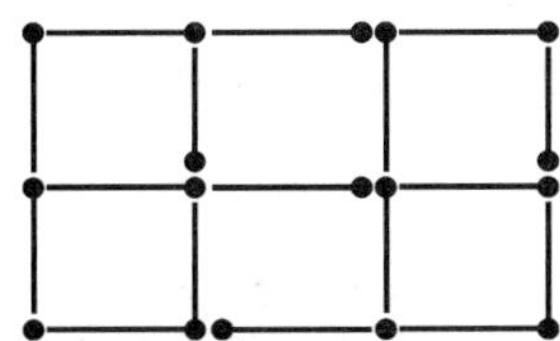

习题 2.2 对于给定的一个由0~9十个数字组成的数列，请设计一个算法，对该数列进行重排，使得结果数列刚好比给定的数列大。

习题 2.3 如何构造一个能够计算一个字符串在另一个字符串中出现次数的算法，请用伪码来表示所给出的算法，并分析算法的计算复杂性。

习题 2.4 设有两个正整数m和n，如何求其最大公约数？请使用递归结构，设计一个能够解决该问题的算法。

习题 2.5 请编制一个算法，来求解这样一个智力游戏问题：农夫携狼、羊和菜过河，但只有一次只能载两物的独木舟，并且农夫不在场时，狼会吃羊、羊会吃菜，请问农夫如何安全过河，请给出算法、流程图及解结果。

习题 2.6 你认为人类智力的主要特点是什么？哪些方面是机器可以模拟的，哪些又是机器不可能模拟的？

习题 2.7 试用不同的搜索策略来编制求解“独立钻石棋”的程序，并比较不同方法的运行时间的复杂性。

习题 2.8 中国古代有一种双人游戏叫“双陆”（《雍正皇朝》电视剧中年羹尧落败后与一村童玩的就是这种游戏），去了解这种游戏的玩法，并请用博弈搜索方法为机器设计赢取这种游戏的程序。

CHAPTER 3

第3章

环境感知

对环境信息的感知能力，是人类生存活动中的一种不可或缺的心智能力。人类通过视觉、听觉、嗅觉、味觉、体觉（触觉、痛觉、温觉、冷觉）随时可以了解环境信息的变化，以便做出相应的应对行为。在人类的所有这些感觉中，视觉无疑是最重要的，大约外部环境信息的80%以上是经视觉系统传入大脑的。因此，在长期的进化过程中也就造就了高度发达的视觉系统。

对于机器而言，以视觉为例，是否也能够拥有像人类一样的视觉感知能力呢？从某种意义上讲，由于人类视觉思维能力基本上是人类心智能力在视觉信息处理中的再现，因此要让机器拥有人类的视觉能力，实际上已经是对整个人类心智能力的把握了。为了能够对如何让机器实现人类复杂的视觉能力有比较清醒的认识，还是让我们先来具体看一看人类视觉的工作原理吧！

3.1 视觉原理

早上我们醒来睁开双眼，就会有五光十色的事物映入你的眼帘：你床头的闹钟也许正在滴滴答答跳动着指针；窗外的树影枝条也随风摆个不停；远处的云彩在一轮红日的渲染下更显得绚丽娇艳。此时，你也许根本不会想到这一切不期而然的结果，竟都是视觉系统的功劳。生活常常就是这样，最习以为常的事情，不管多么重要，当你正拥有时你就不会珍爱关注，只有当你失去的时候，才会格外引起你的注意和重视。

3.1.1 视觉神经通路

那么，给我们带来丰富多彩的世界的视觉系统是如何工作的呢？在人类视觉系统中，第一个起到收集视觉刺激信息的器官是眼睛。如图3-1所示，眼睛是一种精巧万分的球状器官，光线由外射入可以在眼睛的底部内侧形成一个倒立的像，这一点很像我们生活中使用的照相机。但人眼与照相机之间有所不同的是，照相机的底片是由被动感光材料构成的胶片，而眼睛的“底片”则是大脑神经外围组织的神经细胞群构成的视网膜，并具有主动跟踪获取和能动解释信息的能力。

眼睛中的晶状体是一种可调节焦距的透明物质，而通过头/眼运动系统，就可以完成主动跟踪被视物体；另外视网膜中神经细胞的自主活动与相互作用又为能动解释视觉信息提供了可能。

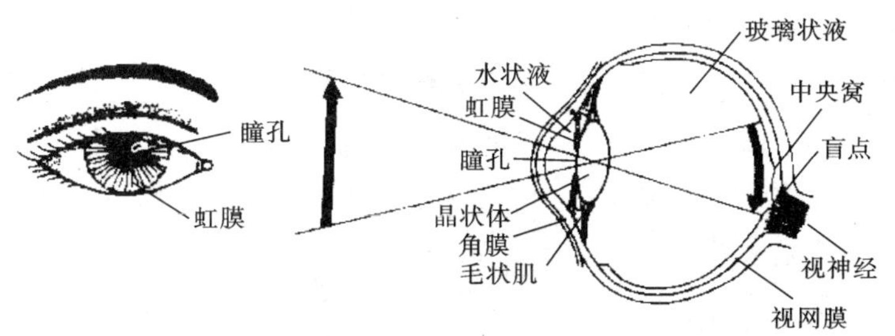

图 3-1 眼睛的结构

视网膜，即覆盖在眼睛底部的网状薄膜，是由多层神经细胞相互交错连接而成的，如图3-2所示。最底层的那层细胞称为感光细胞，其上附着一定的色素，不均匀地分布在中央窝的周围。这些色素可以对射入的光线起到漂白作用，并通过激活感光细胞，将光能转化成感光细胞的电脉冲信号。

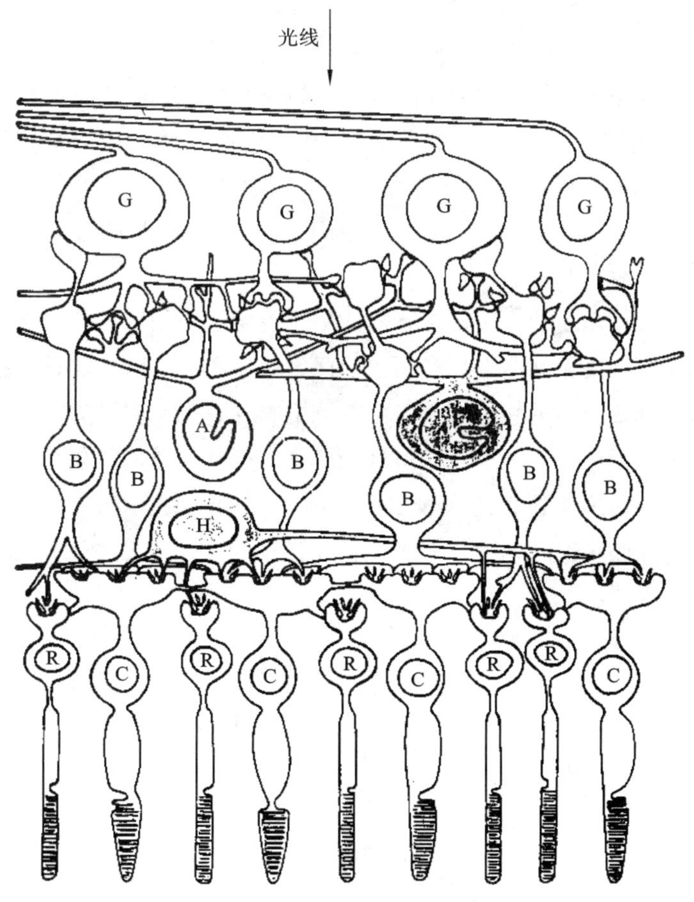

图 3-2 视网膜连接模式图

整个视网膜上约有 1 亿个感光细胞，它们大体可以分为杆体细胞和锥体细胞两类。杆体细胞主要对光的明暗性敏感，因此在夜间起主要作用。锥体细胞有三种，分别对红、绿和蓝三种波长的光起反应，而三种锥体细胞的混合反应便可对白天的色彩知觉起作用。

在人类的观察活动中，眼睛的作用实际上就是将外来刺激的光照信号转化成为电信号，然后经过视网膜中神经细胞的加工后，变为送入大脑的某种电脉冲编码组合模式，其代表的就是从外界观察到的景物。因此，不管外界的刺激是源自二维的图画还是三维的景物，从视网膜到大脑都有一个相同的将二维形状解释为三维形体的过程。

通常光线通过晶状体到达视网膜后，继续穿越视网膜轰击感光细胞上的色素并引起化学漂白反应，产生的化学能激活感光细胞。应该说，尽管我们不能用肉眼看到个别的光子，但是视网膜上的感光细胞还是十分敏感的，它们能够接受单个光子的刺激。而要使我们的视觉产生闪光经验，也只需要 5 至 8 个光子的作用，可见我们的视网膜是多么精巧。

视网膜中的感光细胞激活后，可以向上引起后继的水平细胞、双极细胞、无足细胞的兴奋。这些神经细胞的相互作用，可以将有选择的视觉刺激变成一定的电脉冲传递给视网膜最上层的神经节细胞。现已探明，相邻的神经节细胞从相邻的感光细胞群中接收信息，而每一个感光细胞又连接着不同的相邻神经节细胞。这样视网膜上的光照刺激就会不止一次地获得不同的神经节细胞的神经编码，以完成第一步的视觉有用信息的提取。

然后，从神经节细胞群引出的神经视束，在我们能够获得视觉印象过程中，又经过了十分复杂的行进路线，这就是所谓的视觉通路。对于视觉通路，美国神经生物学家库费雷（S W Kuffler）在《神经生物学》一书中总结指出："视神经起自视网膜中的节细胞，终止于一个中继站（外侧膝状体）内的细胞群上，这群细胞的轴突通过视放射又投射到大脑皮层，从这以后行进变得更为复杂，在视觉中没有终点站。"而正是"神经纤维的起点和它们在大脑中的终点决定它们传达信息的内容"。

实际上，问题比这还要复杂，库费雷指出的只是视觉通路的主要上行部分；而另外一小部分视束则走向内方，经上丘骨到达上丘和顶盖前区，然后再投射到丘脑枕，换元后投射到视皮层。其主要功能虽非直接与知觉感受有关，但对调节瞳孔、控制眼动等方面起着重要作用，为主动视觉的实现提供了不可替代的手段。另外，所有的视觉通路的投射活动也并非只是单向上行传递的，在各个不同通路阶段，其实普遍存在着同时的下行制约投射和并行制约投射。总之，在视觉通路中，各层次神经细胞普遍是以相互作用的方式进行通信的。图 3-3 反映的是较为全面的视觉通路概貌图。

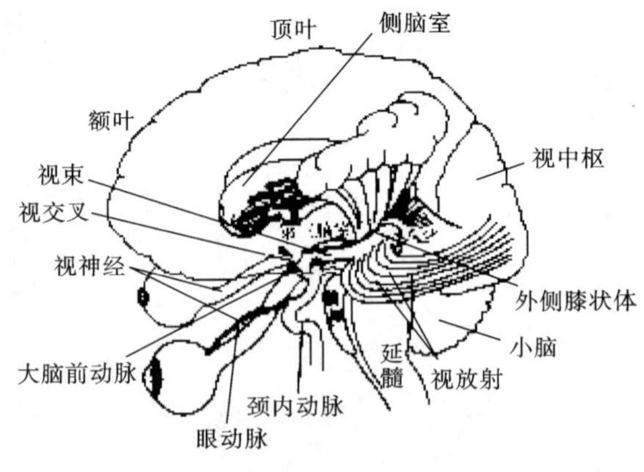

图 3-3　人类视觉通路示意图（引自百度图片）

比如，对于左视野中视觉刺激，分别投射到两只眼睛视网膜的右侧，然后激起的神经信号沿视束经过交叉后投射到右侧的外膝体，同时有小部分经上丘投射到右丘脑枕；丘脑枕和外膝体通过视放射与视皮层相互作用，形成对左视野视觉刺激的感知。对于右视野的感知活动也类似，只是起作用的均为左部视觉通路。

当然，具体地讲，在视觉通路的各个站点上，都集结着数以万计的专职神经细胞，正是它们相互联结和投射活动，才维持着动态视觉通路的视觉信息传递与加工。一般来说，对于某一层次中的一种神经细胞，科学家喜欢将其所受影响（可被激活）的视网膜感受细胞分布的区域称为该神经细胞的感受野。这样，通过研究科学家很快探明，在视觉通路的每一级，具有比较简单性质的细胞相互结合，逐渐形成更为复杂和更多视觉内容的感受野。因此，各级感受野正是合成及感知复杂视觉世界的砌块。而这种砌块的最大特点就是其反映了视觉的一般原则，即视觉系统往往只强调感受的强度对比差（相对强度），而不强调感受光的绝对强度。并且，这种原则随着视觉通路的不断上行越加显著。

在视觉通路不同阶段中，各种神经细胞的感受野及其反应是不同的。其中神经节细胞和膝状细胞对小光点反应最好而对散射光反应较差；皮层中的神经细胞则对高层特异的形状或形体反应最佳，特别是在视网膜上具有一定方向和位置的线段、边界、拐角或动向更是如此。另外，在视皮层中还有一种双眼细胞，对来自两个不同眼睛的视差反应最佳，反映的是物体表面深度变化信息。由此可见，在视觉通路中，从初级感受器开始，一直到复杂细胞为止，神经细胞的特异性越加明显。特别是在皮层等级中，神经细胞在越来越高的水平上对越来越复杂的视觉图形选择性地做出最佳反应。

当一方块光斑出现在视网膜上时，信号大多是靠近方块边界的感受野引起的。在感受野中，位于接近边界的节细胞和外侧膝状核细胞，比感受到均匀光或暗的细胞有更强的电脉冲发放。在更高层级的感受野中，只有那些对正确方位、在沿边界或拐角有适配的简单和复杂细胞才会被激活发放。

到了视皮层，要注意视野的不同部位在视皮层的投射区的不同。比如，即使在大脑视皮层的一个小片段中，也包含着具有许多细胞排列的多个柱，它们都是特异地与一小部分视野有关，即逐个分析运动、方位、颜色和其他刺激参数。并且对于视网膜的每个小区域不是只做一次表征，而是一次又一次、一个柱又一个柱反复进行表征。而在这样的表征过程中，每个柱又都是特异化的，只对某一种视觉刺激起反应。

正是这样，在视觉通路中，似乎整个大脑视觉皮层是分层次搭起的积木。每个积木块“各向同性”起着某种专职作用，并且积木块中又嵌套着更小的积木块，层层叠叠可以一直递解下去。积木块小到单个细胞、柱、斑，大到层、区乃至整个视觉皮层，而它们所对应的感受野也因此从感受细胞的一个点，一直层层复合为整个视野，表征着外界映入眼帘的视觉刺激模式。

总之，整个视觉通路中的神经联结和排列方式，决定了具有引起神经细胞活动方式的视觉刺激或辨认功能。进一步，这种联结和排列方式又最大限度地体现了视觉通路中不同阶段视野区域的拓扑对应性，反映了对相对强度信息的最佳敏感性以及突出了所有层次神经细胞（群）对视觉信息特征把握的特异性。

的确，神经细胞是如此之多，以至于在任意视网膜位置，任意大小的同形图案，都会有专职神经细胞集群接收和识认其形状，也即神经细胞的所有连接方式已经考虑到了所有可能出现的各种图形组合的同形识别问题。反过来说，视觉机制之所以有此功能，完全是外界丰富的各种图形刺激后适应性进化形成的结果。

人类视觉的这种工作方式，对于机器而言几乎是不可想象的。因为机器要做到这一点，必须有人脑神经细胞数量级相当的、特异化的并行关联处理器集群，尽管在具体处理一次感知任务时大部分是“闲置”不用的，但也必须有备无“患”。所以，实际上人类视觉系统处理信息的方式是“最笨的”（当然也是最聪明的）绝对选择性匹配方式，并通过简单的大规模重复和变奏表征来应付变化无穷的视觉刺激的复杂性。这样，再加上过去视觉经验的主观参与，使得人类视觉系统处理信息的方式更为复杂，从而确保能够得到最佳的知觉效果。

3.1.2 知觉组织规律

了解了人类视觉的神经机制之后，就我们日常视觉生活而言，通过复杂的视觉神经系统又是如何来把握外部视觉环境信息的呢？或者说，人类的视觉感知活动，从宏观的心理表现层次上看，又有哪些现象和规律呢？

首先，视觉感知具有明显的整体知觉效果。也就是说，假如知觉刺激是包括了数个部分刺激的组合，那么在此情境之下为我们所得的知觉经验却是整体性的。所谓整体性，是指超越部分刺激相加之总和所产生的一种整体知觉经验。请观看图3-4，人们会整体上将其看作一个朦胧的长方形而不是由一些无规则墨点构成的拼图，这就是整体知觉效果的结果。也就是说，人们在把握视觉刺激时，并不是以自下而上逐个分析来获得生动的形象的，而是同时将整幅图案进行整合感知为有意义的形象。我们具有整体知觉能力。

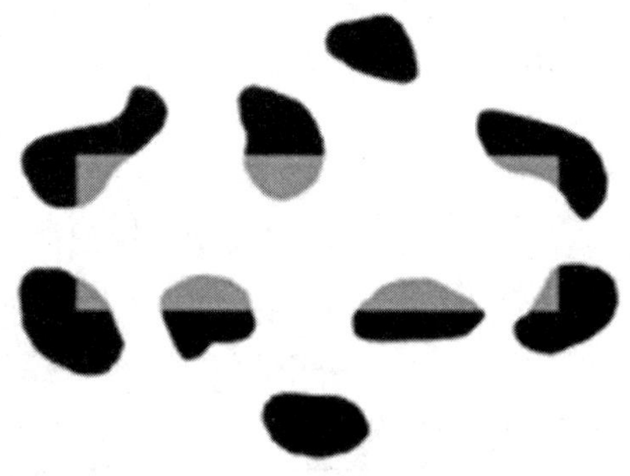

图3-4 整体性知觉的产生

实际上，在视觉过程中，整体知觉就是把部分整合为一个与以往经验相关联的完整形象，并遵循着一个基本的规律，就是知觉简单律。所谓简单律是指视觉的这一过程遵循着经济原则，得出一个最简单可能的形象去与刺激模式相匹配。从这个意义上讲，整体知觉一方面体现了部分只有在整体中才有意义这一原则，另一方面也体现了经验形成的完形在知觉中的作用是以经济原则为基础的。

的确，就我们的视觉系统而言，对视觉对象的识认并不是通过部分分析，而是通过全局整体性特征的把握得以完成。其实，早在20世纪初，发轫于德国而成熟于美国的格式塔心理学派就对这种整体知觉及其规律有过全面的论述。格式塔理论认为，形式知觉产生于该形式部分之间的关系中，而部分特性就人们所能确定的内容来说，依赖于它们所处整体的全部关系。在形式知觉的这一活动中，部分只在整体中起作用，离开了整体的部分是没有意义的。基于这样的认识，格式塔心理学派将反映这种整体知觉的规律归纳为一些普遍性规则，称为知觉组织律。

格式塔理论认为，在整体知觉中，人们的视觉所做出的最基本的区分是图形与背景之间的区分，图形在背景中显现出来反映的正是整体性知觉机制。图形是指视觉所见的具体刺激物，背景是指与具体刺激相关联的其他刺激物。

很明显，图形倾向于轮廓更加鲜明、更好定位、更加紧密和完整，一句话，更具有整体统一性；反之，背景就显得不那么整齐规范，没有什么结构可言。在一般情境之下，图形与背景是主副关系，图形是主旨，背景是衬托。比如在图3-4中，虚淡的长方形是图形，而衬托长方形的那些无规律的墨点是背景。

不过，知觉经验不是绝对的，而是相对的。我们看见一个物体存在，在一般情形下，我们不能以该物体孤立地作为引起知觉的刺激，而必须同时也看到物体周围所存在的其他刺激。既然如此，物体周围其他刺激的性质与两者之间的关系，势必影响我们对该物体所获得的知觉经验，这就是知觉的相对性。

对于形基关系而言也是如此，有时图形与背景会相互交替，可以将图形当作背景，而将背景当作图形，这就是在互为形基关系的图例中可以取得的效果。如图3-5所示，该图既可以看作白色的花瓶，又可以看作黑色相对的人脸，它们互为形基。当然，无论如何，对于互为形基关系的图案，不可能同时看出两种状态的图形。在某一瞬间只能确定一种形基关系，因此区分图形和背景的形基律总是普遍有效的。

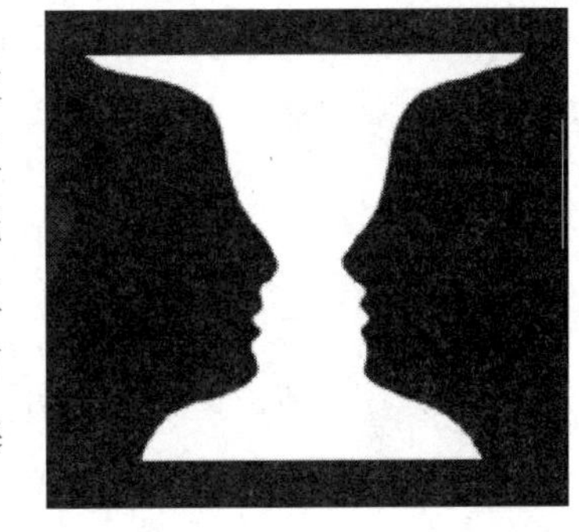

图3-5 相对互惠的形基关系图

除了形基规律外，整体知觉的组织规律还体现在如图3-6所反映出来的视觉图例之中，它们被总结为如下三种基本规律。

1）**接近律**：也就是说，我们的视觉易于根据部分彼此之间的邻近或接近关系而组合起来，并因此得出整体形象。如图3-6a所示的图例体现的就是这种规律，我们总是将其看作横排点列。

2）**相似律**：指具有某种特征（形状、颜色、朝向、动向等）的相似项目，只要不被接近因素掩盖，则倾向于联合在一起。体现这种规律的图例由图3-6b给出，我们将其看作点群与叉群分开的两个部分。

3）**连续律**：如果一套点子中有些点子显得连续或完成一个有规律的系列，或者扩展成一条简单的曲线，这样的图形往往易于组织起来，如图3-6c所示。

有时，各种视觉组织律会在知觉过程中产生竞争甚至冲突现象，此时最终知觉的结果形象往往取决于哪种因素更为重要。有时是相似律战胜了接近律，有时则是接近律战胜了连续律，等等。

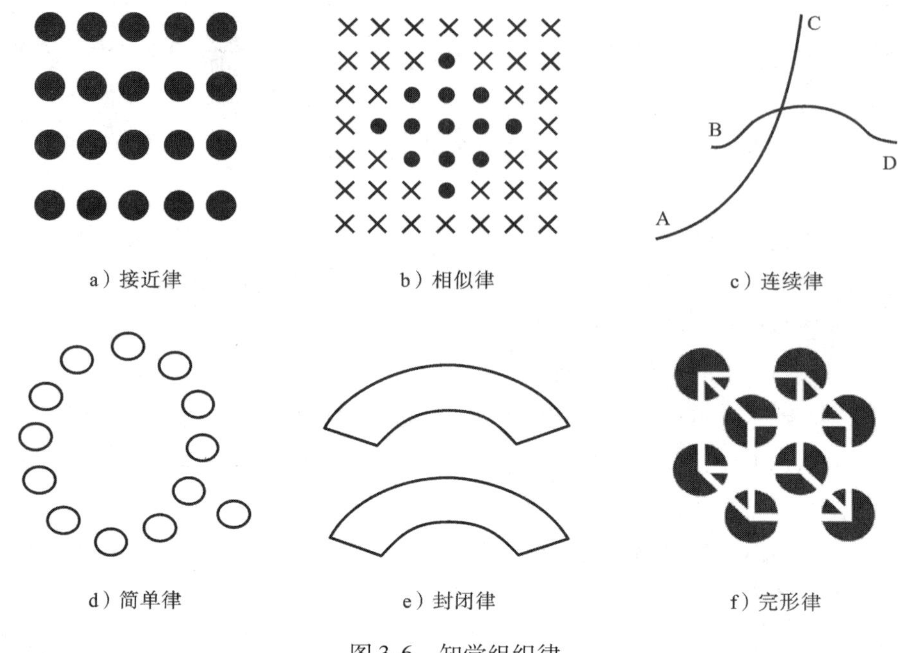

a）接近律　b）相似律　c）连续律

d）简单律　e）封闭律　f）完形律

图 3-6　知觉组织律

最后，整体知觉的一般规律还告诉我们，在其他因素相同时，人们将把视觉对象看成有组织的简单规则图形。具体地说，人们倾向于将视觉对象看作对称、整齐、封闭、惯常的图形。这就是知觉的简单律、封闭律和完形律，如图 3-6d、e、f 所示。

例如，在图 3-6d 中，左边倾向于看作椭圆图形，而右下边倾向于看作一个单独圆点，这样才能相互弥补形成完好的图形；而在图 3-6e 中看作是两个封闭的扇形；在图 3-6f 零乱的图案中，总会有一种简化倾向，迫使你形成白色整体一致的图形，这一点在我们一开始观看图 3-4 时就已经有过经验了。

3.1.3　视觉感知经验

在知觉组织律之外，视觉经验形成的恒常性也是支配视觉感知的一个重要规律。所谓恒常性，指的是在我们的视觉观察中，物体的大小、形状、色彩、亮度、位置、方向等因素的变化并不影响我们对该物体本身状况的正确判断。

比如，对一个人的身高估算不会随其距离观察者远近而变化，物体投射在视网膜上的位置变化也不影响对物体形状的识别，再暗的环境中也照样可以估算到物体的正确色彩，轮廓和实心形状的视觉效果一样等，这些都反映了人类视觉这种奇妙的特性。图 3-7 给出的就是我们对“木板”形状感知的恒常性图例。

有科学家强调，大小恒常性的原理是建立在“感知大小 = 感知距离 × 视角”这一公式之上的。比如地平线上的月亮显得比升空的月亮更远，由于月亮的视角基本固定不变，我们就感到它较大。这就是所谓的埃默特定律。但距离知觉又是怎么获得的呢？由于距离的知觉在很大程度上是建立在大小恒常性的视觉经验之上的，因此将大小恒常性归结为距离知觉未免会陷入“先有鸡还是先有蛋”的两难境地。

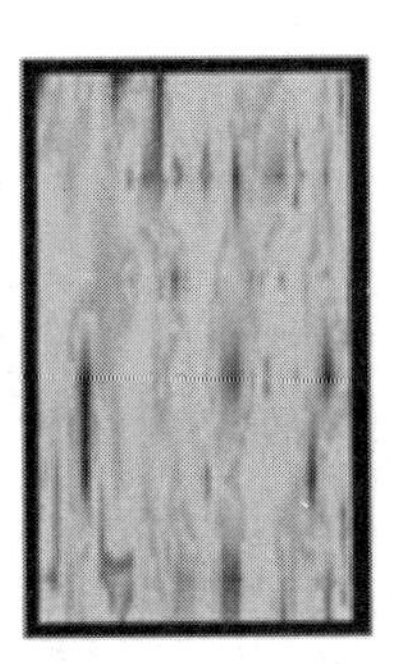
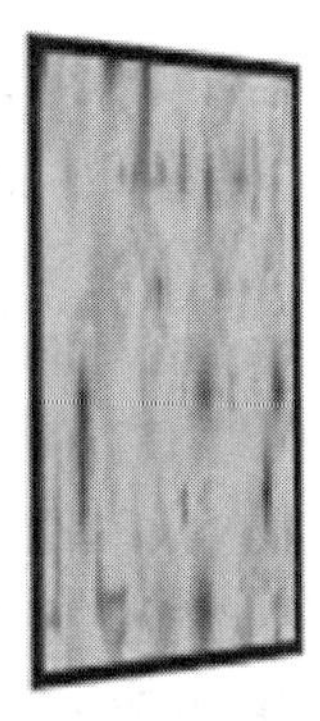
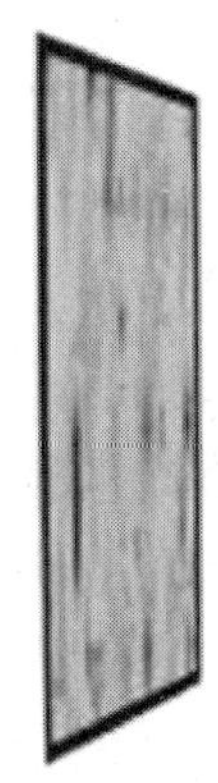
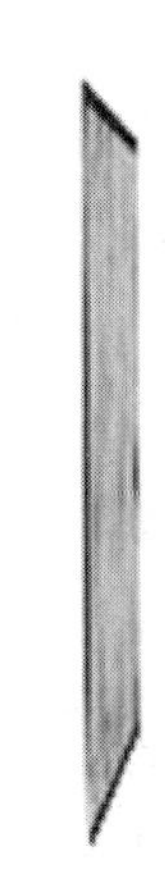

图3-7　木板（形状恒常性）

其实，恒常性主要来自于经验和比较。犹太大学的唐·海勒用老鼠进行的大小恒常性的实验就证实了经验对大小恒常性还是必要的。物体与所处背景的相对比较则是恒常性的另一重要来源，而恒常性则可以看作当前物体与已有经验比较的结果。正因为这样，有时我们的视觉会得出错误的结论，产生幻觉或错觉，甚至得到不可能的图形。经验的成见导致错觉，但人类的视觉不会因有错觉而否定经验作用，因为经验是人类赖以生存的基础。这就是所谓的视觉容错性。从某种意义上讲，错觉是我们拥有复杂视觉能力必定要付出的代价。

应该说，人类这种复杂的整体知觉能力完全是大脑视觉皮层中许多离散分布的特异化神经组织功能活动的产物，是人类在视觉经验积累的基础上，通过体现整体与部分的相互关联的知觉组织律，将环境视觉信息感知为有意义的视觉对象。

显然，从上面视觉现象与规律的说明中不难看出，人类视觉系统是非常复杂的。我们在得到环境信息刺激后，总能够对环境呈现的含义做出有效的理解，这其中所拥有的视觉机制是十分复杂的。那么，机器呢？那些总是精确地执行人类为它编制好程序的机器，是否也能拥有人类精湛奇妙的视觉能力呢？

3.2　机器视觉

在人类心智的机器实现研究中，恐怕没有哪个方面像在视觉上那样取得如此巨大的实际应用性成功了。我们的六条腿机器人可以在月球上漫步，靠的就是其能有效把握周围地形的视觉能力；美国的“爱国者”导弹可以准确地拦截伊拉克“飞毛腿”导弹，这里面也有机器视觉识别和跟踪系统的功劳；交通监控系统可以正确识别出正在疾速奔驰的汽车牌号，也是在视觉计算系统的帮助下取得的。至于像工业机器人可以自动检测流水线上产品形状规格、计算系统正确识别人类的指纹、水下机器人帮助游泳运动员校正姿势以及医学CT断层扫描的图像重建和分析等，机器视觉系统的应用更是举不胜举。那么，何为机器视觉系统呢？机器视觉系统又是如何工作的呢？机器视觉系统的困难何在呢？下面我们就来做概要介绍。

3.2.1 机器视觉概述

机器视觉开展的研究工作就是让机器具备一定视觉观看的能力。具体讲是通过视觉观察设备使得机器能够像人类视觉系统一样对环境目标进行识别、理解和跟踪。可以将机器视觉看作机器智能的一个分支，主要是针对视觉环境信息的处理来构建机器智能系统。因此机器视觉的研究涉及机器智能理论、方法和技术的方方面面，可以看作机器智能研究的一种浓缩。

但与前面人类视觉相比较，即使在简单的图像分析理解方面，机器视觉研究的成就无论如何也是难以企及人类视觉能力的，这说明机器视觉领域还有很长的路需要我们去探索与研究。那么，目前我们的机器是如何进行视觉计算工作的呢？严格地说，机器视觉就是采用智能计算方法的人工手段，通过机器装置，在某种程度和范围上去替代自然视觉的研究工作。机器视觉的主要任务就是通过对采集图像或视频进行处理来恢复并理解相应的动态场景及其含义。

有关视觉计算理论、方法与技术的研究工作，自 1965 年肇始以来，已经有 50 年的时间了。在 20 世纪 60 年代中期，美国科学家 L R 罗伯兹率先开展有关积木世界中多面体的识别理解研究。罗伯兹主要采用自底向上的方法，通过运用预处理、边缘检测、轮廓线构成、对象建模、匹配等技术来对图像进行处理，最终识别图像中的多面体。

到了 20 世纪 70 年代，机器视觉已经形成若干重要研究方向，比如目标制导的图像识别、图像处理和分析的并行算法、从二维图像提取三维体视信息、序列图像分析和运动参量求值、视觉知识的表示以及视觉系统的知识库等等。大约在 20 世纪 80 年代，以美国著名科学家马尔（D Marr）建立的视觉计算理论为标记，机器视觉研究走向了迅速发展的崭新阶段。

随着机器性能的不断提高，能够更加有效地处理图像和视频的大规模数据，机器视觉的发展也更加迅速。目前人类正在进入智能社会时代，智能科学技术将越来越广泛地应用到几乎所有领域，自然机器视觉的理论、方法和技术也不断成熟。因此，随着机器视觉研究的不断深入，其应用领域也不断拓广、应用前景日益广阔。

目前机器视觉的应用领域已经遍及工业、国防、农业、交通、医学、公安等各个领域。表 3-1 列举了部分应用领域的例子，其中在智能机器人、航空图像分析、医学图像分析以及公共安全监控等方面尤为突出。比如可以漫步在太空的机器人、美国的 SDI 星际大战系统、运动员水下训练辅助系统，以及家居安防监控系统等，都是机器视觉应用的实例。

表 3-1 机器视觉应用状况表

应用领域	对象	形态	任务	知识	实例
机器人	室内外景物、机械零件	自然光、X 射线	物体识别、产品检测	物体几何模型、反射表面模型	智能机器人、工业机器人
航空图像	地形地貌、建筑物、导弹	自然光、红外线	资源分析、天气预报、导弹制导	地理模型、气象模型、导弹轨迹	SDI 系统、卫星定位系统
医学	身体器官	X 射线、 光、超声、同位素	异常诊断、病情分析、科学研究	解剖模型、细胞组织、染色体结构	CT 重构系统、虚拟手术系统

（续）

应用领域	对象	形态	任务	知识	实例
公安	指纹、虹膜、头像	光、热、红外线	资料存档、罪犯辨认	各种生物形状模型	指纹识别系统
体育	身体器官、运动人体	X射线、光、超声	疲劳分析、运动校正、训练指导	运动模型、人体模型	水下训练辅助系统
安防	行人、群体、车辆	红外线、自然光、热	行人与车辆识别跟踪、群体突发事件	行人模型、车辆模型、群发事件	家居安防、机场监控系统

从更大的应用范围来看，机器视觉可以应用的具体方面还有自动光学检测、生物特征识别（虹膜、指纹、人脸等）、无人驾驶汽车、产品质量检测、物品自动分拣、文字符号识别、目标识别追踪、图像视频检索、医学图像分析、遥感图像分析、卫星跟踪定位、军事空中侦察，等等。

总之，机器视觉是一个年轻而诱人的学科领域，有着广阔的应用前景。当然，开展机器视觉的研究工作也会涉及众多的相关学科，许多理论和应用问题有待于人们不断探索、研究和解决。

3.2.2 视觉计算过程

按照研究对象与目标的不同，机器视觉可以分为图像处理、模式识别、图像理解、景物分析、目标检测与跟踪等不同的方面。如果按照机器视觉的不同计算阶段来划分，由浅入深，分析需要经过如下不同的处理步骤。

1）**图像获取**：通过某种视觉图像采集设备，比如照相机、摄像机、遥感仪、X光断层扫描仪、雷达、超声波接收器、红外感应器等，可以获取二维图像、三维图像甚至图像序列。

2）**预备处理**：对于获取的图像，进行各种滤波或矫正处理，使得获取的图像质量更好、效果更佳。

3）**特征提取**：根据研究目标的不同，获取描述图像的各种基本要素，比如边缘与线条、区域与纹理、深度与运动信息等，属于底层信息处理阶段。

4）**区域分割**：对获取的特征集合进行初步的整合处理，将图像分割为各个有机组成部分，属于中层信息处理阶段。

5）**高级处理**：或进行图像分类，或理解图像含义，或进行景物分析或识别视觉目标，或跟踪视觉目标，都需要有不同的高级计算处理，属于高层信息处理阶段。

如果不考虑视觉图像的获取与预备处理，那么上述后面三个步骤构成了视觉计算的三个主要环节，可以分别称之为差异性信息检测、相似性参数分析以及综合性含义理解，如图3-8所示。这些关键环节的主要研究内容，我们在下面做详细介绍。

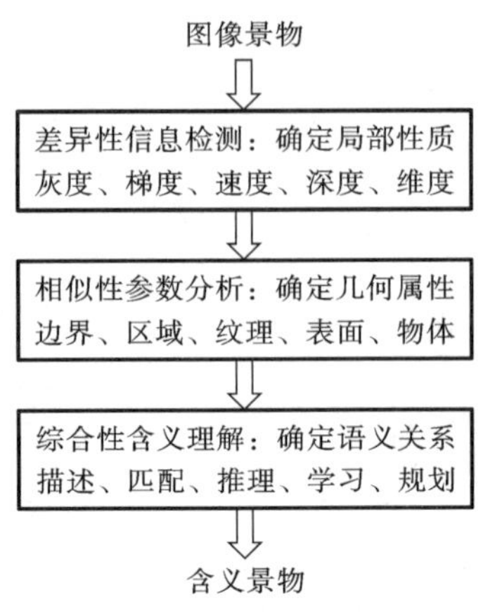

图 3-8 视觉计算的一般过程

3.2.3 机器视觉环节

机器视觉的第一个重要环节就是差异性信息检测。在差异性信息检测中，首先是边缘检测问题。边缘是那些在图像中反差强烈的像素点，反映了图像重要的图形信息。而图形知觉又是一切视觉感知的基础，所以边缘检测技术也就构成了视觉计算的基础。需要指出的是，由于彩色图像可以简单地看作多个单色图像的叠加，比如可以看作由红、绿、蓝三色构成。所以对灰度图像的边缘检测技术，同样可以推广到一般的彩色图像处理之中。所不同的是，此时必须考虑边缘的叠加效果。

差异性信息检测中的运动检测涉及视频序列图像，主要是通过前后视频多帧之间的对比匹配来获得运动速度信息。运动信息不仅对于分析物体运动方向和速度至关重要，而且对于分析物体的空间信息，甚至利用速度变化的不连续性来进行图像分割等，都是十分重要的。所以从根本上讲，运动信息检测是完整的视觉计算过程不可或缺的重要环节，特别是对于视频序列图像分析更是至关紧要。

至于差异性信息检测中的空间信息，从观察者的角度看，主要是指图像景物的表面朝向或深度。研究表明，人类视觉的空间信息主要是通过双目视差和环境光流的分布差异产生的。因此，相应地也可以通过这两种途径来进行空间信息的检测。自然，对形成的空间深度图像进行边缘检测，我们进一步还可以获得空间边缘图像。所有这些都是反映了表面重要的深度或朝向及其变化的空间信息，为视觉的三维景物描述提供了重要的直接依据。

获得了各类差异性信息检测结果，就可以在此基础上进一步开展相似性参数分析计算了。此类相似性参数分析的第一个方面就是边线合成处理。所谓边线合成就是要将检测到的边缘点有机地联结起来，形成可以用参数表示的边线。边线合成是一个复杂问题，根据知觉组织律，边线合成的原则就是尽量将连续的边缘点连接在一起并尽可能形成简单、对称、整齐、匀称和熟悉的曲线。

相似性参数分析的第二个方面则是区域生成。区域生成与边线合成往往是相辅相成的两个方面。一方面可以根据合成的边线轮廓来将图像分割为不同的区域，另一方面自然也可以根据生成的区域来确定区域之间的边线轮廓。不过区域生成可以借助的因素更加丰富，具有相同属性的像素往往构成同一区域，据此就可以将图像分割为有共同属性的区域组块，从而完成整个图像的区域生成。

相似性参数分析的第三个方面是纹理识别。纹理识别的目的与边线合成、区域生成一样，也是为了将图像分割为相对独立的组块，使得视觉计算的后续处理更加容易。不同的是，由于纹理特殊的结构，既不完全满足均匀性又不完全满足剧变性，而是一种建立在局部剧变性上的全局均匀性，所以需要有不同于边线和区域处理的方法。一般而言，纹理识别方法要比边线合成和区域生成都要复杂，具体要视纹理的性质和特点来确定，但最终都可以用参数来表示纹理。

最后，任何边线合成、区域生成和纹理识别最终都要与深度信息结合起来，以形成参数化描述的表面，这样才能够推得图像景物的三维形状。所以，表面恢复就构成了相似性参数分析的最后一个方面内容。实际上，视觉的目的就是要通过二维分析来恢复三维结构，而表面又是直接可见的，所以其恢复和描述对于视觉计算而言就显得特别重要。可以这么说，要想全面有效地解决表面恢复问题，就等于说要全面有效地解决整个视觉计算问题，表面恢复已经构成了视觉计算的一个核心问题。

表面恢复处理之后，视觉计算就可以进入综合性含义理解阶段。最为简单的含义理解就是景物匹配。景物匹配的目的是对输入的图像景物进行解释，给出“景物是什么”的解答。自然，无论采用什么形式，感知的这一目的总是一个把输入图像与先有对象表达形式相结合的过程。这个过程也就是要对给定的景物建立或寻找出与内部预先确定的表示之间的关系。于是，景物匹配的计算实现就深深依赖于描述景物的表示方法。有了景物的表示方法，景物匹配就能按照表示方法的要求去建立景物的描述，然后找出与原有内部描述的对应关系。

除了景物匹配的理解外，推断景物所隐含的潜在意义也是视觉计算中一个重要的理解过程。不同于匹配，含义推断不仅依赖于景物及其表现形式，而且还依赖于视觉问题的背景知识。要正确理解一幅景物图像的含义，就需要有关因果知识并通过推理分析来获得潜在的意义。毫无疑问，含义推断离不开各种推理技术，而推理就是一种解决问题的能力，使隐含的信息明确化。

最后，拓而广之，景物的理解、含义的推断又会跟知识的机器学习、问题的求解规划等更高级的认知活动关联起来。不过，所有这一切都是人类视觉感知能力的深层表现。只要不断揭示人类视觉活动规律，机器视觉的研究就必定会越来越深入。

因此，随着视觉计算理论、方法及技术的不断发展，研究人员越来越认识到借鉴人类视觉运作机制的重要性。特别是近些年来，仿造人类视觉运作机制来构造新的视觉计算方法代表了视觉计算领域前沿性的研究走向。目前主要涉及的研究包括利用视觉初级皮层区功能柱结构开展的视觉计算模型研究、有关视觉注意机制的计算模型研究，以及视觉联想机制的量子计算模型研究等。

总之，视觉计算研究的目标就是要构建一套行之有效的视觉计算理论、方法与技术，并应用到实际问题的解决之中。但由于人类视觉本身的复杂性，在视觉计算研究中必然会存在许多意想不到的困难，甚至陷入困境。对这一点，必须要有清醒的认识。

3.3 景物理解

除了大约2%的人之外，一般人的视觉系统都具有将投射在视网膜上的平面图像转换为一个三维模型的能力，即我们能够看到三维景物的世界。对于人类的生存和活动而言，这种把握空间信息的能力是至关重要的，否则我们将在这个世界上寸步难行。所以，机器要具备类似于人类视觉能力的话，同样必须首先获得这种根据二维图像获得三维景物的能力。应该说，从纯理论意义上看，景物理解能力的实现是整个机器视觉研究最为核心的研究主题。

3.3.1 获取景物空间线索

景物理解的第一步就是要从输入的图像中获取三维空间信息。空间信息的三维线索，从观察者的角度看，主要是指图像景物的表面朝向和深度距离。视觉生理和心理研究表明，人类的空间信息主要是通过双目视差和环境光流的分布差异产生的。这里双目视差是指两个眼睛从不同位置观察图景所形成的位置差异；而环境光流的因素则包括来自运动的结构信息、来自质地的形状信息以及来自明暗和轮廓的形状信息等。所有这些信息源在视觉系统的分散与聚合的相互影响加工过程中，形成了三维形体的形象景物。

图3-9给出的就是两幅包含了多种三维空间信息的三维景物图，其中左右视图是指左右两个不同位置角度观察同一景物所形成的具有一定视差的两幅图像。一般双眼视物时，通过两只眼睛同时辐辏和双眼视差的协调运作，可以对刺激物获得深度知觉的线索。所谓辐辏作用，是指由两眼球转动以聚合视线从而获得深度知觉；所谓双眼视差，是指注视同一

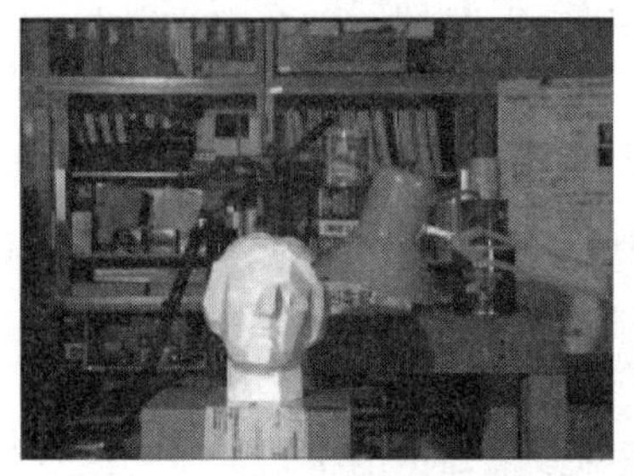

a）左视图

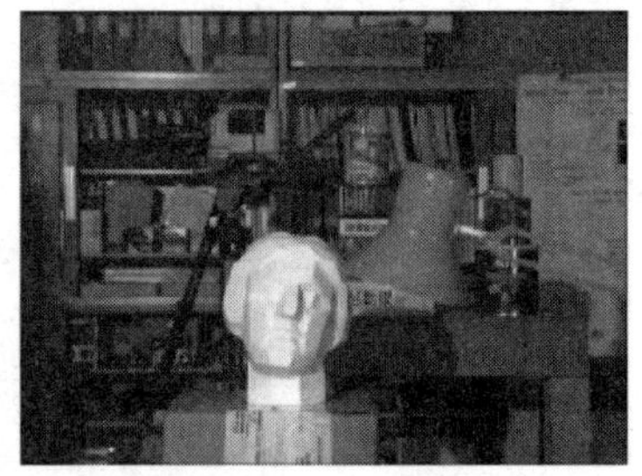

b）右视图

c）视差图

图3-9　体视匹配图

物体时，因两眼视线的角度不完全相同，故而在两眼视网膜上所构成的两个影像彼此稍有差别的现象。

对于辐辏作用，机器较难实现，但对于双眼视差，却很容易通过机器的图像分析获取并计算出被观察景物的深度距离。对于图3-9，当你将两幅图像分别呈现给左、右眼时，比如用一张薄纸将左图与右图隔开来观看，就能够获得这种三维的深度信息，从而感知到空间景物的立体感。

虽说双眼视差可以提供体视线索，但毕竟单靠一只眼睛我们同样也能感知到深度，因此，根据二维形状来获得三维形体，除了考虑双眼视差因素外，还应利用其他空间线索。这时运动视差就成为另一个深度线索的重要信息源。运动时，注视的物体方向会改变，如果物体在近处，其方向变化大；反之，如果物体在远处，其方向变化就小。而运动视觉反映的正是不同距离处物体方向的变化速率之差。同样对于图3-9，如果分别前后连续地呈现这两幅图像，那么通过前后运动视觉整合，你也能感受到空间知觉。

在立体视觉的深度信息表征方面，阴影尤其是附着阴影也是决定物体深度知觉的一个重要因素。实际上，阴影作为深度线索，其效力十分强烈，即使在没有物体存在的情况下，阴影也能引起对这些不存在事物的知觉。

导致阴影体视线索的因素是十分复杂的，根据深度感知，很难回推出其真正的原因，这就为机器根据阴影来恢复体视带来了极大的困难。目前机器只能在理想条件下，比如只有一个固定光源、物体表面各向同性等，进行阴影线索利用的体视计算，从而恢复物体的实际深度。

除了阴影线索外，遮挡重叠线索、明暗纹理线索以及大小透视线索等，都可以作为立体视觉恢复的依据。不过，在人类的立体视觉加工中，往往是综合利用各种线索来根据二维形状恢复三维形体的。人们只有在综合了解各种线索后才能获得最终可靠的立体感知，而任何单一线索都是不可靠的。

例如著名的“视觉悬崖”实验，就说明我们会被纹理图案携带的体视线索所误导。另外，视觉深度知觉也会受到恒常性经验的影响。至于阴影无中生有而产生立体知觉的例子，更加说明任何体视阴影提供的线索都是不牢靠的。很明显，人类的体视机制远比我们计算假设的复杂，这其中许多因素都是与主观经验密不可分的。

例如，物体的颜色具有明显的主观深度效果。在日光的照耀下，暖色距离向前靠，冷色距离向后靠。而在同等距离内，鲜红色物体比鲜蓝色物体似乎要靠前些，而饱和色（如红色）比靠色（如粉红色）也显得要近些。当然，这些依赖于主观经验的视觉信息，目前很难为机器所利用。

3.3.2 马尔视觉计算理论

对于机器而言，要实现三维景物的理解计算，首先要给出可以进行形式化表征的计算策略和方法。根据美国视觉计算理论提出者马尔的观点，视觉感知首先是一个信息处理过程，要从图像中发现外部世界中有什么以及处在什么位置。因此，视觉对象的内部表征就成为视觉计算的主要载体。于是视觉计算任务就成为如何根据给定的图像，获取各个层次的内部表征，直至恢复图像的三维景物。

马尔便是从计算理论、表征与算法以及硬件实现这样三个层次来建立视觉计算理论的。

1）**计算理论**：确定视觉计算的目的。

2）**表征与算法**：如何实现视觉计算任务，确定输入输出的表征，给出不同表征转换之间的算法。

3）**硬件实现**：在物理上如何实现视觉表征及其转换算法。

特别是第二个层次，就是视觉计算理论的核心内容。为此，马尔提出了四级表征，如图 3-10 所示。

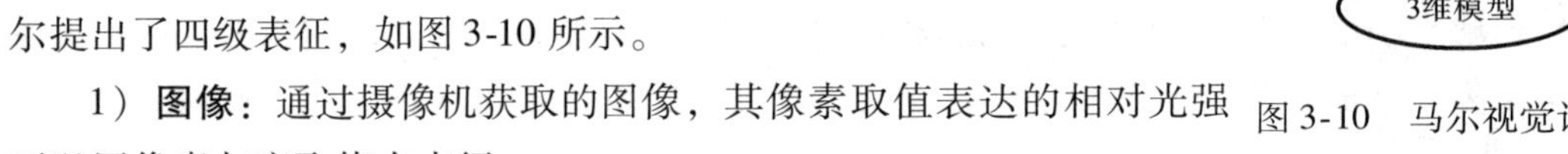

图 3-10 马尔视觉计算的四级表征

1）**图像**：通过摄像机获取的图像，其像素取值表达的相对光强可以用像素灰度取值来表征。

2）**原始要素图**：表达二维图像中的重要变化信息及其分布，比如零交叉、斑点、端点、不连续点、边缘片段、有效线段、组合群、曲线组织、边界等。

3）**2.5 维图**：在以观察者为中心的坐标系中，将可见朝向、大致深度及其不连续轮廓表达清楚，比如表面要素的朝向、距离观察者的深度、深度上的不连续点、表面朝向的不连续点等。

4）**3 维模型**：在以物体为中心的坐标系中，用体积基元和面积基元给出景物的模块化层次表征。

对上述各个层次表征的获取，正好对应视觉计算不同步骤的计算分析处理阶段，涉及图像处理、图形检测、运动检测、空间检测等差异性底层处理技术，边线合成、区域生成、纹理识别、表面恢复等相似性中层处理技术，以及景物匹配、含义推断、知识习得、目标规划等理解性高层处理技术。这样，按照马尔计算理论的四级步骤，在一定程度上是可以完成视觉景物的深度计算任务的，从而恢复三维景物的立体形状。

3.3.3 视觉主动计算问题

应该说，大多数体视线索，只要是客观存在的，或多或少机器都可以加以利用，以便为深度计算提供依据。但是如果遇到像艾舍尔创作的图 3-11 这幅作品情况，就根本无法客观地计算出其深度距离。这幅作品深度信息的理解，一切都依据你的主观意念是如何准备接收它的，是起念为“凹陷物”还是为“凸起物”呢？强调客观信息表征的机器，对此将做什么呢？

此时就涉及更为复杂的含义推断的主动视觉问题。也就是说，机器也要同人类一样，有对图像含义的主动性推断处理，给出具体视觉对象的含义，比如一棵树、一位女士、一个竞技场等语言性描述。

的确，相对于机器而言，人类有着复杂的视觉活动能力，特别是人类视觉中对视觉含义的把握以及主观经验在视觉活动中所起作用的微妙机理，远远超过目前机器所能拥有的水平。这也意味着，要让机器真正拥有人类视觉能力，就必定要涉及完整的人类视觉思维能力的计算实现问题。

比如，对环境信息的推断能力是心智最为基本的表现方面，其起关键作用的是对环境动态变化的主动性注意机制。一般注意包括伴随性注意、关注性注意和边缘性意识三个方面，对于

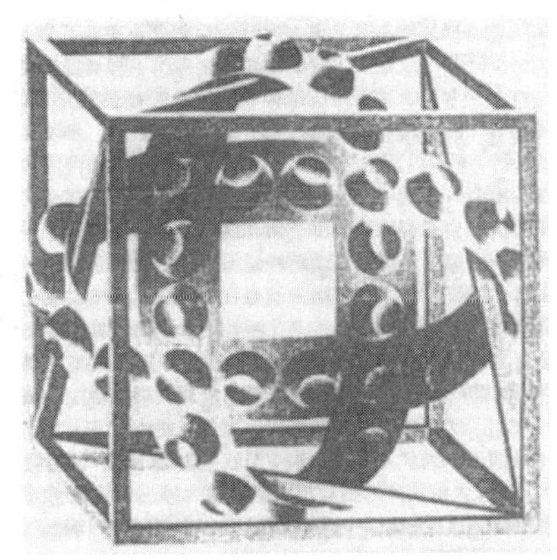

图3-11 是“凹陷物”还是“凸起物”

环境视觉信息的推断理解而言，主要是关注性注意机制方面的作用。

人类在用视觉器官收受信息时，并非对环境中所接触到的一切刺激特征全盘接收。人类的眼睛之所以不同于照相机，以及人类的视觉系统之所以不同于目前的各类机器视觉系统，其根本原因就是人类所获取的视觉信息、所获得的视觉经验，都是主动选择性的。从这个意义上讲，人类的视觉系统不是简单地记录外部世界的精确映像，而是创造性地给出渗透有自己主观加工的“画卷”。

英国科学家格列高里在《视觉心理学》中指出：“知觉不是简单地被刺激模式决定的，而是对有效的资料能动地寻找最好的解释。”英国著名科学家克里克在《惊人的假说》中更是强调：“看是一个建构过程。在此过程中，大脑以并行的方式对景物的很多不同‘特征’进行响应，并以以往的经验为指导，把这些特征组合成一个有意义的整体。看涉及大脑中的某些主动过程，它导致景物明晰的、多层次的符号化解释。”

很明显，对于一个物体的知觉，必须通过对这一物体的各组成要素进行感知把握之后才能完成。然而如果在感知把握时，没有一个整体的概念作指导，那么对这个物体的知觉就连一步也不能深入下去。观看并不是对视觉对象的机械复制，而是对其总体结构特征积极主动、有选择的把握。通俗一点讲，观察者能看见什么，不仅取决于外界呈现的视觉刺激，还取决于其主观的注意和意向指导。外界刺激只有在主观意识活动的参与下，才能形成视觉形象的显现。

其实，从某种意义上讲，一切理解都必然是主观性的、个性化的。古代有一则寓言，说的是：“人有亡鈇者，意其邻人之子，视其行步，窃鈇也；颜色，窃鈇也；言语，窃鈇也；动作态度，无为而不窃鈇也。俄而掘其谷而得其鈇，他日复见其邻人之子，动作态度，无似窃鈇者。”（《吕氏春秋·去尤篇》）

或许主观意念的作用不像这个寓言所说的那么夸张，但有一点是肯定的，起码对于有歧义性体视描述的恢复理解，主观意念确实起着重要的作用。而对于视觉图景而言，哪个又不是有歧义性的呢？因此主观选择性理解具有普遍的意义。请观看图3-12，你有没有看出什么名堂？或许你还没有看出什么有意义的东西，但如果告诉你这幅图中有一条正在觅食的猎狗，然后你按此意念去主动寻找，那么你一定会如愿以偿——看到这条猎狗。这便是主观选择性所起的作用。

图 3-12　存在一条觅食的猎狗吗？

在主动视觉中，主观意念一旦产生有时非常强烈，令你挥之不去，顽固盘旋在你的脑海，左右着你的感知活动。拿图 3-13 给出的画谜来讲，在没有告诉你谜底以前，恐怕你很难看出这些小图案到底指的是什么。但如果一旦告诉了你谜底（左图是柱子背面有只小熊在爬柱子，右图是一位女跳水运动员正在向画面内方向下跳时的姿势），你带着谜底的主观意念再去看它们，你就再也摆脱不了谜底所告诉你的那个“答案”形象描绘了。

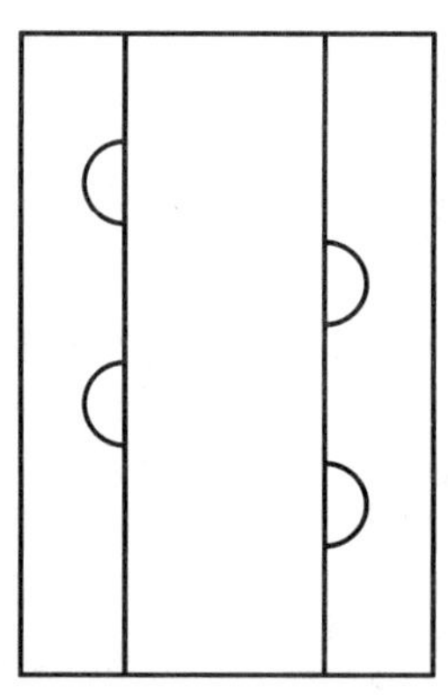

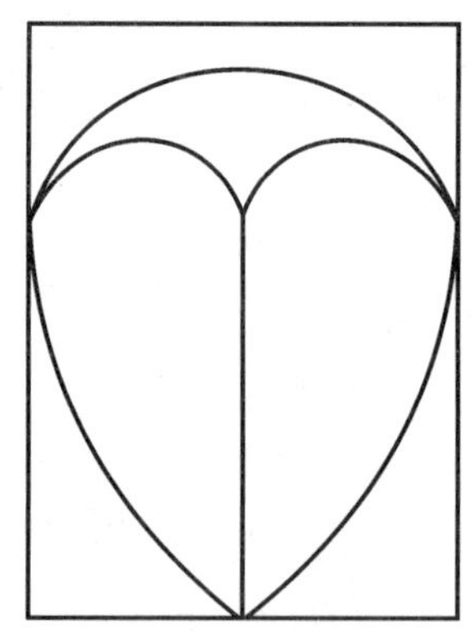

图 3-13　画谜

当然，在这种主观意念起作用的情况中，除了视觉会主动有选择地去“发现”线索以构成有意义的整体感知外，还有一个重要的特点就是主观意念往往并非是唯一的。其中往往像著名的 Necker 立方体（图 3-6f）的感知一样，存在着多个意念都代表了一种合理的感知理解，而最终赢得主导作用的那个知觉形象，就是在竞争中获胜的那个意念最终占到了主导地位。

从视觉神经机制上讲，由于要有意地主动跟踪和搜寻有效线索，因此视觉第二通路是必不可少的。从事机器视觉研究的科学家已经认识到这一点，也已经开始了主动视觉的机器实现研究。遗憾的是，通过运动序列图像的分析和跟踪，机器确实可以选择有效的线索，但由于机器缺乏主观意向性，因此客观视觉刺激不存在的线索，机器依然是不可能无中生有的。

比如像图 3-14 所呈现的主观轮廓线图案中，人类的感知能力很容易就知觉到有个微凹的正方形形状，而其中的边线仅仅是主观想象的，实际图案中并不真有其线存在。这完全是主观意念与呈现刺激相互作用的结果，离开了主观的意向性选择，你永远知觉不到其形状的存在。

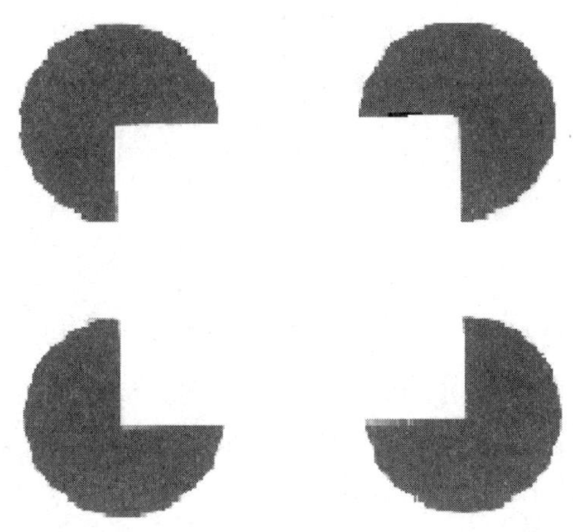

图 3-14 主观轮廓

那么，面对如此复杂的主动视觉理解问题，我们如何构建有效的视觉计算系统来部分实现有效的视觉景物理解任务呢？借助于对人类视觉原理的了解和运用，这里我们试探性地给出一种动态场景主动理解的视觉计算模型，抛砖引玉，希望能够有助于读者了解机器视觉研究未来的发展方向。

应该指出，目前机器视觉系统的构建主要都是建立在视觉信息处理的 bottom-up 策略之上的，如马尔的计算策略，很少运用人类视觉经验的 top-down 策略。为了弥补这样的不足，构建未来的机器视觉系统主要应该依据人类视觉认知机理研究的成果，通过引入联想觉知机制来形成一种具有觉知能力的视觉感知动态计算模型。

图 3-15 给出的就是这样构想的一种视觉动态觉知的计算模型。在该模型中，除了必需的 bottom-up 视觉加工处理外，主要加入了体现 top-down 计算策略的“联想记忆”和“整体觉知”模块。然后将 bottom-up 和 top-down 两者加工策略整合，形成实时动态场景中关注对象觉知，从而解决动态场景的视觉计算问题。我们希望这样的研究思路能够为主动视觉的机器实现提供一种新的计算途径。

总之，景物理解的主动视觉，特别是主观意念参与的知觉过程与人类整个心智能力，包括意识、情感、经验等在内的机能密不可分，而其中的视觉选择性注意是人类视觉系统能够开展主动感知活动的基础。因此，希望机器视觉也能够部分地模仿人类景物理解能力，首先必须解决主动视觉机制的计算实现问题。我们期待有朝一日，在机器主动视觉的计算模型及其系统应用方面有长足的进步。

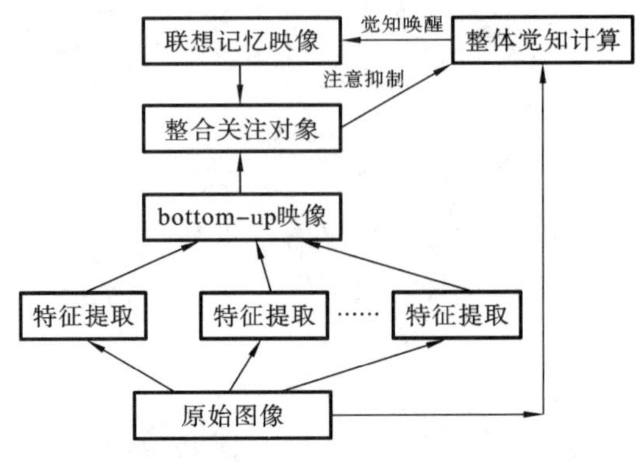

图 3-15　一种视觉动态觉知的计算模型

本章小结和习题

本章主要介绍了人类视觉的特点，针对人类视觉机制如何来开发机器视觉系统，以及这项工作将会面临的困难。其中给出了机器视觉处理中的主要步骤所涉及的问题，介绍了其中景物理解的视觉计算核心问题。希望读者自己能够思考这样的问题：如何让机器拥有人类的视觉能力，哪怕是部分能力？

习题 3.1　机器通过理解图像来控制自己的行动，与远程信号控制机器行动有何不同？建立具有感知能力的机器需要具备什么能力？

习题 3.2　请查找一些不可能图形，然后通过分析这些图形，思考如果希望机器能够理解这样的图形，应该如何设计相应的智能算法。

习题 3.3　对于由小立方体构成的任意图案，如何设计一个智能算法，以数出给定图案的小立方体个数？

习题 3.4　分析目前已有的知觉组织律，能否找出一些视觉感知现象，无法用现有的知觉组织律加以解释？

习题 3.5　对于视觉体视的深度信息的获取问题，针对某种特定的体视线索，你是否能够提出某种计算思路来实现对这种深度线索的提取？

习题 3.6　视觉选择性注意机制在人类视觉信息加工过程中起着十分重要的作用，如何让机器具备视觉注意能力，哪怕是部分具备，一直是困扰机器视觉研究的一个难题。你能否对书中提出的解决方案提出批评意见，并给出解决这一问题的新思路？

CHAPTER 4

第4章 思维运作

除了环境感知能力，人类更是拥有十分精巧而强大的思维能力。应该说，正是靠着无比强大的思维能力，才使得我们人类成为万物之灵，能够在万分复杂的自然和社会环境中应付自如地生活。实际上，人类依靠这种非凡的思维能力，不仅能够随时理解社会交际中话语的含义，觉察、预想并解决生活中遇到的种种问题；而且还创造出丰富多样的思想观念、社会制度、科学理论、技术工具和艺术作品。那么机器呢？机器是否也能够拥有类似于人类的这种思维能力？为了能够回答这样的问题，让我们分别从语言理解、意识整合和艺术创作为例，来给出机器思维运作的基本原理以及需要克服的困难。

4.1 语言理解

理解力是心智能力的重要方面。一般理解力包括时间理解力、空间理解力和因果理解力，强调对概念及其关系的把握。在人类的心智活动中，最能全面反映理解力表现的莫过于是对语言意义的理解。因此语言理解能力也就成为机器智能的基础，从而实现这一能力进一步成为机器智能研究的一个重要目标。当然，要使机器具备语言理解能力并非是一件轻而易举的事情，这其中会涉及几乎人类心智和文化的所有方面。本节我们专门讨论语言理解方面的基本内容，特别是有关汉语机器理解的研究工作和面临的困难。

一般对于给定的一段话语的理解，涉及常规的辩词断义、分析句法、推断语义、归纳主旨等方面。这样的研究，学术界统称为自然语言理解。应该说，自然语言理解是智能科学技术中历史最为悠久的一个研究领域。就汉语的自然语言理解而言，目前的研究内容主要包括词语切分、句法分析、语义获取等多个方面。为此，我们分别从这三个方面来介绍自然语言理解主要问题及其处理方法。

4.1.1 多尺度意群分割

语言理解处理首先遇到的就是多尺度意群分割问题。所谓意群，指的是我们的语言所表达的思想，都是通过一群相互关联一起的意义单元体现出来的。在语言中，由于这些意义单元根据其所处语言片段的角色，有大有小，因此意群分割也就有一个多尺度问题。

实际上，语言理解就是一个“依篇断句，析名分词”的过程。小到音节的切分，大到段落划分，无不贯彻着这样一个中心问题。因此不管是用耳朵听读，还是用眼睛看读，这一过程的核心问题都是要根据语言的运用规律，层层分解不同尺度大小的语言单元，简称语元，然后在这些不同尺度层次的语元及其相互关系中来理解整个语篇的思想内容。而在这个过程中，层层分解出不同尺度的语元，就是语言理解中的意群分割问题的任务。

从最广泛的意义上讲，意群分割可以包括更为细致的语元划分，特别是对口头语，更是如此。比如语音识别、语素确认、语词切分、语句成分分析、语句断读、篇章分析等等，都是不同尺度的语元分割问题。但对于现代书面语而言，由于语句和章节，都有明显的书写界符，如缩进、换行、标点符号等，使不同尺度的语元分割变得相对简单。不过对于现代汉语，如果你着手的是语词分割问题，那么由于再也没有标点符号和空格可资利用，这时同样也会存在多重性歧义分割问题。特别是，原则上不同尺度意群分割之间存在着非常相似的规律，因此这种歧义性分割问题也是具有普遍性的现象。

实际上，这样的认识在我国的语言学家朱德熙的《语法答问》中早就有过明确的论述。朱德熙认为汉语句子的构造原则跟词组的构造原则基本上是一致的，因此他明确提出了以语词为基点的语法体系。对于意群分割问题，这就意味着只要能够解决语词切分问题，那么就能够打下语法分析的基础，而其他尺度上的意群分割，也就可以通过语词意群的语法组合和语境制约来实现。

那么，又如何进行语词意群分割呢？在语言理解研究中，语词意群分割的任务就是要从构成语句的语词层次开始，逐级地划分出全部语元并建立起反映层次关系的联系。例如，对于语句“帮助二春去照应照应大家伙儿。”，图 4-1 是反映这种要求的意群分割结果。这其中最为关键的便是一个个语词的切分问题。

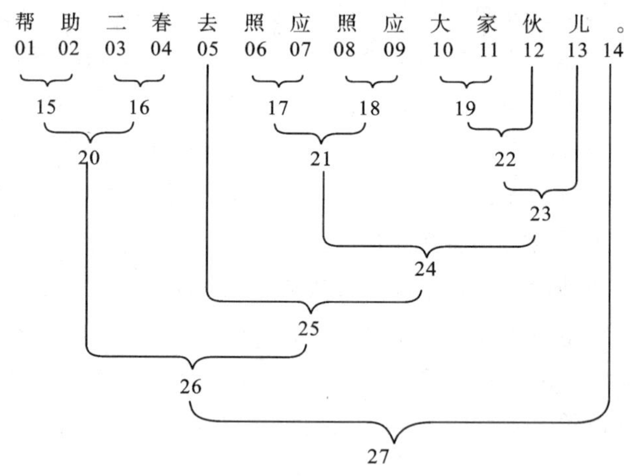

图 4-1 语词意群分割句例

对于机器来说，如果我们已经建有一个完全的机器词典，其中收录了全部可用语词，那么最简单的办法就是采用最大语词匹配策略来进行机器语词切分。这种方法通过依次读取语句中的汉字，并当汉字串积累到最长且构成为机器词典中可接受的语词，那么就将该汉字串作为一个语词对待。然后，接着再从语句余剩的汉字流中如法去分割下一个语词。如此等等，直到语句结尾，就完成全部语词级的切分工作。对图 4-1 中的例子，用最大语词匹配法来切分得到的结果由图中 15、16、5、21、23 标数给出。采用这种方法，对于比语词大的意群语元划分，则归于语法分析去完成。

很明显，由于语词搭配多种可能选择的存在，这种最大匹配切分方法虽然能够保证切分出来的语词均是合法的，但却不能保证这种切分结果是在句法上是合理的。例如对于“他的确切意图是什么?”按照最大匹配切分法切分的结果为：

他｜的确｜切｜意图｜是｜什么｜?

而合理的应该是：

他｜的｜确切｜意图｜是｜什么｜?

尽管对于“他的确切菜了”能保证正确分为“他｜的确｜切｜菜｜了”。

歧义性是汉语分词中不可避免的现象，消歧就因此成为自动分词中一个核心问题。因为如果没有歧义切分现象，那么只要有一部完备的机器词典，原则上任何一种机械分词方法，比如最大分词法，就可以完成汉语的分词任务的。但事实上，作为一种自然语言，汉语不可能没有歧义现象。而歧义性语词切分只有在一定的语境考察下才能够得到正确的切分，仅靠机械的最大匹配显然是不能彻底解决语词的切分问题的。

作为一种新策略，为了利用语境上下文制约的关系，可以采用通过对所有可能切分作最优选择的方法来进行语词的切分。此时必须要考虑词与词之间、字与字之间存在的很多优先组合关系，像搭配、共生、词联和定位等限制。

不失一般性，我们假定要切分的是语句中的语词，语词构成单位为汉字，那么汉字在语词构成中能出现的位置角色就有四种，即位于词首、词中、词尾或独自构成语词。由于存在着歧义性，某个汉字可能充当不同语词（歧义语词）或同个语词中多种角色。例如在“美国会采取行动制裁伊拉克”中“国”字既可能是语词“美国”中的词尾字，又可能是语词“国会”中的词首字，最终其角色到底是什么，需要通过上下文来确定。

当我们对语句中的汉字都标注了各种可能的角色，那么剩下的问题就是要如何利用各种语境上下文关联、语词固定搭配以及词频统计信息等制约关系来确定各汉字唯一的角色（四者选一)。一旦所有汉字的角色全部唯一确定了，那么语词的切分也就完成了。

遗憾的是，即使采用了上述策略来进行分词，对于汉语意群分割这一复杂问题的解决而言，还是远远不够的。有时汉字角色确定还会依赖于更高层次意义的理解，也就是说只有在理解了整个语句之后才能够确定语词的分割。这样由于更高层意义的理解反过来无疑又是要依赖于分割好的语词的，于是就有一个语词分割与语句整体意义理解相互依存的问题。因此，如果在这基础上，再进一步考虑跨层次相互作用问题，那么意群分割看似一个小问题，实际却是动一牵百的大问题，甚至与整个语篇的理解密不可分。

中国宋代思想家张载在《正蒙·诚明》中指出：“是故立必俱立，知必周知，成不独成。”讲的正是这个意思。或许对于意群分割也是如此，要完成语词的切分，除了要考虑构成语词的汉字外，同样也要考虑语词所构成的语句，甚至语篇。特别是语词的语义是一种变量，随上下文变化而变化。因此即使能够完成语词的切分，语词意义变量的取值，也只能通过语境中意群之间的相互作用来确定。

于是，想要解决意群分割问题，我们就离不开意义的整合问题，而意义的整合问题，反过来又是以意群分割为基础的。在语言理解的机器实现研究中，为了避免这种无谓循环，往往采用在一种初步的意群分割之后，再考虑面向意义的句法分析。

4.1.2 依存性句法分析

句法分析是自然语言理解中一个至关重要的环节。句法分析上接篇章理解，下联词汇分析，起着承上启下的作用。如果说意群分割是一种自下而上的理解步骤，那么句法分析便是一种自上而下的理解步骤。两种步骤的相互补充递进，也许就可以在某种程度上突破那种“无谓循环”的桎梏，走出语言理解的困境。那么我们应该采取什么样的策略来开展句法分析的研究工作呢?

英国语言学家利奇在《语义学》中指出：“如果我们说，一个人能从语义上区分异常的句子和有意义的句子是他懂得自己语言中意义规则的表现，那么我们所依赖的正是意义领域中的这种能力。”也就是说，语句的句法分析必须是面向语义的，其目的在于通过语句的形式和语词的形式归入恰当的结构、类别和语法范畴，以便对这些形式做出语义解释。因此句法分析应当采用面向语义的方法来进行。

面向语义进行语句分析，就是要通过语句中语词关系分析，建立起语词之间的各种语义联系。比如在“我开门”中，“我”是“开”的实施者，“门”是“开”的被施者。在这个简单句子的理解中，只有建立起“我”、“门”和“开”之间这种正确的语义关系，你才能够真正理解这一句子的意义。而这种建立语义联系进而理解句子意义的能力是每一个语言掌握者所具备的基本能力。

一种符合上述要求的句法分析方法，就是概念依存句法分析法。这种分析方法首先是找出语句中的主名词和主动词，形成一个初步的语义结构。然后，再通过在语句中寻找所需要的其他成分来不断完善这一语义结构，最后给出语句所反映出来的概念依存网络。

例如，对于语句“穿红背心的小伙跑得很快”的概念依存分析如图 4-2 所示。图中① 依存宾语，②“的”字结构附加语，③ 依存定语，④“的”字结构定语，⑤ 依存主语，⑥“得”字结构补语，⑦“得”字结构附加语，⑧ 依存状语。

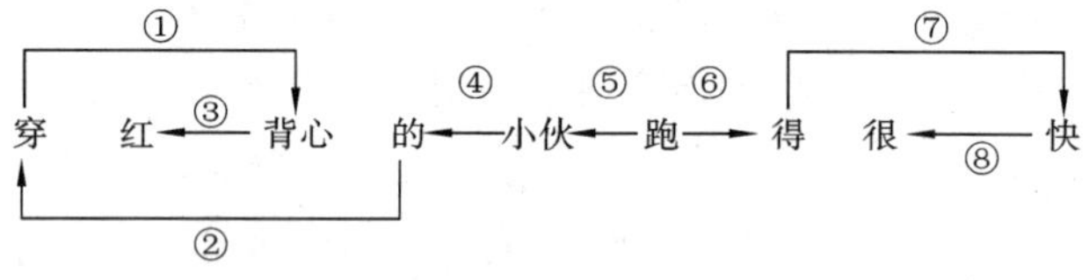

图 4-2 语句概念依存分析的实例

依存语法描述的是句子中词与词之间直接的句法关系。这种句法关系是有方向的，通常是一个词支配另一个词，或者说，一个词受另一个词支配，所有的受支配成分都以某种依存关系从属于其支配者。这种支配与被支配的关系体现了词在句子中的语义关系。按照依存关系来进行句法分析，一般遵循如下四个基本约定：

1）一个句子中只有一个成分是独立的。

2）其他成分直接依存于某一成分。

3）任何一个成分都不能依存于两个或两个以上的成分。

4）如果A成分直接依存于B成分，而C成分在句子中位于A和B之间，那么C或者直接依存于A，或者直接依存于B，或者直接依存于A和B之间的某一成分。

根据上述约定，句子中有惟一一个独立成分，称之为中心语（可以是单个的词，也可以是由两个或两个以上的词组合成的短语）。它作为依存关系树的根节点，其他成分都依存于中心语。这些成分有些对句子的结构起决定性作用，称为基本句型成分，包括主语、状语、补语、宾语（含第二宾语）。还有些成分独立于句型结构，主要用于表示插话、句子的语气、时态或停顿等，称为附加成分，包括插入语、叹词、句末语气词、呼告语、应答语、动态助词和标点符号等。另外为了反映汉语中的特殊句式，还设计了一些特殊成分，有“把”字语、“被”字语、主题和兼语等。传统语法中的定语，是主语和宾语的修饰语，定语只受主语和宾语的支配，不直接与中心语发生关系，所以定语不是句型成分。

在汉语的基本句型中，绝大多数句子的中心语是由动词（短语）担当的，只有少数句子其中心语是由形容词或体词担当的。同样在汉语的基本句型中绝大多数的句子的主语和宾语都是由名词（短语）担当的，只有少数句子其主语和宾语是由形容词或动词（短语）担当的。由于句子的中心语支配着句子中的其他成分（主语、宾语、状语、补语），所以有必要对动词、名词和形容词的语义知识进行分析并加以分类，进而能从中总结出中心语与各被支配成分之间的语义关系。

图4-3给出了依存句法分析的例句，采用的是一种依存关系网的平面表示法。这种表示法具有以下特点：① 每个词语都有一个向上依存关系。② 各种依存关系之间不出现交叉现象。③ 中心语只支配其他成分，而其本身却不受其他句子成分的支配。④ 较好地体现了依存语法的四大基本约定。⑤ 所有的节点都是句子中具体的词。⑥ 从分支上看，每个父子关系表示相应的两个词之间的关系。

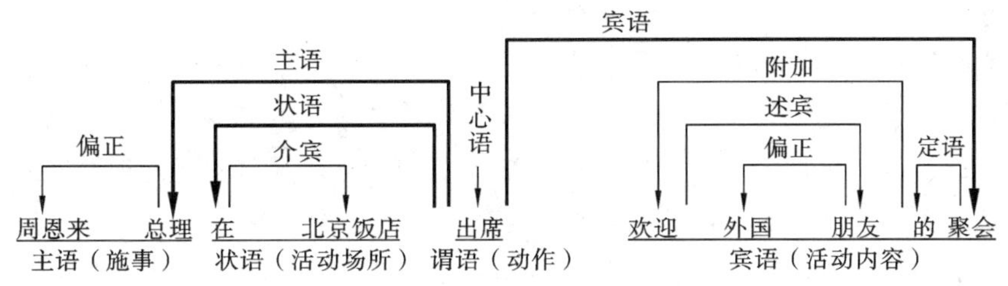

图4-3 依存关系网的例句分析

这种表示方法简单、直观，比较接近人的分析句子方法，较适合人对句子的理解，同时比较便于转化为机器内部语义表示形式。实际上，只要定义足够反映语义依存关系，那么通过概念依存关系的确定，是能够有效地得出语句所对应的语义结构的，并表示为机器内部可以处理的形式。

比如，在依存语法分析结果中，可以将各对关系用三元组表示，即（A，B，R），其中A和B分别代表句子中的词语，R表示词语A与B之间的关系。R是个有向弧，它由B（支配者）指向A（被支配者），即词语A的向上依存关系为R。

例如，将上述图4-3中例句表示转为三元组表示，我们可以得到如下三元组系列：（总理，出席，主语）、（周恩来，总理，偏正）、（在，出席，状语）、（北京饭店，在，介宾）、（宴会，出席，宾语）、（的，宴会，定语）、（欢迎，的，附加）、（朋友，欢迎，述宾）、（外国，朋友，偏正）。

采用这种表示方法，具有以下特点：① 便于机器表示。② 与依存关系网的平面表示法一一对应。③ 词语与词语之间的依存关系清晰、直观。④ 充分体现了自然语言的不对称现象，较好地解决了自然语言语义结构表达式表达问题。

这样以依存语法作为语言模型的基础，利用已经切分好的语词结果（多选多值标注语词系列），如果句子成分及其依存关系是唯一确定的，就可以给出一种全新的句子分析策略，用于完成汉语语句的成分确定和成分间依存关系的分析。

4.1.3　语境中意义获取

一旦通过依存句法分析获得了一个语句的全部依存关系，接下来就可以将其转化为某种逻辑语义结构的表示形式，以便机器内部表示并进一步开展其他的语义表达处理。比如，适当地根据各种语义关系将一些词语转化为相应的谓词，那么就可以采用一阶谓词逻辑表达式来给出语句的意义表述。

比如，就以图 4-2 给出的语句为例，如果我们用谓词 wear(x,y)表示 x 穿着 y，用谓词 red(x)表示 x 是红色的，用谓词 underwaist(x)表示 x 是背心，用谓词 guy(x)表示 x 是小伙，以及用谓词 runfast(x)表示 x 跑得快；那么就可以将该语句的全部依存关系转化为如下一阶逻辑逻辑表达式：

$$(\exists x)(guy(x)\wedge(\exists y)(underwaist(y)\wedge red(y)\ \wedge wear(x,y))\wedge runfast(x))$$

来给出该语句的意义表述。然后，再依据图 4-4a 的语义解释模式去确定该语句的最终含义。如果这一语句的陈述确为事实，那么上述逻辑表达式与其真值一起，就构成了该语句的最终意义。

对于前面给出的句法分析直至获得语义表达，我们可以不难看到，其有效性基于这样一个前提，就是我们的语言是无歧义的。不过，由于语句歧义的普遍存在，语句的语义往往并不能唯一确定。因此，为了更加全面地解决语言理解问题，接下来需要着手处理的问题就是，如何消解语言使用中无处不在的歧义问题。

我们十分清楚，对于严格的形式语言，机器可以很容易实现不同语言之间的相互转换。因此如果我们能够设计一种表示语义的形式描述语言，其满足无歧义性、具有简单的解释规则和推理规则以及具备由语句形式确定的逻辑结构，那么我们就可以通过定义良好的形式语言（比如某种逻辑系统）来确切地表述出给定自然语言语句的语义，只要自然语言的语句含义是无歧义的就行。

但事实上，没有哪种自然语言是不存在歧义现象的，甚至可以说歧义现象是自然语言的一种固有属性。因此，要想解决语句的语义分析，从而可以用形式语言来描述自然语言语句的语义，就不可避免地要解决语言的歧义消解问题。

由于能够左右歧义确认的外界条件主要是语境，因此对歧义语句的理解，只有联系语境才能正确把握其正确意义，而仅靠句子本身的结构成分及其组合意义是不够的。为了使机器也能够进行歧义消解工作，就必须有一种强调语境条件的语义分析方法。

大多数歧义是可以通过语言的或主观的语境条件来消除，这也是人类语言理解能力最有效、最基本的机制之一。因此，对于语言理解的机器实现而言，重要的不是寻找语境来使语言不含有歧义，而是要在给定的语境中来理解歧义的语言。自然语言的理解，说到底就是一种解释，将歧义的语句通过语境条件作用得出其尽可能确定的意义，或者同时保留多种关联或选择的意义，并用机器可以严格无歧义处理的形式加以表述。

本着这样的原则，有了句法分析的结果，语言理解的核心问题就变为是如何在给定的语境中，来获取语句意义的问题了。具体地说就是要给出语句意义的形式化描述、利用语境上下文来尽可能地消除语言的歧义从而获得比较确定的语句意义。

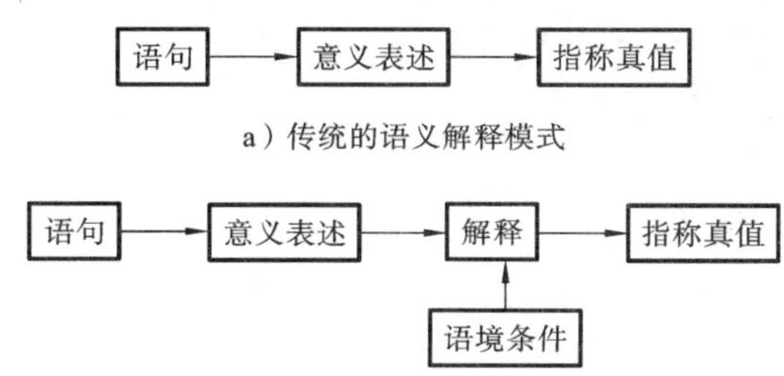

图4-4 语义获取的不同模式

如图4-4b所示，跟传统语义的解释模式比较，新方法强调的正是语境条件的参与。这样对语句的理解就不仅仅是“意义表述”及其真假取值（指称真值）的结合，而是“意义表述”与在一定的语境条件（前提）参与下得出的真假取值的结合。

例如，对于语句“我是写作本书的最终完成者”，按照语境条件下的语义解释模式，可做如下分析：

1）**语句**：我是写作本书的最终完成者。

2）**意义表述**：说话者称自己是写作本书的最终完成者。

3）**语境条件**：说话者是本书作者，时间为2015年3月16日，作者在2015年3月16日尚未完成本书的写作。

4）**解释**：本书作者在2015年3月16日称自己是本书的最终完成者，但事实上本书在2015年3月16日尚未完成。

5）**指称真值**：假。

其中“意义表述”可以用逻辑表达式表示，语境条件为逻辑条件式，解释为推论，指称真值为对“语句”的赋值，并与“意义表述”一起构成了对该“语句”的语义描述。

用语境条件下的语义解释模式可以处理歧义语句的机器理解中的非模糊类的歧义问题，方法是对多种歧义理解可能分别用逻辑表达式表示，然后形成“与”（代表双关歧义）“或”（代表选择歧义）逻辑联式。最后，再利用语境条件式来推演，取这一逻辑联式中真假值为真的某个逻辑表达子式为其结果。如果结果为真的子式不唯一，则表示在此语境条件下也不能完成歧义消解。

总之，语言意义的不确定性、对语境的敏感性，是自然语言最重要的功能表现，而歧义的产生也是诸种因素相互作用过程中处于不同动力学制约下状态冲突的、必然会出现的现象。因此，只有充分考虑到意群相互作用认知机制的实现问题，才能够真正有效地推动语言机器理解的进程。

4.2 意识整合

意识活动指的是与感知、认知和记忆等有意识心理活动相伴随的一种脑活动，心智活动的其他能力，包括感知、理解、推断、学习、预想、创造、情感、行为等都伴随着意识活动。通过这样的意识活动，我们不仅因此能够知觉到统一心理活动的具体表现过程，而且能够具有创建世界模型并用以模拟未来的能力。

4.2.1 机器意识研究概况

正因为这样，自20世纪90年代以来，人们再次高度关注意识问题并有众多的哲学家、心理学家与神经科学家在此领域开展深入的研究工作。与此同时，人们也开始使用计算方法试图让机器装置拥有意识能力。这类研究逐渐被称为“机器意识”的研究。

不过，也正因为意识是伴随性的、具有自明性（自指性）的超逻辑性质，因而在机器实现方面有着根本性的困难。目前，在机器意识的研究方面，主要是从某个侧面，对意识的某个方面进行建模来加深对意识现象的认识。

从研究策略来看，机器意识的研究主要分为算法构造策略（A）与仿脑构造策略（B）两种途径。所谓算法构造策略，就是不考虑人类脑机制的借鉴，纯粹采用机器算法策略来进行机器意识的研究（Algorithm）；所谓仿脑构造策略，就是充分借鉴人脑意识的发生机制（Brain-Inspiration），并利用一切可利用的生物物理机制来进行机器意识的研究。在具体的实现方法上，两种构造策略又可以分为如下三种具体方法。

1）**规则计算方法**（R）：规则计算方法与认知科学中的符号系统范式相对应，其实质性观点简单说就是：心智内部具有对世界的“表征”，并可以根据“规则”来操作或操纵这些表征。这一范式的基本方法是探究智能或意识是怎样经由理性符号表征的操作而成为可能的，并认为这就是心智运作的本质。

2）**神经计算方法**（N）：神经计算主要是运用人工神经网络或者类脑神经集群网络来构建意识模型的计算方法。神经网络是由具有各种相互联系的神经单元组成的集合，每个单元具有极为简化的人脑神经元的特性。神经计算方法不仅与认知科学中的联结主义范式相对应，也与类脑集群计算范式相对应，其核心概念是“并行分布处理”和“群体自组织机制”，即意识或智能是从大量单一处理单元的相互作用中涌现产生的。

3）**量子计算方法**（Q）：机器意识实现的另一种途径是采用量子物理学方法来进行意识的建模研究。在这方面，作为一种机器意识的实现途径，主要利用量子塌缩与意识涌现之间的类比关系。这样加上量子计算装置实现的可能性与日俱增，就可以通过假定量子塌缩是一种客观的动态过程，从而来描述意识的产生过程。

如果从研究内容和实现目标来看，目前的机器意识研究又可以划分为如下五个不同方面的具体类属。

1）**机器感知意识**（MC-P）：使机器具有意识伴随的感知（Perception）能力，觉知并能够监控正在进行的感知活动，比如构建视觉觉知计算模型方面的研究工作。

2）**机器认知意识**（MC-C）：使机器拥有具有意识特性（Characteristics）的某种认知能力（比如言语、情感、想象等），并通过机器的外部行为表现出来，比如各种认知行为机器人的研究就属于此类研究。

3）**机器机制意识**（MC-A）：使机器拥有声称与人类意识具有关联的体系结构（Architecture），实现产生意识活动的根本机制，比如基于意识神经相关物的计算模型就是属于此类研究。

4）**机器自我意识**（MC-S）：使机器拥有自我（Self）意识能力，模拟机器本身在世界模型中的显现，比如开发具有自我意识的机器人就属于此类研究。

5）**机器体验意识**（MC-Q）：使机器拥有那种奇妙意识状态的体验能力（Qualia），实现机器的主观感受性，这方面的研究涉及意识本质问题，因此争议比较多。

当然，不管采用什么实现策略、使用什么计算方法以及面向什么内容方面，机器意识的研究目的都是要围绕着让机器拥有某种程度的意识能力展开的。从目前机器意识已经开展研究工作的实现目标来看，机器意识的研究主要围绕着功能意识、自我意识和现象意识三个方面展开的。不过由于涉及主观体验的不可还原性，真正具有实际意义的主要还是在功能意识的机器建模方面。

我们知道，意识往往伴随各种心理功能的实现。比如意识可以帮助人们处置一些单靠自动反应无法应对的新境遇，可以唤醒对危险环境的觉知，可以模拟把握环境出现的机遇，可以完成需要利用各种知识的任务等等。从这个角度看待意识，就是所谓的功能意识，指的是伴随各种功能实现的意识。

对于机器系统而言，凡是开展意识功能方面的体系或机制的研究工作，我们都称之为机器功能意识研究。具体而言，机器功能意识研究，着重于感知、认知、情感与行为等方面的意识功能实现。从目前机器意识研究现状来看，基于某种神经网络计算方法来体现某种功能意识实现的研究工作，是开展最为广泛的机器意识研究。

机器意识模型的计算实现可以在某种程度上解决机器的意识整合能力问题，这对于提高机器的智能化程度是极为重要的。特别是，有效的心智活动都离不开意识的信息整合能力，因此具有一定意识整合能力的机器系统，定会有更大的作为。

4.2.2 全局工作空间理论

在机器意识研究中，最具有代表性的、也最具有影响力的研究工作就是以意识的全局工作空间理论为指导所开展的一系列研究工作。

全局工作空间理论（global workspace theory）是由美国加利福尼亚大学圣地亚哥分校神经科学研究所研究员巴尔斯（Bernard J Baars）在1988年提出的有影响的意识解释理论。在该理论的指导下，由巴尔斯等人（Baars，Stan Franklin和Uma Ramamurthy）组成的研究团队开展长达20多年的机器意识研究工作，最终开发完成了LIDA认知系统。

LIDA（Learning Intelligent Distribution Agent），是在该研究团队等人早期开发的 IDA（Intelligent Distribution Agent）基础上发展起来的。主要依据巴尔斯全局工作空间理论，采用神经网络与符号规则混合计算方法，通过为每个软件主体建立内部认知模型来实现诸多方面的意识认知能力，如注意、情感与想象等。该系统可以区分有无意识状态、有效运用有意识状态，以及具备一定的内省反思能力等，并得到一些应用和扩展。

不过，从机器意识的终极目标看，该系统缺乏现象意识的特征，比如意识主观性、感受性和统一性等均不具备。所以我们将其当作是机器功能意识实现的典范来介绍，从中不难了解功能意识机器实现的一般原理。

首先，在巴尔斯提出的全局工作空间理论中，整个理论架构是由三个部分构成的，即背景（context）、全局工作空间（global workspace）和专门处理器（specialized processor），如图 4-5 所示。图中全局工作空间是核心，作为中枢信息交换的中心，也是每时每刻意识内容的处所。在各自专长领域有效进行信息处理，众多无意识的专门处理器都与全局工作空间建立联系，并通过相互之间的协作与竞争来占据全局工作空间，从而可以一时成为意识的内容。

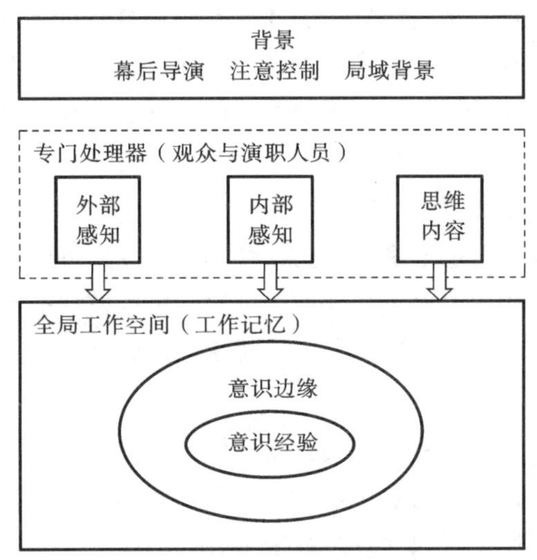

图 4-5　全局工作空间理论架构

在全局工作空间理论模型中，所谓背景主要模仿的是人类无意识心理活动，看作一种可以引起意识体验的无意识心像网络。比如像知觉表象背景、思维概念背景、内在动机背景甚至文化观念背景，等等都是不同的局域背景。由于所有这些背景都是潜在地可以相互影响、相互作用和相互转化，所以可以看作是神经系统已经建立好联系的一张无意识的网络，随时都可以潜在指导或注意控制地激发或抑制有意识的心理活动。

专门处理器是指各种专门的信息加工过程，包括视觉、听觉、嗅觉、味觉、触觉、平衡觉等各种感官获取外部环境信息的外部感知处理器，也包括视觉想象、内部语言、想象感受和梦幻等各种内部感觉信息处理的内部感知处理器，以及像思想抽象、心像内容、想象思维、语言思维、直觉思维等思维内容的信息处理器。

如果说专门处理器是意识加工信息的来源，背景是提供了意识信息加工的温床，那么全局工作空间就是意识内容产生的处所。因此，全局工作空间就是一个意识加工形成的中心舞台。

在全局工作空间这个舞台中，不仅可以协调集成来自不同专门处理器的信息输入，而且可以潜在受到无意识背景的信息激发或牵制，从而能够形成每时每刻的意识内容，并掌控着整体信息加工的过程。

为了更好地解释全局工作空间理论对意识活动过程的刻画，巴尔斯又提出了意识剧院类比模型，进一步来阐述意识、无意识、注意和工作记忆等的相互联系和区分。在剧院模型中，巴尔斯把工作记忆类比到剧院的舞台，把注意作用类比为一只聚光灯，而把聚光灯照亮的舞台部分类比为意识呈现的内容，等等。

比如想象自己在戏剧表演开始前进入一个这样的剧院，首先注意到的是装饰有布景的舞台、看戏的观众和一些通向后台的侧门等。当剧院里的灯光开始变暗，观众便安静下来，此刻黑暗中一只聚光灯照射在舞台上，形成一个耀眼的光亮区域。

此时，所有包括演员、导演、舞台管理人员、聚光灯操作员等演职人员各司其职，进一步可以类比到无意识的专门处理器。在剧本的引导下，正是这些无意识的演职人员协调配合，才得以呈现舞台上一系列有意识的剧情事件。

除了舞台上的演员外，那些幕后演职人员则可以类比到背景系统，在暗黑无意识的情况下塑造了舞台上光明有意识的表演。他们对形成意识内容产生了深刻影响，其中起着主导作用的是导演。

当然，对于观众而言，最主要的还是舞台上的表演。作为工作记忆类比，根据聚光灯照射情况，舞台分为三种不同区域。黑暗不可见部分，可以类比到无意识部分；聚光灯照亮之处，类比为意识呈现的内容；而介乎在两者之间，也就是光亮周边半阴影地带，则对应类比到意识边缘部分。

工作记忆主要是内部言语和视觉想象，其呈现方式是序列性的，一个时刻只能呈现一个记忆事件，就像聚光灯照射舞台一样，一次只能照射一个区域的演员表演。当然，比起舞台之外的演职人员，舞台之内的表演更容易被聚光灯照射到。同样，在工作记忆中的内容也要比工作记忆之外的内容，更容易进入到意识状态。由于注意作用的关系，即时意识内容的容量是非常小的。当然，只有注意到的内容才能够成为意识内容，因此注意机制在意识呈现中起着至关重要的作用。

显而易见，通过转动聚光灯的角度，就可以照射到舞台上不同的表演场景。因为聚光灯代表注意作用，因此同理，通过转移注意控制，也可以使得工作记忆中的不同内容成为呈现的意识内容。这样，在剧院中，当灯光熄灭之后，只有那些聚光灯照射之处的表演，才能够被观众所观看到，成为意识的内容。这就是剧院类比模型大致的内容。

从上述剧院类比模型中可知，某一时刻的意识内容是不同专门处理器在幕后背景作用下相互竞争与协调的结果。就这一点而言，巴尔斯的剧院模型，不仅澄清了意识研究中一些关键概念，而且也为机器意识系统的构建提供了重要的原型模型。

总之，由于具体结构可操作性强的优点，运用全局工作空间理论来开展有关机器意识的研究工作已经成为一种重要的发展方向。我们期待从中能够部分解决意识的计算建模问题，特别是功能意识的机器实现，并具体应用到各类智能系统之中。

4.2.3 机器意识困难所在

由于涉及心灵的一些本质问题，机器意识研究一开始就引起了学术界的广泛争论，有专门讨论机器意识研究的哲学基础，也有讨论机器意识所会面临的困难，包括像心灵（mind）、感受质（qualia）和自我觉知（self-awareness）这些回避不了的、显而易见的困难问题，以及一些与意识相关的认知加工，如感知、想象、动机和内部言语等上的技术挑战。

一般在脑科学研究中，主要将考察我们是如何进行信息辨识与整合、报告心智状态、集中注意等称为易问题；而将考察现象意识体验称为难问题。尽管解决“易”问题并非容易，但我们至少有如何进行研究的思路，并且前四类机器意识的研究都是围绕着这个主旨开展的。但另一方面，尽管有众多关于意识难问题的理论，却并没有任何真正知道如何解决这一问题的思路。显然，如果我们没有明白人类意识是如何产生的，那么企图要制造具有意识体验状态的机器，几乎是没有任何意义的。

当然，从理论上讲，意识的难问题确实并不能完全摧毁 MC-Q 工作的可能性，因为即使意识如其所说是一个难问题，还是有许多理由可以说明 MC-Q 研究是具有科学研究意义的。首先探询机器体验意识的可能性并建立各类机器模型能够增进我们对人类意识的理解，从而使我们更加接近难问题的解决。其次，到目前为止，机器是否具有意识仍然是一个不确定性的问题，因此起码可以迫使我们承认机器拥有意识体验的可能性不能被完全排除，即使我们不能确切地说出这是否就是对意识难问题的解决。第三，即使在没有理解体验意识成因的情况下，创建允许体验意识在一个系统中涌现的条件是可能的。最后，将来采用芯片来替换人类个体部分脑组织的研究会迫使我们处理人类中的 MC-Q 问题，即使我们放弃在机器中所开展的类似研究。

当然，面对哲学界的这些批评意见，机器意识的研究可以把体验意识从心智概念中分离出来，将机器看作是没有 MC-Q 意义上意识的心智，这样就完全可能建立一个没有 MC-Q 意义上意识的心智机器，从而回避哲学界的批评。

为了更好地认清机器意识的可能性，我们首先从意向性角度对感知、感受、思维、行为和返观等各种心理能力来做一个系统分析。

首先，对于感知能力，主要是一种具有伴随性意识活动的心理能力；一般而言，感知对应的心理活动都是有意向对象的，因此属于意向性心理活动。

第二，对于感受能力，主要对应身体与情感状态的感受性。注意这里要区分身体状态感受与身体感知是完全不同的心理能力。身体感知是触觉，是一种感知能力；而身体状态的感受不是感知能力，而是感受身体疼痛、暖冷等的体验能力。感受的心理活动，虽然具有意识，但不具有意向对象，因此不属于意向性心理活动。

第三，对于思维能力，主要指如思考、记忆、想象等这样的心理能力，是属于认知的高级阶段，显然是属于意向性心理活动。

第四，对于行为能力，主要指如意图（动机、欲望、意愿）、行为、言语等这样的心理能力，都强调有意作为的方面，因此也属于意向性心理活动。

最后，对于心理返观能力，主要包括自我意识及其超越的解悟能力。自我意识属于一种返观性功能意识，属于意向性心理能力；但超越自我中心的解悟能力，则属于去意向对象的一种心理能力，不属于意向性心理能力。

对于目前的机器意识研究而言，作为比较，MC-Q 涉及感受性意识，MC-C 涉及认知行为性意识能力，MC-P 涉及感知伴随性意识能力、MC-S 涉及自我意识能力，MC-A 涉及意识活动本身的机制问题。

显然，对于机器而言，真正困难的意识实现问题则是感受性意识（体验性意识）与解悟性返观意识这两个方面；一个涉及无意向心理活动的表征问题，一个涉及去意向性心理活动的表征问题，都是目前计算理论与方法无法解决的问题。反过来讲，机器最有可能实现的意识能力部分应当是那些具有意向性的意识能力（感知、思维与行为）。

实际上，由于意向性正是构建非体验性智能的前提条件，并可以通过一种意图（指向目标的）动力学模型来实现。据此，机器意识的研究应该朝向意向性心智能力实现的目标开展研究。因为，非常明显的是，意向性意识活动一定伴随有意向对象，于是就可以对此进行计算表征，并完成其相关的计算任务。

通过上述对意识能力进行分解分析，我们发现，当把目前有关机器意识的研究分为面向感知意识实现的（MC-P）、面向具体特性意识实现的（MC-C）、面向机制意识实现的（MC-A）、面向自我意识实现的（MC-S），以及面向感受意识实现的（MC-Q）五个类别时，就可以更加清楚地认识其中的本质问题所在。

我们的结论是，对于机器意识研究与开发，应该搁置有争论的主观体验方面（身心感受）的实现研究，围绕意向性意识能力（环境感知、语言交流、认知推理、想象思维、情感发生、行为控制），采用类脑构造、脑机融合、生物合成等这样“自然机制 + 算法”相结合的计算思想策略，来开发具有一定意向能力的机器系统，才是未来机器意识研究的正确方向。

4.3 艺术创作

艺术创作向来被人们认为是只有最有灵性的天才能够胜任的工作，很难想象一台没有情感的机器也能创作艺术。但事实上，机器不但在人类理性模拟方面取得了巨大成就，就是在人类诗性艺术创作方面也同样有着不同寻常的表现，并几乎在艺术领域的诸方面均有所作为。当然，目前机器创作的艺术作品还有一种随机性的成分，离真正的艺术还有很大的距离。但作为一种尝试性研究，在机器智能研究中，特别在对人类创造性能力的机器模仿研究中，还是有着重要意义的。在这一小节中，我们围绕着情感艺术创作一般规律，来探索机器艺术创作的可能途径，并以机器音乐为例，一睹目前机器艺术创作的风采。

4.3.1 情感审美机制

最近的科学发现表明，情感在理性判断、感知、学习和其他许多认知功能中扮演了一个必不可少的角色。现有的科学证据还表明，在情感方面的适度平衡对于智力是必不可少的，可使人类在解决问题方面更有创造性和灵活性。

至于情感对于艺术创造，那更是至关紧要。大多数学者都会赞同这样的观点，就是艺术是情感的表达，或者说艺术表达受到情感的驱动，因而是一种充满情感活力的想象活动。按照这样的观点，不同的艺术形式，不过就是情感在不同载体上的特殊表现罢了。比如情发于文，诗也；情寄于形，舞也；情载于声，乐也。如此等等，不一而足。一句话，真正的艺术在于真情性的流露。

挪威学者布约克沃尔德在《本能的缪斯》中指出：“缪斯是女神，她们可以通过语言、舞蹈和音乐来改变世界。创造力来自于缪斯的世界，也就是说，缪斯天性就是创造力的基础。如果没有这唯一属于我们自己的缪斯天性的表达，我们就不能把存在的原始材料塑造成人的生活。”这缪斯，不是别的，就是支配我们情感冲动的本能。因而，要想展开艺术创造规律研究，首先就要探讨其中情感驱动作用。

目前业已探明，人脑中的边缘系统是情感神经中枢的所在。尽管我们还没有确定边缘系统各个结构分别承担的功能，但一般认为包括下丘脑、边缘叶和杏仁体之类，都与情绪和本能行为有关。当然，情感性行为表现还受躯体运动系统、自主神经系统和下丘脑调控的内分泌系统所控制。

至于情感表达则是指个体将其情感经验经由行为活动表露于外，从而显现其心理感受，并借以达到与外在沟通的目的。情感表达有很多不同方式，如语言文字、音乐旋律、身体活动等，凡是能用来表情达意的，均可用来表现情感。由于涉及高级认知活动，这样的情感表达活动，也跟边缘叶与左右颞叶、前额叶相互协同作用密切相关。这样一来，边缘系统不单对人类行为的灵活性和创造性有不可估量的贡献，而且这一古老的神经组织与新新的大脑皮层有着天然的广泛联系，使得大脑的情感功能趋于丰富完整。

当然，不是所有的情感都可以激发艺术的创造的，只有那些具有审美意义的情感，才是艺术创作的真正源泉。因此，必须将自发生成的情感用艺术审美的方式表现出来，这便是艺术情感的审美表达机制问题。

我们知道，情感是主观评价的主要部分，而评价肯定是审美意义产生的基础，即康德所谓判断力。因此情感不仅是艺术审美活动的基础，同样也是艺术审美意义发生的基础。从认知神经角度讲，由于与神经活动的宏观模式有关的并不是刺激本身，而是刺激对机体的意义。因此，即使从神经机制上来看，同样神经活动的本质是意义而不是信息，而决定外部信息是否有意义的是价值评判。

这就意味着，情感除了决定着艺术的表现，同样也是审美意义产生的基础，是意义价值的反映，从而决定着我们审美价值的判断。德国科学家阿尔茨特与比尔梅林，在他们合作的《动物有意识吗?》一书中甚至这么说：“没有情感我们就会失败，没有情感我们就会失去据以做出判断的方向和尺度——无论在个人生活还是职业生涯中都是一样。当我们运用数学和事实努力进行实事求是的论证时，当我们提醒人们注意应不带成见地进行分析时，或者换句话说，要想保证我们的判断符合理智，就必须要有情感的作用。”更何况是以表现情感为主的艺术审美能力了。

事实上，作为情感性艺术，比如音乐、舞蹈和诗歌，唤起情感体验的神经机制与那些其他非审美情绪感受（如恐惧、愤怒、负疚等）的神经机制不相同。由此可见，审美性情感体验可以说是艺术活动的主要目的。在大多数情况下，这种内在情感体验与审美是不可言传的，因此，如何将艺术创作活动与情感审美认知联系起来就成为认知神经科学研究中的一个难题。

为了能够为机器艺术研究提供有用的参考，我们通过目前已有认知神经科学研究的部分成果，可以勾勒出有关情感驱动艺术创造活动主要涉及的脑区及其相互作用关系，以便能够对其中的艺术审美创作过程有一个大致的了解，如图4-6所示。

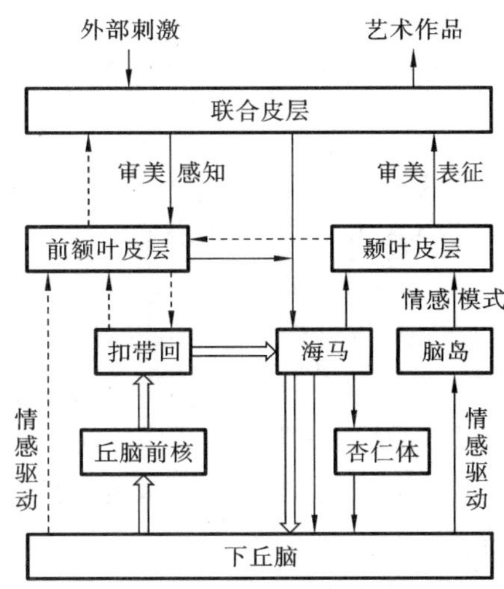

图4-6 情感审美涉及脑区及其相互作用关系

在图4-6中，艺术审美活动过程主要分为三个相互作用的功能部分。第一部分主要在双线箭头构成环路的边缘系统中进行，是艺术审美活动中的原创性情感驱动部分，产生的情感冲动一路经脑岛形成情感模式通向颞叶皮层，另一路作为唤起信号通向前额叶皮层；第二部分则在单实线箭头构成环路更广泛的脑区中进行，是艺术审美活动中的认知加工部分，产生具有内在象征意义的审美意象表征；最后，第三部分则将认知加工范围进一步扩展到单虚线箭头构成环路的脑区，进行审美意象的艺术评判加工，最终完成艺术作品的创作活动。值得注意的是，三个部分并非是截然分离的，而是存在着广泛相互作用的。比如前额叶皮层与（接受外界刺激的）联合皮层一起产生联想冲动，通过海马直接参与了情感驱动与认知加工的脑活动等等，在图4-6中均有回路反映。

根据当代认知神经科学的研究成果已有的结论与艺术创造中情感的作用，我们可以总结出，情感驱动是创造性艺术表现的原动力，审美选择是创造性艺术表现的约束力，认知表达则是创造性艺术表现的形成力，这三个部分分别涉及下丘脑、前额叶，以及颞叶与联合感知区。因此，说到底艺术创造性能力的核心是情感驱动，再通过前额叶的有序化审美选择，然后以感知和运动相关的认知活动加以表现，其中前额叶的抑制和控制能力是美成为有效表达的关键。

总之，无可否认地，只要有人类艺术活动的地方就存在着审美性情感，而正是这种审美情感本身的丰富、变化及和谐，才使得我们人类的艺术显得无比神奇、美妙和伟大，使得我们的艺术充满着生机和活力。

4.3.2 新奇思维模型

情感艺术表现最主要的特点就是创造性，不但要拒绝非审美性的庸俗情感，而且拒绝雷同性的艺术形态。因此，创造性思维能力，就是成为艺术创造的第二个方面的关键能力。通过艺术家的创造性思维能力，将具有审美意义的情感转化为新奇性的审美意象（情思、观念），才能为艺术创造提供真正的一砖一瓦。

当然，创造性思维能力是人类智能的一个基本特征，但对于机器智能模拟实现而言，确实是一项十分困难的任务。不过，如上所言，创造性思维能力的机器模拟实现，对于艺术创造来说则显得特别重要。因此对产生新奇性意象的创造性思维能力进行建模研究，也早已成为人工智能研究的一个重要内容。

根据前面有关情感审美脑机制的讨论，艺术创造过程中新奇性的审美意象（情思、观念）主要是情感驱动原动力与审美选择约束力相互作用的结果，然后再通过认知表达的形成力，创造出具体形式的艺术表现作品。

因此就新奇性审美意象的创造性思维过程而言，可以看作是一种在意识性审美选择与无意识性情感驱动之间相互作用的动力学过程，包括准备期、酝酿期、灵感期和完善期四个阶段。其中，从“准备期”到“酝酿期”是从意识性审美选择转向无意识性情感驱动，而从“灵感期”到“完善期”又从无意识性情感驱动转回意识性审美选择。了解这一点，对于构建新奇性审美意象的艺术创造性思维计算模型至关重要。

出于上述这些考虑，作为一种新奇性审美意象发生的创造性思维模型，我们给出了一种情感驱动与审美选择互补耦合的艺术意象创造性模型构想，并借助于量子计算途径给出具体思路的实现方案。

从宏观上看，整个艺术意象创造性思维模型由审美选择子系统和情感驱动子系统耦合构成，其中审美选择子系统提供稳定信息源，对意象创造过程起到协调和抑制作用，以显性模式对创新张力的规避进行调节，保证新奇性意象发生过程的有序性；情感驱动子系统则提供不稳定信息源，对系统中细微变化起到竞争、放大、自激、弥漫等作用，以隐性模式带来新奇性张力。

由于系统中有来自审美选择和情感驱动两个既对立又统一的信息源，这样系统中的意象创新性状态就具有量子纠缠态的特点，而创造性思维正是系统处于稳定与不稳定之间的边缘，意象创新灵感就源于这样一种系统边缘的相变阶段（或称突变涌现）：或导致新意象内容的出现，或回归旧意象模式，当然也可能导致系统崩溃，进入无序状态。这样，建立新奇性审美意象发生的创造性思维模型就可以采用一种群体量子场论的构想来模拟建立，具体考虑如下策略。

首先，将涉及新奇性审美意象发生的神经系统各部分作为一个整体由某种量子场波函数刻画，记为$|Q>$。情感驱动和审美选择作为两个互补对易的作用算子，可以随时共同作用于波函数$|Q>$及其频谱变换$|F>$，以获取新奇性的审美意象。

其次，要区分反映情感驱动和审美选择影响的波函数构成因素，使其成为一对真正的互补性创造性心理作用量，使得整体量子系统的创造性状态，能够处在混沌边缘上的稳定和不稳定之间的一个相变阶段。这样在无意识情感驱动潜在作用下的有意识审美选择测量，能够使波函数塌缩到某个本征态，代表的就是新奇性审美意象发生。

最后，借助于量子计算编码理论，给出上述创造性思维过程中系统状态相应的量子编码描述。从而，进一步利用量子机制，以复杂性对付复杂性的方法，就可以通过量子计算理论和技术在一定范围和程度上来实现这种新奇性审美意象涌现过程的计算描述。

具体地讲，如果我们用 H 和 G 分别代表相互互补的审美选择和情感驱动的量子作用算子，那么根据前面给出的思路，我们就可以给出一种新奇性意象涌现过程的量子计算模型，如图4-7所示。右边虚线部分表示无意识情感作用机制，其余左边部分代表有意识审美作用部分。模型的各主要部分分别说明如下。

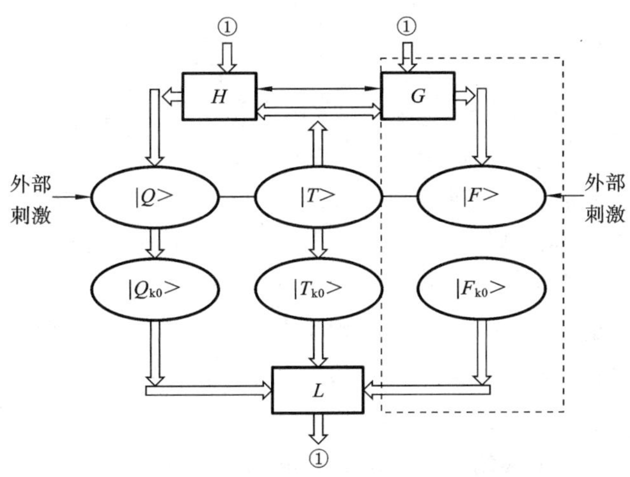

图4-7 一种涌现新奇情思意识过程的量子计算模型

首先，H 和 G 即为上述的两个量子计算作用算子，具有互补性关联关系（互补性关联图中用双向箭头表示）。$|T>$ 为时间量子寄存器，可把 $t=0$，1，2，…，t_{Max} 的迭加态置于该量子寄存器中，这里 t_{Max} 表示特定神经活动的最大时程（单位取为微秒级）。$|Q>$ 为神经系统状态量子寄存器，存放经 H 算子对每个 t 作用结果量子态 $q(t)$ 的全部迭加。而 $|F>$ 则为神经系统频谱量子寄存器，存放经 G 算子对每个 t 作用结果量子态 $f(t)$ 的全部迭加。这三个量子寄存器同处一个量子系统中，因此相互之间具有量子纠缠性关联关系（纠缠性关联图中用无箭头连线表示）。

当外部刺激作用于系统时（宏观心智活动，相当于在给定经典环境中的测量），系统状态 $|Q>$ 坍缩为某个本征态 $|Q_{k0}>$，对应的激活图式代表着某种新奇性意象内容（即意识对象）。此时，由于纠缠性关联，$|T>$ 和 $|F>$ 也分别相应坍缩为对应的 $|T_{k0}>$ 和 $|F_{k0}>$，代表着意识活动的时间结构信息和潜在的情感状态。模型中，L 代表系统的学习适应调节算子（泛函算子，或称元算子），结果则是对 H 和 G 算子进行修正。并在一次坍缩后重新启动系统，开始新一轮的情感审美活动。

在上述模型中，主要特点是利用了量子机制的迭加性和纠缠性来实现新奇性意象的发生，这是经典计算所无法完成的。而由于量子系统的坍缩与神经网络系统的相变解构具有对应关系，因此模型所描述的创造性审美意象的相变活动也是有心理上直观意义的。也就是说，对于情感体验感受和审美意象感知，我们不可能同时精确地把握。这也是我们每个人都有的经验，人们越是过度地注意某种情感体验，对这种情感体验的感受就越模糊。也正因为这样，整个神经活动才会有无意识和有意识之别。

总之，通过上述的创造性思维模型构想，可以给出新奇性审美意象发生的一般过程刻画。当然，作为完整的艺术创作而言，要将创造出来的新奇性意象（观念、情思）等创意性艺术要素，最后通过认知加工的表现力，采用一定的艺术表现形式，加以组织起来，才形成一件具有优美结构的艺术作品。下面我们最后就以音乐创作为例，来介绍机器组织生成具体音乐艺术作品的计算方法。

4.3.3 机器音乐创作

首先在音乐创作方面，早在200年前，当英国剑桥大学的查尔斯·巴贝奇教授发明现代机器的前身——分析机的时候，他的助手、著名诗人拜伦的女儿艾达·古斯塔·莱温赖斯就曾经预言这台机器总有一天会演奏出音乐来的。艾达认为：如可表达并修改“和声”与音乐作曲学中所确定的各“音符”间的基本关系，则机器可创作出精美的、符合科学规律的、复杂程度不等的音乐片段。

随着现代电子机器的诞生，人们开始使用机器来进行音乐理论的分析、研究，并很快证明，机器在音乐风格分析、调性与和声结构等方面是十分有效的。这样就很快催生出机器音乐创作这一新的研究领域。

在机器音乐创作方面，当代的机器音乐大师可谓是“才人”辈出，他们通过多媒体数字化合成的方式作曲，形成众多的“机器乐曲”。一般，机器作曲先是将音符通过形式化描述方法，转换成可以编程的形式，然后再通过随机算法或更高级的智能优化组合算法，来进行音符的选择和搭配，并确定曲式、曲调，最后形成乐曲。形成好的乐曲，还可以通过多媒体数字化乐器接口，自动控制电子乐器进行即兴演奏，让人们欣赏机器创作的音乐作品。需要强调，这里的乐曲机器创作，不是指作曲家使用机器作为工具来进行音乐的创作，而是指机器独立自主进行的音乐创作，其中关键是要为机器编制能够自动作曲的程序。

最早进行机器自动作曲的是希勒（L Hiller），1959年他通过机器程序（采用马尔可夫随机过程模型）成功创作出音乐作品《伊里亚克组曲》。实际上，机器能够作曲很大的原因在于乐曲一般都有一定规律可循，并且这种规律又往往与自然的规律或数学的规律有某种共通之处。

一个最简单的方法就是按照一个转换表来依次选择音符。这个转换表就像一个函数，其自变量是当前的音符，而函数值则是下一个要出现音符的可能性。转换表可以按照一定的标准手工构造，并且嵌套一个特定的音乐风格。针对某一特定（如某一作曲家或某一时期）风格的音乐作品（样板集合）进行收集和统计，就可以构造出相应的转换表。而这个转换表定义了这些特定音乐风格的作品（样板集合）中音符导向的可能性。不少像希勒开发的机器作曲系统，都采用这种被称之为马尔可夫链—随机过程的方法来创作旋律（音高和节奏的选择）或为旋律配置和声（和弦的选择）。

当然，随着机器智能方法的不断成熟，至今为止，出现了为数众多的、更加成熟的机器作曲或辅助作曲系统。归纳起来目前主流的机器作曲方法大约有语法生成规则、神经网络计算和遗传演化算法三种类别。这里，我们简要地介绍这些方法及其在不同的音乐创作系统中的应用情况及相关的结果。

语法规则生成方法主要是采用各种层次的语法来生成不同的乐曲。在机器音乐创作中，对于基本和弦序列的产生，可以采用某种预先设定的曲式语法，来满足即兴演奏实时性的要求。当然在机器实现中，这样的语法必须使用最低程度短时记忆的处理方式。例如，对于旋律而言，即使每个音符都是相同的音阶，间隔的整体效果也必须是旋律性的。仅这一点就要求达到实时要求，因此语法中，后接的音符选择约束应该尽可能简单。语法规则生成方法是一种比较直观的机器作曲方法，因此有比较广泛的应用。

当然，为了能够生成更加动听的音乐，在构建音乐语法时，往往还利用大量音乐知识规则来完善这种语法规则生成的方法。这些知识规则可以从作曲过程的多个角度来描述音乐知识，以方便做出更加符合音乐和声效果的音乐来。

不过，音乐语法是事先确定好的，所以类似于人类音乐家，所开发的作曲程序也有某种特定的音乐风格，并且这样的音乐创作系统也不具有改变规则的元规则能力。与大多数其他“创造性”程序一样，所开发的程序也是使用随机选择风格来约束允许的各种可能性。通过这样的选择，可以产生不可预料的音乐，但产生不出超出预先设定风格的音乐。

通过音乐语法来创作音乐，除了方便快捷的特点外，也容易同作曲家交互，形成人机交互式的机器辅助作曲系统。就这一点来说，这种基于符号逻辑（语法形式描述）的机器作曲方法是具有优势的。

与符号语法方法不同，神经网络方法主要通过输入音乐学习已有乐曲的表现特征，来产生其他相同类型的乐曲，并靠人类教师指导来进行“强化”，形成特定风格的作曲系统。比如，在神经网络计算方法的具体运用中，可以使用递归神经网络来构造机器作曲算法，并用反向传播学习算法进行来训练。递归神经网络能成功地获取一个旋律经过乐句的表层结构，并以这样获取的知识为基础，去产生出新的旋律。但是，其生成的旋律缺乏音乐的全局连贯性，即这种方法无法获取较高级的音乐特征。

一般，这类系统都是从起先的一无所知，通过某种风格乐曲的学习，发展为可以进行特定风格音乐的创作。音乐的联结主义模型没有定义深层音乐语法的知识结构，而是通过学习识别表面特征来产生同样类型的乐曲。这些模型甚至能够学习连编程人员也不懂的非主流音乐，编程人员也无须具有音乐语法知识。但由于缺少好的音乐空间映像，其作曲能力是有限的。

神经网络为算法作曲在方法上提供了一种选择。它能松散地模拟人脑中的活动，但往往似乎并不有效。因为在一个人工神经网络能创作旋律之前，先需收集大量的作品来训练它。可以将神经网络这种表层语法与符号逻辑更深层的语法相结合，结果能够使创作的乐曲更加丰富。

不管是语法规则，还是神经网络，都存在一个比较共性的不足，就是难以评判所生成乐曲的优劣程度，因此往往创作的音乐质量参差不齐，要靠运气偶尔“创作”出优美的乐曲。为了克服这种不足，目前机器作曲都采用遗传演化算法来进行机器音乐创作研究。

遗传算法（Genetic Algorithms）是一个使用适应函数（Fitness Function）来演化候选者（染色体）的全局优化算法。在使用遗传算法进行音乐创作的工作中，主要是如何构造适应函数来评估及选择系统生成的旋律。

采用遗传算法开发机器作曲系统的一个优势是，音乐初学者可以通过人机交互的方式创作自己喜爱的音乐。也就是说，只要寻找到理想的适应度评估函数，就能够允许没有任何作曲技能的人，来通过音乐作曲系统进行音乐创作。

有了上述介绍的各种机器音乐创作的智能计算方法，为了完整说明如何从生成音乐动机开始来进行机器音乐的创作，下面我们以二声部创意曲的机器创作为例，结合上述三种主要方法的运用，来给出具体机器作曲实例。

二声部创意曲的作曲过程主要分为四个步骤：①动机生成（Motive），②模仿再现（Imitation），③对位展开（Counterpoint），④添加插句（Episodes）。根据作曲理论，二声部创意曲的作曲模式可以归纳为如下两个声部的行进文法模式：

1）Motive -> counterpoint -> imitation -> episodes -> motive -> counterpoint -> ending;

2）Rest -> imitation -> counterpoint -> episodes -> counterpoint -> motive -> ending;

这样，再引入遗传算法和神经网络相结合方法，于是我们就可以按照如下步骤开展二声部创意曲的机器作曲。

第一步，采用遗传算法进行动机的产生，这一步的关键是产生动机优劣的适应度函数选择，要充分考虑到和声效果和音程关系。

第二步，采用三层 BP 神经网络来进行对位展开，并通过训练，最终能够对给定动机进行适当的对位展开。比如图 4-8a 是选择的动机，图 4-8b 则是对位展开的结果。

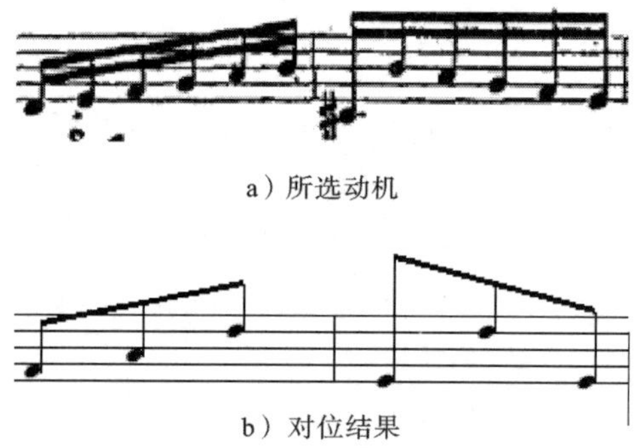

a）所选动机

b）对位结果

图 4-8　二声部创意曲对位展开

第三步，按照二声部创意曲行进文法模式，加上简单的模仿与插句，最后形成二声部创意曲的作曲结果，如图 4-9 所示。

图 4-9　形成二声部创意曲的作曲结果

从上述二声部创意曲成功创作的实例中可知，理想的机器作曲方法应该是综合多种智能方法来进行，方能取得良好的效果。

总之，相对于其他艺术形式，音乐艺术的机器创作还是比较成功的。不过细心的读者也许已经发现，这里面还是存在一个情思意象的驱动问题。人类创作音乐是出于内心情感和思想的驱动力，是有感而发；但是机器呢？机器的创作音乐是通过固定的程式，或随机或模仿或选择来生成的。此时，你就不难发现，目前的机器音乐创作并没有解决情感驱动、意象创造等功能的有机结合问题。或许，这就是目前机器艺术创作研究共同的难题，机器如何能够结合前面小节讨论的话题，在审美情感驱动和新奇性意象发生的基础上，来自发地创作艺术作品的问题？我们期待未来的智能机器能够解决这一难题。

本章小结和习题

本章主要考察了思维运作能力的机器实现问题，分别从语言理解能力、意识整合能力和艺术创作能力三个方面，分析了机器实现思维运作能力的主要方法、策略，以及存在的困难。可以肯定，机器思维运作能力如果要达到人类思维能力的水平，关键在于突破预先设定程序的灵活机制及其实现。我们期待有朝一日，这一构想能够变成现实。

习题 4.1 你认为人类思维的主要特点是什么？哪些方面是机器可以模拟的，哪些又是机器不可能模拟的？

习题 4.2 给定句子“每一位新同学都要用好电脑。”请对其进行词语切分与依存句法分析，并给出正确的切分结果和依存句法关系集。

习题 4.3 歧义是自然语言中普遍存在的现象，你认为消解歧义可利用的独立因素有哪些？并给出选择这些因素的理由。

习题 4.4 请给出一个语句的依存关系集到一阶谓词逻辑表达式的转换算法，并使用你熟悉的编程语言进行具体的编程实现。

习题 4.5 请用日常生活的场景，来对全局工作空间理论中的剧院模型进行解释，给出其中意识作用机制的说明。

习题 4.6 有意识的心理活动可以归类为功能意识、自我意识和现象意识，请通过查阅相关文献，分析在这三种类别中，其中哪种类别是可以机器实现的。

习题 4.7 就你自己熟悉的任何一种艺术体裁，请编制一个简单算法，能够自动生成该种艺术体裁形式的艺术作品，并分析成败得失。

习题 4.8 不管是音乐、绘画还是诗词，你认为创作出具有一定审美价值的艺术作品，主要依靠心智哪些方面的能力？

CHAPTER 5

第 5 章

行为表现

获取环境信息的感知、对获取信息进行运作的思维，以及随之而来对环境信息做出表现反应的行为，构成了人类心智能力的三个主要环节。但传统人工智能，却往往将智能看作是感知和思维能力，普遍忽视有关智能行为表现方面的研究。不过，考虑到评判机器有无智能能力，因为“他心知”问题的困境，主要还是要通过行为表现来进行。因此，智能行为表现是机器智能不可或缺的一个重要环节。实际上，智能机器人的研究开发与一般智能系统的不同之处，主要也就在于其独特的智能行为表现之上。因此，本章我们将主要介绍有关智能行为表现方面的研究问题。

5.1 人体运动

人类的行为表现主要是通过人体运动及其组合来实现的。可以这么说，有目的意图的运动，就是行为，所以说运动是行为的基础。就人体而言，各种运动的控制实现主要是通过中枢神经系统控制肌肉收缩来完成的。一般将与运动控制关系最为密切的神经系统部分称为运动系统。当然，当涉及行为，这样的运动神经活动还与动机、学习、记忆等脑的高级功能相关联。

5.1.1 人体运动控制

人体的运动可以分为三类，即反射运动、节律运动和随意运动。反射运动不受意念控制，只要有特异刺激出现，就会自发出现。这种反射运动一般在很短时间就可以完成，涉及的神经区域也较小，比如打喷嚏之类。节律运动是指那种有规律的自主运动，如呼吸、咀嚼、行走等，可以随意开始或终止。但是，节律运动一旦开始就会自动重复进行，而不再需要意识参与了。

在人体的运动中，最复杂的是随意运动。这是一种具有行为目的、可以按照意愿随时改变、反映主观意愿的运动。这种随意运动是目前机器行为实现所主要关心的人体运动。随意运动涉及的脑区比较广泛，需要的时间也较为长久。熟练的随意运动需要一段时间的学习训练。但人类个体一旦熟练掌握了某种技能运动，往往就形成固定的程式，成为记忆“运动程序”，随时可以调用。

所有的运动都是靠严密组织的肌肉系统来实施的。具体地说，就是肌肉的收缩或舒张产生了运动。而肌肉的收缩或舒张是受神经信号控制的，包括控制运动的位移、速度、加速度、力度等多种参数的信号。另外，为了通过运动可以精确持续地完成控制复杂行为，感觉信息的不断反馈也是非常重要的。影响复杂行为控制的感觉信息包括：①视觉、听觉、皮肤触觉的定位信息；②肌肉、关节和前庭器官本体的长度、张力、位置等感觉信息。因此，复杂的行为是运动与感知乃至高级认知相互协作的结果。

5.1.2 运动神经系统

在行为运动控制中，运动神经系统起着关键作用。人脑运动神经系统如图5-1所示，涉及的神经系统结构分别有运动脑区（Motor area）、非运动脑区（Non-motor area）、基底神经节（Basal ganglia）、小脑（Cerebellum）、脑干运动核（Brain stem motor nuclei）以及脊髓等。根据我国神经科学家韩济生在《神经科学原理》一书中的总结，大致来说，控制运动的主要神经系统中各结构之间的相互关系，如图5-2所示。就人体而言，运动神经系统是由三个水平的神经结构分级构成的，从低到高分别是脊髓、脑干下行系统以及大脑皮层的运动区。

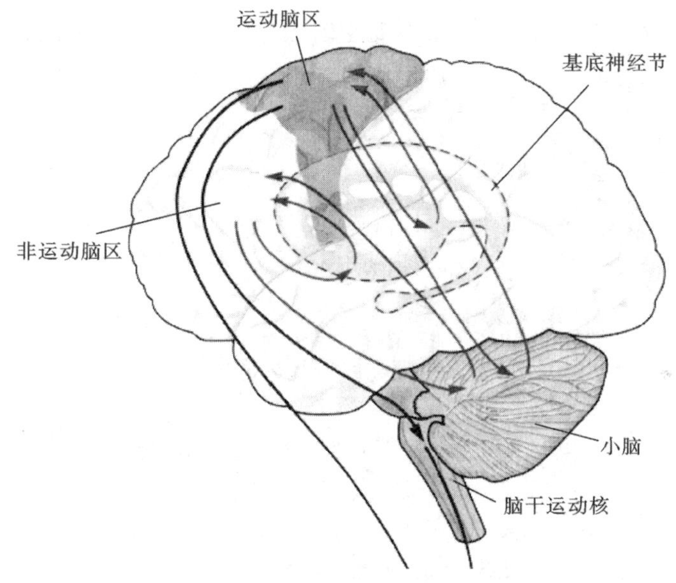

图5-1 人脑运动神经系统

脊髓是位于最低水平的运动控制结构，其中的运动神经元支配骨骼肌，控制肌肉收缩来实现反射运动或随意运动。运动控制第二个水平的神经结构是脑干下行系统，包括内侧和外侧两个部分。脑干内侧下行系统主要支配躯干中线的肌肉和肢体近侧肌肉，对整体运动进行控制，如保持机体平衡、维持直立姿势、整合躯体和肢体运动（如朝向运动）、控制单个肢体的协调运动等。脑干外侧下行系统则与肢体远端肌肉的控制有关，涉及诸如手及手指的精细运动的控制。通常，脑干下行系统接收感觉运动皮层的指令，因此在整个运动神经系统中，大脑皮层可以通过脑干下行系统来对脊髓进行间接控制。

根据韩济生的总结，大脑运动皮层主要为运动制定正确策略。作为运动准备过程的重要步骤之一，就是通过各种感觉传入，来获得关于外界物体（包括运动目标）在空间位置中相互关系的信息，其中空间位置信息的加工由大脑右侧后顶叶皮层完成。

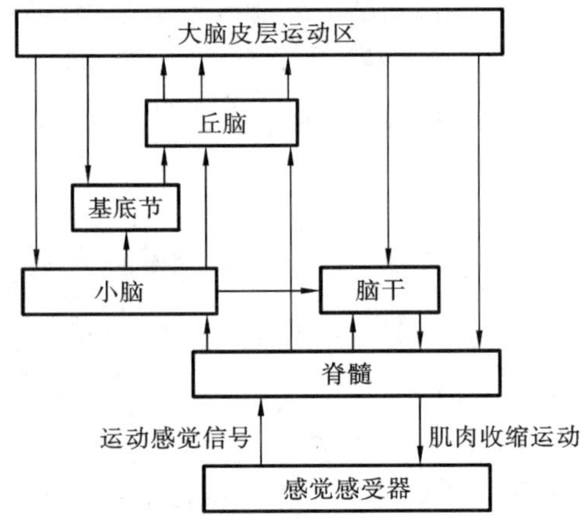

图 5-2 运动系统各结构间相互关系示意图

根据韩济生的总结，大脑皮层运动区是运动控制的最高水平中枢，大致构成包括有初级运动皮层、外侧前运动皮层或前运动区以及辅助运动区三个部分组成，如图 5-3 所示。其中，后两个部分均有神经纤维投射到初级运动皮层，而三个部分则均直接投射至脊髓或经脑干下行系统影响脊髓。

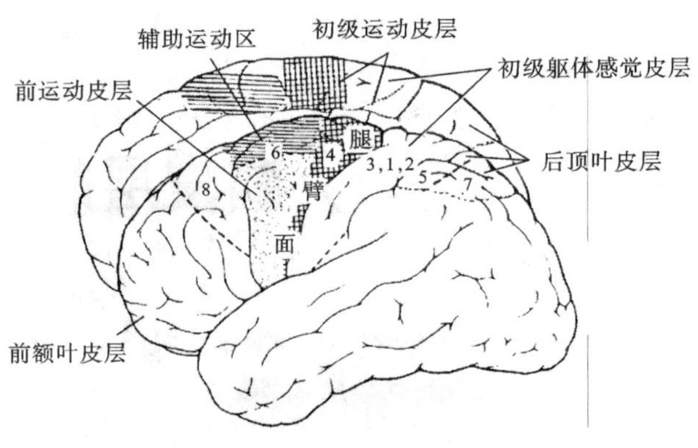

图 5-3 大脑皮层运动区功能分布图

人体运动正是靠着运动神经系统各个部分的相互协调控制来实现的。而我们外在的一切行为表现的背后，也是受到运动神经所支配的。

5.1.3 躯体运动定位

在运动神经控制系统中，还有一个重要的机制就是躯体运动的定位问题。大脑通过皮层脊髓束和皮层延髓束控制躯体运动。皮层延髓束控制面部肌肉的活动，而皮层脊髓束主要控制肢体远端肌肉的活动。初级躯体感觉皮层与肌肉有直接关系，刺激阈值低。初级运动皮层区需要较强的刺激才引起运动，且引起的多为较为复杂的运动。初级运动皮层区的相邻部位控制相邻身体部位的运动，这种安排称为躯体定位组织。

值得注意的是，运动皮层中神经组织对应所控制躯体部分具有拓扑相邻对应性。韩济生指出，躯体部分对应皮层划分情况如图 5-4 所示。比如控制手运动的大脑皮层初级运动区的手区，与辅助运动区的手区及脑干控制手运动部分相关联。

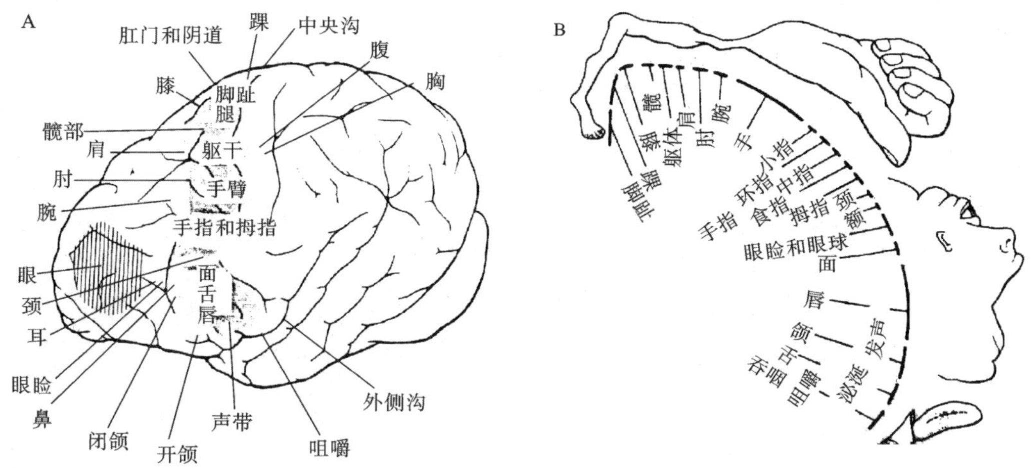

图5-4　运动控制躯体对应皮层划分状况图

借助最新的脑功能成像研究发现，在面部、手、手臂和腿运动时，在初级运动皮层的激活区有高度的重叠。这表明身体运动在运动皮层的代表区在很大程度上是互相重叠的，分散在相当大的区域内的许多皮层神经元群的协同活动是运动得以产生的基础。

辅助运动区又可分为三个部分，即与高层次运动控制有关的前辅助运动区、与简单运动任务有关的新辅助运动区和辅助眼区。有关反映血流变化的实验表明，当被试者不做任何动作，只是默想手指运动的次序时，只有辅助运动区的血流是增加的。可见对于通过运动想象来控制脑机接口设备的研究，辅助运动区将起着十分重要的作用。

除了上述运动神经系统外，与运动控制调节相关的其他神经结构还包括小脑和神经基底节。小脑主要提高运动精度，而神经基底节则建立运动皮层与其他脑区的联系，比如额叶皮层。

有如李祖枢在《仿人智能控制》一书中归纳总结的，如图5-5所示，人类运动程序产生的整个过程大致如此：① 根据运动动机愿望、获得的感觉信息以及人体自身状况，大脑联络皮层产生运动动作的粗略规划；② 大脑皮层对粗略规划进行分析、处理与解释，形成更为详细的运动系列；③ 对运动系列的时空图式进行内部模拟；④ 最后是驱动运动系列的实施。

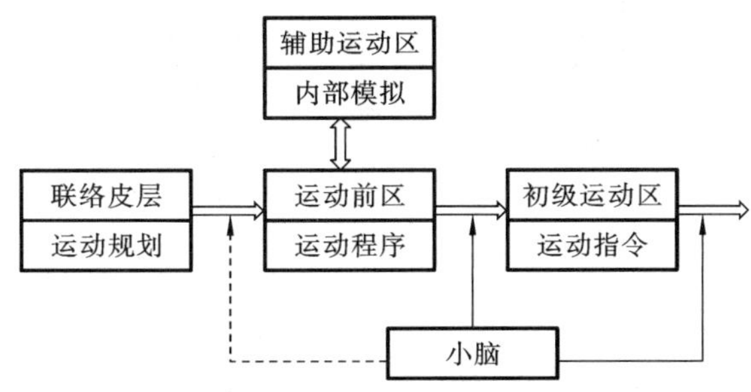

图5-5　运动程序产生的过程模型

了解了人类运动的程序控制过程和机制，必然有助于开展行为表现的智能机器实现。实际上，除了具体肢体活动控制方式不同外，目前机器行为控制的实现策略大体上都借用了人体的运动过程中一些方法和策略。

5.2 仿人行为

外形与功能模仿人类的一类机器人称为仿人机器人或类人机器人。因此，能够进行仿人行为表现的智能机器人主要属于仿人机器人。比起普通机器人，由于仿人机器人更加适应人类活动的场所环境、行为方式也符合人类的习惯并能够给人以亲近感，因此自 20 世纪 70 年代以来，就不断有各种仿人机器人面世。

5.2.1 研制仿人机器人

最早开发的仿人机器人是日本早稻田大学加藤一郎研究室开发的 WABOT-1 型机器人（1973 年），后来该研究室又开发了能够演奏钢琴的 WABOT-2 型仿人机器人（1984 年）。仿人机器人研究的新突破则是 1996 年由日本本田技研公司经 10 年精心打造的 P2 仿人机器人（身高 180 cm，重 210 kg），也是世界上首台能用双足稳步行进的仿人机器人。日本本田技研公司在 1997 年进一步研制了改进版 P3（身高 160 cm，重 130 kg）。到了 2000 年，日本本田技研公司又开发的 ASIMO 仿人机器人（身高 120 cm，重 43 kg），可遥控、双足能运动。图 5-6 给出的就是 ASIMO 仿人机器人。由于仿人机器人的自由行走甚至跑步是一个难题，因此制造出在这方面有所突破的 ASIMO 仿人机器人是有重要意义的。

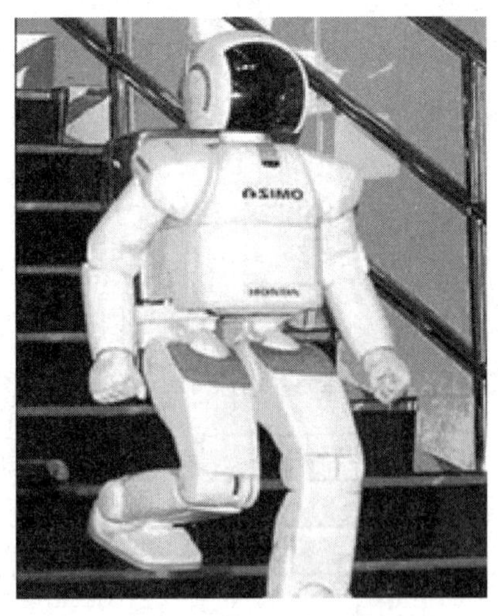

图 5-6 ASIMO 仿人机器人

2004 年，法国 Aldebaran 机器人公司开始研发一种自主可编程的仿人机器人 NAO（发音与“Now”相近）。NAO 具有两个不同定位的版本：学术版与家庭版。NAO 家庭版面世较早，主要面向个人、家庭、服务行业，用于互动娱乐。NAO 学术版面向大学和实验室，用于科学研究和教学，并逐步推向市场。2010 年 10 月，东京大学中村实验室购买了 30 台 NAO 机器人，希望将它们开发为实验室助理。从2011年开始，NAO已经在包括我国在内的全世界众多学术机构中被广泛使用。

2010年夏，NAO在上海世博会上以同步歌舞动作惊艳四座，成为全球瞩目的焦点。2010年12月，NAO进行了一次令人惊异的单口相声表演。不久，Aldebaran机器人公司不断发布新一代NAO机型，具有更加精巧的手臂、改进的马达、更快的CPU和高清摄像头，以及具有更健全的软件，并成为其突出特色。

法国Aldebaran机器人公司生产的NAO是在学术领域世界范围内运用最广泛的仿人机器人，如图5-7所示。综合起来，NAO仿人机器人主要有如下表现特点和智能功能。

1）NAO机器人拥有着讨人喜欢的外形，并具备有一定程度地人工智能和一定程度的情感智商并能够与人亲切地互动。该机器人还如同真正的人类婴儿一般拥有学习能力，可以开展各种仿人行为的研究工作。

图5-7 NAO机器人

2）NAO机器人还可以通过学习身体语言和表情来推断出人的情感变化，并且随着时间的推移“认识”更多的人，并能够分辨这些人不同的行为及面孔。

3）NAO机器人能够表现出愤怒、恐惧、悲伤、幸福、兴奋和自豪的情感，当它们在面对一个不可能应付的紧张状况时，如果没有人与其交流，NAO机器人甚至还会为此生气。它的“脑子”可以让它记住以往好或坏的体验经验。

4）NAO机器人动作灵活，拥有一个惯性导航仪装置，以保持在移动模式下的平稳。还可以靠超声波传感器探测并绕过障碍物，这使它的活动十分准确。

5）每只脚上配备有四个压力传感器，用来确定每只脚压力中心的位置，并进行适当调整让NAO更好地保持平衡。

6）NAO的一大特点是它的嵌入式软件。通过这些软件，NAO可以进行声音合成、音响定位、探测视觉图像及有颜色的形状、（凭借双通道超声波系统）探测障碍物以及通过自身大量的发光二极管来产生视觉效果或进行互动。

除了日本和法国，在仿人机器人研制中影响较大的就要算是人形机器人科戈（Cog）了。

Cog 是美国麻省理工学院人工智能实验室布罗克斯开发的一个人形机器人，被作为一个探索人和人工智能等领域的一个平台。Cog 由头、躯干、胳膊及双手组成，没有腿和柔性的脊柱。一套传感系统被安装用来模拟人的感官，包括视觉、听觉、触觉、本体感受和前庭系统。Cog 仿人机器人的外形如图 5-8 所示。

图 5-8　Cog 仿人机器人

Cog 没有单一集中的控制“大脑”，而是由不同处理器组成的异种机互联网络控制，个体关节分别由专用的微控制器控制。Cog 的视觉系统模拟装置是双眼结构，眼睛能绕着水平和竖直的轴转动，每个眼睛由两个摄像机组成，一个广角度的负责外围视野，另一个具有窄角度的负责景物的中心。听觉由类似助听器的一对麦克风实现，Cog 的听觉系统任务是提供真实的、具有鲁棒性的接近人的听觉系统。

Cog 头部前庭也是模仿人的，三个半圆形的沟槽是被互相垂直安装的具有 3 个等级的陀螺仪，它还有两个直线的加速计，这些都安装在眼睛的下方。Cog 还实现了一个未充分开发的触觉系统，是由一个 6×4 传感器矩阵构成，位于躯干的前部，能察觉位置和接触力。在 Cog 的手上也安装了类似的系统。

上述开发的各种仿人机器人主要是为了使机器人能够适应人类生活与工作的环境、使用人类熟悉的工具、操控符合人类习惯的设备，并且可以外形外表均模仿人类形态、穿着、姿态、表情、语言等。但这样也会给研制如此复杂功能的仿人机器人带来许多技术挑战。其中最为基本的问题，就是如何控制这些仿人机器人完成各类仿人行为。

5.2.2　行为的强化学习

一般开发研制的仿人机器人都具备基本动作的功能实现。因此原则上，仿人机器人在基本动作的基础上可以随机产生各种组合行为，然后通过外部指导给出的反馈来保留有效的组合行为。有效的复杂机器行为应该根据环境感知模仿人类的指导来不断强化实施，这种策略也称为机器人行为的强化学习策略。

采用强化学习策略，能够使一个具有感知环境能力的仿人机器人，通过不断与人类指导下环境相互试探的行为来学习选择能达到其目标的最优动作系列。具体的方法就是，为这样的仿人机器人定义一个回报函数作为其目标，仿人机器人在不同状态中选取不同的动作有不同的回报值，正确的动作则给予正值作为奖励，错误的动作则反馈负值作为惩罚。仿人机器人的目标就是不断在人类指导环境中开展行动尝试，使累积回报最大化，并成功地学习到各种复杂行为实施的控制策略。

这是一个在人类行为指导下，与变化环境不断博弈的过程。所以强化学习具有这样一些特点：① 回报是延迟的，是对过去已经实施动作的反馈。② 学习是一个不断探索环境的过程。③ 环境状态仅仅是部分可观测的，具有不确定性。④ 强化学习是一个终生学习问题，机器人只有在环境的探索中不断优化自身的应对行动。

为了实现强化学习任务，要将这样一种学习序列控制策略问题形式化，一般可以采用基于马尔可夫决策过程来描述。如果设某一时刻的环境状态为 s_t，仿人机器人采取的行动为 a_t，那么回报函数可以定义为：

$$r_t = \gamma(s_t, a_t)$$

并且实施行动 a_t 后环境状态变化到一个新的后继状态

$$s_{t+1} = \delta(s_t, a_t)$$

其中 δ 和 γ 是环境的一部分，仿人机器人并不知道，一般 δ 和 γ 为非确定性函数。这样，学习一个策略就可以定义为：

$$\pi: S \rightarrow A$$

即仿人机器人基于当前观察到的状态 s_t 选择下一步动作 a_t，即 $\pi(s_t) = a_t$。现再定义累积回报值为：

$$V^{\pi}(s_t) = \sum_{i=0 \cdots \infty} \lambda^i r_{t+i}, \quad 0 \leqslant \lambda < 1(\text{为一常数})$$

其中回报序列 r_{t+i}是重复运用 π 和 γ、δ 函数得到的，即由

$$r_{t+i} = \gamma(s_{t+i}, a_{t+i})$$

$$s_{t+i} = \delta(s_{t+i-1}, a_{t+i-1})$$

$$a_{t+i} = \pi(s_{t+i})$$

递推而来。

于是，仿人机器人获得应对环境条件的最优策略就可以描述为：使仿人机器人学习到一个策略 π，使得对于所有状态 s，$V^{\pi}(s)$ 为最大，即求

$$\pi^* = \text{argmax}_{\pi,s} V^{\pi}(s)$$

因此，只要给定了 $\gamma(s, a)$，$V^{\pi}(s)$，以及 $\delta(s, a)$，就可以根据上述描述来求最佳 π^* 了。

这就是强化学习的基本原理。由于环境是不确定的、不断变化的、部分可观察的，因此直接学习 π^* 是不现实的。在实际运用中，往往要对上述形式描述中的一些条件做适当的简化。比如，假定 δ 和 γ 是确定性函数，对累积回报函数则改为一个定义在状态和动作上的数值评估函数，然后以此评估函数来实现最优策略。此时如果采用 V 函数作为评估函数，那么最优 π^* 应该取为：

$$\pi^*(s) = \text{argmax}_a [\gamma(s, a) + \lambda V^*(\delta(s, a))]$$

即在状态 s 下的最优动作是使立即回报 $\gamma(s, a)$ 加上立即后继状态的 V^* 值最大的动作 a。前提条件是已有立即回报函数 γ 和状态转换函数 δ。但实际问题中常常无法满足这样的前提条件。因此，可以采用评估函数 Q，评估函数 $Q(s,a)$ 定义为

$$Q(s,a)=\gamma(s,a)+\lambda V^*(\delta(s,a))$$

并且整体使用 $Q(s,a)$ 而不考虑其构成细节。也就是说，通过直接定义具体的 $Q(s,a)$ 来求最优 $\pi^*:\pi^*(s)=\operatorname{argmax}_a Q(s,a)$。学习 Q 函数对应于学习最优策略。现注意，由于

$$V^*(s)=\operatorname{argmax}_{a'} Q(s,a')$$

因此我们有：

$$Q(s,a)=[\gamma(s,a)+\lambda\operatorname{argmax}_{a'} Q(\delta(s,a),a')]$$

于是可以通过迭代逼近计算 Q，这样一个学习 Q 的算法如下（算法 5.1）：

① 对每个 s,a 初始化表项 $Q_g(s,a)=0$（Q_g 表示 Q 的估算值）

② 观察当前状态 s

③ 一直重复如下步骤（终身学习）：

a. 选择一个动作 a 并执行它

b. 接收到立即回报 r

c. 观察新状态 s'

d. 对 $Q_g(s,a)$ 进行更新：

$$Q_g(s,a)\leftarrow r+\lambda\max_{a'} Q_g(s',a')$$

e. $s\leftarrow s'$ 转 a

在上述算法中，每次仿人机器人从一旧状态前进到一新状态，Q 学习会从新状态到旧状态向后传播其 Q_g 估计。同时，仿人机器人收到此转换的立即回报被用于扩大这些传播的 Q_g 值。因此上述算法满足：

a. 在训练中 Q_g 值不会下降（第 n 次循环均有）

$$(\forall s,a,n)\, Q_g^{(n+1)}(s,a)\geqslant Q_g^{(n)}(s,a)$$

b. 在整个训练过程中，$Q_g^{(n)}$ 满足：

$$(\forall s,a,n)\, 0\leqslant Q_g^{(n)}(s,a)\leqslant Q(s,a)$$

也就是说 $Q_g^{(n)}(s,a)$ 是有上界 $Q(s,a)$ 的单调递增序列。

据此可以证明上述算法是收敛的，即我们有确定性马尔可夫决策过程中 Q 学习的如下收敛性结论。

考虑一个 Q 学习仿人机器人，在一个有有界回报 $(\forall s,a)\,|\gamma(s,a)|\leqslant c$ 的确定性 *MDP*（马尔可夫决策过程）中，算法 5.1 将对 $Q_g(s,a)$ 初始化为任意有限值，并且使用 $0\leqslant\lambda<1$，令 $Q_g^{(n)}(s,a)$ 代表在第 n 次更新后的 $Q_g(s,a)$，那么如果每个状态-动作对都被无限频繁地访问，则有对所有 s 和 a，当 $n\to\infty$ 时 $Q_g^{(n)}(s,a)$ 收敛到 $Q(s,a)$。

当然我们也可以在算法 5.1 中第 3 步用如下概率策略来选择动作 a，即按较高 Q_g 值的动作被赋予较高的概率：

$$P(a_i\mid s)=K^{Q_g(s,ai)}\Big/\sum_j K^{Q_g(s,aj)}$$

其中 $K>0$ 为一常数，则可根据概率大小来选择动作。

如果进一步考虑非确定性回报和动作，即考虑 $\gamma(s,a)$ 和 $\delta(s,a)$ 可能有概率输出时的 Q 学习算法。那么我们需要用期望值来定义累积回报，即

$$\vee^{\pi}(s_t) = E[\sum_{i=0\cdots\infty} \lambda^i r_{t+i}]$$

其中 E 为期望函数。同样 $Q(s,a)$ 也用期望值来定义

$$\begin{aligned} Q(s,a) &= E[\gamma(s,a) + \lambda \vee^{*}(\delta(s,a))] \\ &= E[\gamma(s,a)] + \lambda E[\vee^{*}(\delta(s,a))] \\ &= E[\gamma(s,a)] + \lambda \sum_{s'} P(s' \mid s,a) \vee^{*}(s') \end{aligned}$$

其中 $P(s'|s,a)$ 是在状态 s 采取动作 a 会产生下一个状态为 s' 的概率。鉴于 Q 的迭代形式，于是可写为如下形式：

$$Q(s,a) = E[\gamma(s,a)] + \lambda \sum_{s'} P(s' \mid s,a) \max_{a'} Q(s',a')$$

其为确定性 $Q(s,a)$ 的一般形式。不过，为了确保迭代的收敛性，一般采用如下公式来代替上述公式：

$$Q_g^{(n)}(s,a) \leftarrow (1-\alpha_n) Q_g^{(n-1)}(s,a) + \alpha_n[\gamma + \lambda \max_{a'} Q^{(n-1)}(s',a')]$$

其中 $\alpha_n = (1+\text{visits}_n(s,a))^{-1}$，这里 $\text{visits}_n(s,a)$ 为此状态-动作对在这 n 次循环内被访问的总次数（相当于概率因素的考虑）。注意，当 α_n 设为常数 1 时，上式退化为前面确定性算法的情况。

运用上述强化学习方法，就可以让仿人机器人学习更加复杂的社会行为。比如，要学会向一个陌生人讨球，然后把球交给指导老师。这个社会性组合行为的难点在于向他人讨球时不同的人可能有不同的反应。因此只有通过不同环境条件下的不断强化学习，才能够针对环境条件的变化给出最优的行为组合，最终学会这一复杂的讨球行为。

5.2.3 机器人仿人行为

从技术实现上讲，机器人仿人行为首先涉及机器人的运动学。机器人运动学就是要给出机器人运动的系统描述理论与方法，包括三维空间中物体转动的描述方法、角速度矢量、旋转矩阵的微分与角速度矢量之间的关系。除此之外，机器人运动学还要给出根据机器人关节角度来求出手足等连杆的位置与姿态的有关方法，以及反过来根据手足连杆位置与姿态来求出机器人相应关节角度等等。

对于仿人机器人运动而言一个最重要的概念是 ZMP（zero-moment-point），就是力矩分量为零的位点，俗称重心点。这是一个判断机器人是否摔倒、其足底是否与地面接触的指标（重心点是否超越支撑足面）。基于 ZMP 概念，才可以研究双足步行模式的生成和行走的控制方法。

稳定站立与步行运动是仿人机器人首先需要实现的基本功能，步行又包括平整地面和上下楼梯等场合进行。除了基础性的机器人行走之外，更一般的仿人机器人运动控制包括更多的运动功能，比如依靠双足和双手自主地躺下、起立、抓握、踢腿、坐卧以及转向等。所有这些功能的实现必须遵循这样一个主要原则，就是要在了解仿人机器人运动规律的基础上，利用行为

规划算法与行为执行程序，来实施具体的行为动作。

对于仿人机器人而言，在上述各种单项动作的基础上，还必须给出各种全身运动组合的控制实现方法，从而使得仿人机器人基本上能够实现类人方式的各种行为。为了实现这样更加复杂的行为动作，可以通过前面介绍的环境强化学习策略来训练仿人机器人行为生成器功能，从而学会生成各种需要的复杂行为。

许多证据表明，人类通过不断试探和推理模仿他人的行为。对于仿人机器人学习复杂社会行为也一样，人类可以通过营造适当的环境条件来训练强化机器人的适当行为组合，从而实现仿人机器人对一些基本社会行为的掌握。此时，人类指导作为回报值的估计在机器强化学习中至关重要。实际上，利用人类评估的反馈作为回报函数，能够使得仿人机器人的行为强化学习的收敛过程更加高效。

当然，在目前情况下，应该首先让仿人机器人学习一些基本社会行为，利用模仿指导与强化学习，组合基本的动作系列来形成复杂的社会行为。此时，除了强化学习策略外，还需要建立相应的社会行为知识库供机器人系统利用。表 5-1 给出了一些机器人应该学会的最基本社会行为，通过学习这样的社会行为，就可以增加仿人机器人的社交能力。

表 5-1　机器人初步学会的社会行为

行为	描　　述
身份转换	一个社交参与者为关注角色，试图接触另一社交参与者，被接触者随即转化为关注角色，而他自己变为非关注角色。机器人可以从中学会在关注角色与非关注角色之间的身份转换
向他人讨回物体	当 A 把物体扔给 B 时，机器人必定会走向 B 并将物体要回。关键问题在于，不同的人可能会有不同的反应方式
冻结身份	类似于“身份转换”，但是当有人身份被转换时，他们必须静止不动（“冻结”）直到参与者身份全部转换完成，才能启用以新的身份进行行为活动
引导行为	社交中机器人引导他人进行某项活动
寻找可能被人占有的物体	这是“寻找物体”的一个变形，但是这里的物体可能被藏在某一个具体位置，或者被某一个人或几个人所占有。在这种情况下，机器人需要试着去判断他们是否占有这个物体，或者尝试去向他们索要

总之，不管是社会行为表现，还是其他复杂行为表现，都是仿人机器人系统开发的基本课题。如果按照人类行为的标准，目前的研究还是相当初步的。应该看到，仿人行为的关键是仿脑机制，只有根据人脑运动系统那样来控制行为的表现，才能说得上是本质意义上的仿人行为。好在目前国际上各种类脑构造工程陆续展开，为仿人行为的机器实现提供了新的希望，这是一项任重道远的研究工作。

不过，由于仿人机器人完全适应人类的生活与工作环境，因此仿人行为研究的应用领域十分广阔，几乎人类可以开展的服务工作，原则上仿人机器人都可以应用到。目前仿人机器人主要已经在医疗、教育、服务和娱乐等方面得到广泛的应用，并取得了比较认可的社会效果。

5.3 机器歌舞

仿人机器人由于在形态上与人的相似性，人们自然而然地希望仿人机器人能像人一样进行歌舞表演。因此，在仿人机器人的行为表现研究成果的基础上，人们便开展有关机器歌舞表演的研究工作了。在这一小节，我们将结合歌舞动漫设计和机器人歌舞控制方法，专门介绍在机器歌舞方面的研究状况。

5.3.1 机器歌舞概述

制造能够载歌载舞的机器歌姬，是中国古代先民们早就有的梦想。在《列子·汤问》就有这么一段记载：

周穆王西巡狩，越昆仑，不至弇山。反还，未及中国，道有献工人名偃师，穆王荐之，问曰："若有何能？"偃师曰："臣唯命所试。然臣已有所造，愿王先观之。"穆王曰："日以俱来，吾与若俱观之。"翌日，偃师谒见王。王荐之曰："若与偕来者何人邪？"对曰："臣之所造能倡者。"穆王惊视之，趋步俯仰，信人也。巧夫顉其颐，则歌合律；捧其手，则舞应节。千变万化，惟意所适。王以为实人也，与盛姬内御并观之。技将终，倡者瞬其目而招王之左右待妾。王大怒，立欲诛偃师。偃师大慑，立剖散倡者以示王，皆傅会革、木、胶、漆、白、黑、丹、青之所为。王谛料之，内则肝、胆、心、肺、脾、肾、肠、胃，外则筋骨、支节、皮毛、齿发，皆假物也，而无不毕具者。合会复如初见。王试废其心，则口不能言；废其肝，则目不能视；废其肾，则足不能步。穆王始悦而叹曰："人之巧乃可与造化者同功乎？"诏贰车载之以归。

虽说这段记载是否是真实史实，难以稽考，但其中反映出古代人民的一种美好愿望，则是确定无疑的。

岁月蹉跎，现在好了，随着仿人机器人研究技术的不断成熟，机器人歌舞已经真正成为民众娱乐的一种时髦，媒体也不时有这样的报道。比如据日媒报道，日本东京歌舞伎町流行别具一格的"机器人餐厅"，这家餐厅里设有机器人歌舞手，如图 5-9 所示，专门为客人奉上别开生面的舞台表演。

又据美国《大众科学》网站报道，在美国也上映过一台充满了新技术和新概念的歌舞剧，这台歌舞剧的表演者是机器人歌手。以及第 13 届中国（上海）国际玩具展览会机器人阿尔法（ALPHA）精彩的歌舞表演等等，不一而足。

其实，机器人歌舞并不是什么新鲜事物。最早开展机器歌舞表演的是在 2003 年，日本索尼公司研制的 ORIO，就是第一台可以漫步、歌舞，甚至指挥乐队的仿人机器人。法国 NAO 机器人也是比较先进的仿人机器人，采用这种机器人，就可以开展有关机器歌舞方面的研究工作。图 5-10 给出了一些机器人歌舞的实例。

在机器人歌舞表演方面，日本科学家所进行的研究最为成功。图 5-11 左边就是有关日本机器人歌舞姬真人同台秀的机器人歌舞手，右边是日本机器人歌舞姬真人同台秀视频的截图。

图 5-9 日本餐厅的机器人歌舞手

机器女歌唱家　　机器男歌舞家　　人机交谊舞

图 5-10 多重形式的机器人歌舞

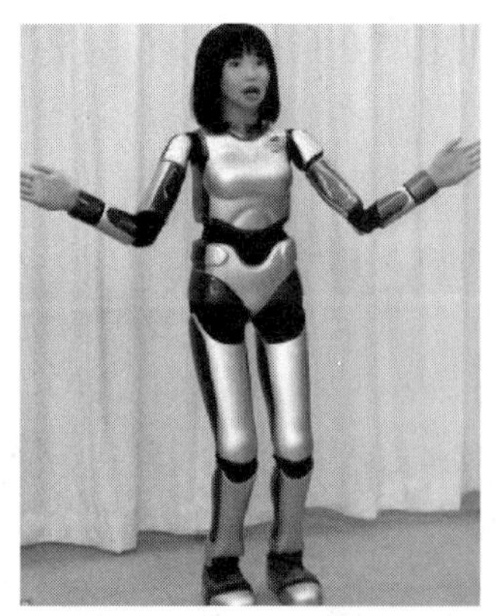

图 5-11 日本开发的歌舞机器人及其表演

我们相信，随着机器人技术的不断发展，特别是仿人机器人技术的跨越性地发展，机器人歌舞不但会越来越普及，形式也会越来越多样。可以预言，机器歌舞迟早会走进千家万户，丰富我们普通百姓的娱乐生活。

正因为这样，仿人机器人歌舞引起国际学术界的广泛关注，特别是日本在仿人机器人歌舞方面，始终走在国际学术界的前列。日本东北大学生物工程与机器人系的研究小组开展与人共舞华尔兹舞的仿人机器人（图5-10“人机交谊舞”），可以踩着音乐节拍完成对应歌舞动作，并与人体接触方式来感知舞步的变化。日本东京大学有研究人员则采用机器观察学习方法，让仿人机器人再现人类歌舞。

除了日本，其他一些国家也纷纷开展机器歌舞的研究工作。比如，印度的果阿商务经济大学有研究人员则是利用仿真手段，开展有关印度婆罗多舞姿的建模并完成舞姿创新编排，为人类舞姿设计提供帮助。再如，斯洛伐克科希策技术大学的研究人员主要运用遗传算法自动生成机器歌舞动作，以及英国拉夫堡大学有研究人员主要采用交互式强化学习方法来开发仿人机器人的歌舞能力。

的确，仿人机器人可以借助其自身类人形态和功能上的优势，采用智能计算方法来完成机器编舞并控制其歌舞行为表演。这样借助于高度发达的智能技术，仿人机器人可以提供令人耳目一新的优美歌舞。

5.3.2 歌舞动漫仿真

从技术实现上看，机器歌舞主要是基于情感模式分析开展有关歌舞创作计算模型及其机器表演实现，歌词歌曲自动朗诵、哼唱、歌唱等不同形式演唱的计算模型及其机器表演实现，以及歌舞综合机器表演系统方面的研究。具体实施方案可以采用分阶段策略来进行。

首先，主要研究以动漫人物的虚拟歌舞动画来表现音乐形象，是音乐的一种可视化的实现形式。然后再实现以音乐为驱动并结合音乐自身所包含的情感特性，通过动漫人物的面部表情、歌舞动作等表现形式，演绎音乐的内涵。在这其中，要求动漫人物不仅能配合音乐的节拍，也要能符合乐曲的情感，并能够以丰富多彩、连贯流畅的歌舞展示音乐形象。最后，将虚拟的动漫歌舞表现嵌入到机器人系统中，与仿人智能控制技术相结合，完成真实的机器歌舞表演。

开展歌舞动漫研究的主要环节如图5-12所示。为此，首先需要开展歌舞动漫仿真研究，包括需要完成音乐解析模块、音乐情感检测和标注模块、歌舞动作关联分析模块、音乐歌舞匹配模块、动漫人物展示模块以及歌舞动作控制模块。

具体地说，要开展机器歌舞动漫仿真系统的研究，必须要完成如下这些核心模块的构建及其实现工作。

1）音乐解析模块主要负责对音乐中所包含的节奏、旋律等信息的分析。

2）音乐情感检测和标注模块是在音乐特征分析的基础上，通过引入情感模型，并采用情感检测算法，实现对音乐情感的检测和情感的自动标注。这样，为音乐与歌舞动作的匹配模块提供有用的信息资源。

3）歌舞动作关联分析模块是在拥有大量特征歌舞单元的原始动作库基础上，依据音乐的

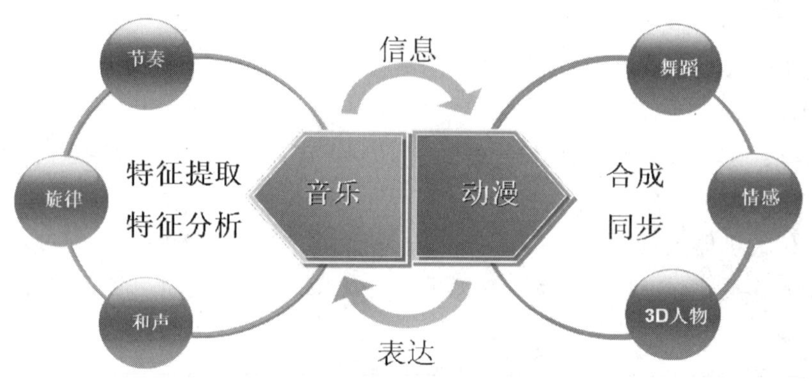

图 5-12　歌舞动漫的主要研究环节

情感特征对各特征单元进行动作风格分类，并对属性和关联性做进一步的研究，分析归纳若干歌舞动作关联约束。在上述分析的基础上，再将动作中所有动作单元组织在一张有向网中，为系统快速有效地进行歌舞编排做铺垫。

4）音乐歌舞匹配模块是以音乐情感特征标注文件以及歌舞动作序列属性描述文件为输入，综合考虑音乐的情感特征和歌舞动作序列的情感属性，利用相应的歌舞动作选择编排最优算法，最终生成与音乐内涵最吻合的完整歌舞动作序列。

5）动漫人物展示模块主要负责对音乐的情感内涵、语音以及歌舞动作进行同步表达，主要以歌舞的形式展现，并伴有姿态语言和面部表情。

6）歌舞动作仿真控制模块主要负责仿人机器人歌舞动作的仿真控制与协调，保证机器人歌舞动作的连贯性、平衡性和观赏性。

在上述研究步骤中，可以归纳出两个关键问题。第一个关键问题是要通过对输入音乐的节奏、旋律与和声等因素的分析，实现音乐与三维动漫人物歌舞及情感表达的同步。图 5-13 给出了音乐与三维动漫人物歌舞及情感表达的同步的示意图，图 5-14 给出的是三维动漫人物歌舞创作设计的效果图。

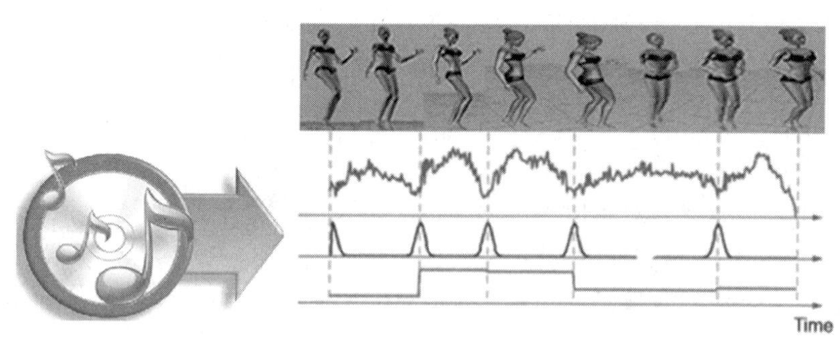

图 5-13　音乐与三维动漫人物歌舞及情感表达的同步

另一个关键问题则是三维动漫人物歌舞动作设计与实时生成。这方面的工作，既要考虑与音乐节奏的协调，又要考虑姿态与面部表情的一致性。通过三维动漫技术的运用，只要处理好了上述两个任务，就可以生成符合要求的系列歌舞动作表演，从而实现机器歌舞动漫仿真任务。

图 5-14 三维动漫人物歌舞动作设计效果图

有了上述歌舞动漫仿真各个功能实现模块，就可以结合仿人机器人行为控制，来具体实现真实机器人的歌舞表演了。要点就是，结合音乐节奏和表情生成，将仿人机器人行为控制方法运用到机器人歌舞之中，其中关键就是机器歌舞的控制策略。

当然，也可以不依赖于歌舞动画制作的阶段成果，而是由仿人机器人独自表演自己创作的歌舞。此时，就需要系统考虑机器独自创造并表演歌舞的全部过程的实现。我们在如下小节加以具体介绍。

5.3.3 机器歌舞创作

如 5.3.1 节所介绍的，通过机器人自主创作歌舞然后加以实时表演，也已经成为仿人机器人行为表现研究的一个重要方面。机器歌舞创作的主要问题并不在能否产生规定的动作序列，而在于机器人创作的序列动作前后是否具有动作的连贯性、风格的一致性和表演的艺术性。

显而易见，某种歌舞均有其自身特征，若失去该特征，就变成了一组无序混乱的动作集合，也就失去了其艺术审美效果。目前，仿人机器人歌舞存在的主要问题是：① 没有考虑人类歌舞专业人员学习和创作歌舞的规律。② 仅仅学习歌舞动作本身，而不是像人类歌舞专业人员一样通过想象来创新歌舞动作。③ 没有考虑歌舞创新和传承之间的平衡问题。④ 缺乏一种通用的仿人机器人歌舞智能学习与创作模型，可以应用于任意仿人机器人硬件平台上完成优美歌舞的学习和创作。

在人类歌舞表演中，歌舞专业人员在学习某种歌舞时，首先会学习其肢体的基本歌舞元素，如手形、手位、脚位、腿形、步法、头眼组合、腰胯组合等；再学习基本的舞姿，这些基本舞姿是某一舞种中具有代表性的舞姿。肢体是指生理上联接在一起的若干关节所组成的一个逻辑整体，如左手五指加上左手腕组成了左手这样的肢体。他们在进行歌舞创作时，会根据音乐所产生的内心主观情感，通过想象创造性地将这些歌舞元素、舞姿进行变化，组合出反映某种情感的舞姿序列，即歌舞。

为解决上述问题，可以借鉴人类歌舞专业人员学习和创作歌舞的规律，提出如下一种仿人机器人通用的歌舞模型，如图 5-15 所示。

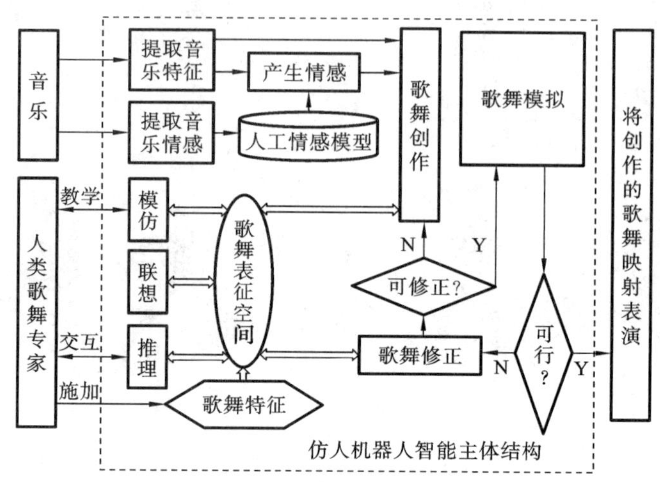

图 5-15　仿人机器人通用歌舞创作模型

仿人机器人智能歌舞主体是一个介于外部环境和具体仿人机器人硬件平台之间的独立的智能主体。图 5-15 的模型首先建立一个仿人机器人歌舞表征空间，包括了关节、肢体、歌舞元素、歌舞特征约束、舞姿、歌舞的形式化表示方法。然后，智能主体通过观察和模仿人类歌舞专业人员所演示的歌舞元素（不同的肢体有各自的类型）、舞姿及歌舞作品，构建仿人机器人自身各种肢体的基本歌舞元素库和基本舞姿库。接着，再由人类歌舞专业人员指出仿人机器人的哪些肢体是需要保持歌舞特征的，即歌舞特征约束，这些肢体上的歌舞元素不能进行动态扩展。在那些没有施加歌舞特征约束的肢体上，采用想象机制来产生新的歌舞元素，并加入肢体对应的扩展歌舞元素库中。

为了更加真实地模拟人类创编歌舞的过程，该模型通过采集到的音乐数据进行情感计算，并建立一个人工情感模型，完成仿人机器人内心主观情感产生。随后，再利用该情感结合音乐特征作为指导歌舞创编的方向和主题，从而使仿人机器人创编的歌舞能够反映仿人机器人自身的情感。在歌舞创作过程中，以各肢体对应的基本歌舞元素库和扩展歌舞元素库为基础，随机产生初始舞姿并经过与人类歌舞专家的交互，进化出美的舞姿集合。最后，通过将这些美的舞姿集合与基本舞姿库中的舞姿集合按某种比例混合，并随机排列成舞姿序列，所得到的即是创作的歌舞。

在歌舞创作结束后，需要在仿人机器人内部进行模拟，测试该舞姿序列是否合理，是否会引起仿人机器人表演时的不平衡等问题。若通过了测试，则可以直接映射至仿人机器人硬件平台，让其进行表演。若未通过测试，考虑是否可以通过替换异常舞姿来修正该歌舞。若可行，则直接映射至仿人机器人硬件平台进行表演。若经过多次测试仍然不可行，则重新返回歌舞创作阶段重新进行创编。

在现实世界中，人类的歌舞表征空间包括人体的关节集合，某种歌舞的基本歌舞元素库，进行演示学习的舞姿、歌舞作品对应的基本舞姿库。在仿人机器人世界中，仿人机器人的歌舞表征空间包括仿人机器人的关节集合，仿人机器人的肢体组成描述，仿人机器人的歌舞元素库，仿人机器人所学习到的基本舞姿库。

在选定仿人机器人硬件平台后，根据需要学习的歌舞特征，仿人机器人的歌舞表征空间就可以确定。由于仿人机器人在形态及结构上与人类的具有相似性，总是可以很好地进行两者之间映射。利用演示学习的方法，通过人类歌舞导师的演示、动作捕捉、特征提取之后，可以建立这样的映射。

在仿人机器人已学习到各肢体的基本歌舞元素后，可以使用类似于人类想象的机制，来建立各肢体的扩展歌舞元素库，创新各肢体的歌舞元素。

歌舞就是一个舞姿的序列，而舞姿作为组成歌舞的最小逻辑单位，其舞美程度直接影响到歌舞是否令人满意。为了得到舞美程度高的舞姿，可以采用交互式遗传算法实现，使人类歌舞专家为所生成的舞姿进行舞美值的评价。舞姿序列表示由仿人机器人的各肢体分别取各自对应肢体的歌舞元素所构成的一个歌舞造型整体，由舞美值描述其舞美程度。

歌舞的创作是在继承的基础上进行的创新，若不对其歌舞特征进行继承，歌舞将失去其特性，若不对其歌舞进行创新，人们不久就会感觉厌烦。在仿人机器人的歌舞创作时，不但需要直接从人类歌舞专家处观察学习而来的基本舞姿，而且需要通过交互式遗传算法所生成的创新的舞姿，两者的有机结合必然能够为人们带来耳目一新、风姿绰约和韵味十足的歌舞作品。从人类歌舞专家的经验来讲，30% 基本舞姿与 70% 的创新舞姿的结合是较好的歌舞作品构成比例。最后，将基本舞姿与创新舞姿以随机的方式排列构成的舞姿序列，就是仿人机器人歌舞创作的作品。

开发机器歌舞表演，不仅可以更好地为人们的娱乐生活服务，满足人们日益增长的精神文化需要。而且作为一种全新的歌舞艺术传播平台，机器歌舞开发技术也可以为保护、拓展与传播人类歌舞文化，特别是那些因传承人缺失濒临灭绝的民族歌舞文化做出特别的贡献。除此之外，机器歌舞也可以弥补人类固有思维的局限，以机器自身独特的方式来进行歌舞创新，丰富人类歌舞艺术的表现形式。

可以说机器歌舞是综合了智能科学技术诸多方面的成就，代表着智能机器人，特别是仿人机器人行为展现的较高技术水平。遗憾的是，目前我国在该领域还比较落后，希望有志于此项事业的同道或诸位读者，能够为此做出努力。

本章小结和习题

本章主要介绍了智能行为表现方面的研究内容与现状，包括人类运动神经机制、仿人机器人行为表现的实现。然后，在此基础上，给出了机器歌舞方面的研究现状，指出了该领域研究的科学意义。希望我们的介绍有助于诸位了解机器行为控制的一般原理，激发大家开发仿人机器人系统的兴趣。

习题 5.1 通过网络查询去了解更多有关仿人机器人及其行为控制方面的知识，并加以归纳总结，提出自己对该领域未来发展的建议。

习题 5.2 有条件的高校可组织学生参观有关的智能机器人实验室，观看实验室机器人各种行为表演，撰写一篇观后感。

习题 5. 3　你认为机器歌舞的核心技术是什么？需要运用哪些方面的智能科学与技术才能取得更好的效果？

习题 5. 4　仿人机器人的主要特点是什么？请分析实现这种智能机器人的主要策略，归纳出其主要的优缺点，并给出自己的评述。

习题 5. 5　编制一个遥控机器人在封闭环境中自由行走的控制程序，然后通过实验分析其主要存在的问题以及解决的对策。

CHAPTER 6

第6章

智能接口

提高传统信息处理系统智能化程度的一个简洁方法就是开展智能接口的研究。智能接口的目的就是要使人机之间的互动交流更加自然、方便与友好，提高机器系统的灵活性，更好地为人类社会服务。在本章，我们就是围绕着智能接口主题，专门介绍智能科学技术在人机交互方面的应用技术，并着重介绍既具有代表性，又具有前沿性的人机会话、情感交流以及脑机接口三个方面的内容。

6.1 人机会话

人机会话技术有着悠久的历史，是智能化人机接口最具代表性的智能化技术。人机会话的目标就是要通过语音识别与生成方法与技术，来实现人机之间直接采用自然语言进行对话的功能。人机会话技术可以广泛应用于智能机器人系统、各种聊天机以及各类智能信息系统的人机接口中。

不过，在人机之间要实现上述自然语言的直接对话，除了涉及有关智能科学技术的一般原理外，还必须要解决语音识别、语音生成以及对话管理三个环节的功能实现问题。为此，我们分别逐一加以介绍。

6.1.1 语音识别环节

所谓语音识别就是要将人类语音信号转变为机器内部处理的文字符号，让机器能够“听懂”人类的话语。简单地讲，这一过程分为三个方面的内容，即特征提取、模式匹配以及模型训练，如图6-1所示。

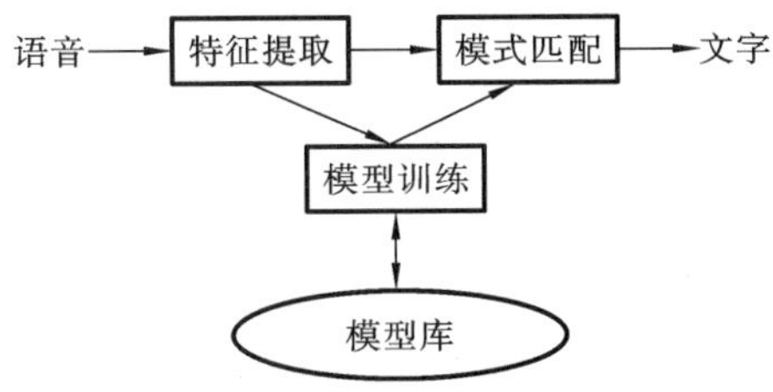

图6-1　语音识别原理图

根据语音识别的目标不同，可以将语音识别任务大体可分为3类：孤立词识别（isolated

word recognition），关键词识别（keyword spotting），以及连续语音识别（speech recognition）。根据针对发音对象的不同，还可以把语音识别分为：特定人语音识别和非特定人语音识别。

应该说，针对特定人或小规模词汇量的语音识别技术基本上成熟，但对于非特定人或者大规模词汇量的语音识别问题还是一个需要解决的科学难题。目前针对非特定人的语音识别方法大致包括：① 隐马尔可夫模型（HMM）方法，也是语音识别的主流方法。② 基于知识（利用构词、句法、语义、会话背景等方面的知识）的语音识别方法，并与大规模语料统计模型相结合。③ 神经网络、遗传算法、免疫算法、蚁群算法等自然计算方法。

从一般原理上讲，不管是什么具体的语音识别任务，具有普适性，大致上语音识别主要需要解决如下这些疑难问题：

1）**话语要素的分割问题**：将连续的话语分解为词、音素等基本单位。

2）**确定语音模式区分标准**：不同的说话人有不同的语音模式，即使同一个说话人，在不同的场合、不同的状态以及不同的时期，也会有不同的语音模式，这就为语音识别模式的分类带来了困难。

3）**模糊性问题**：说话的含混现象、语言中普遍存在的同音字现象等，使得语音识别成为一个依赖于上下文与会话背景的复杂研究课题。

4）**词语发音的动态性**：单个字母或词、字的语音特性会受到上下文影响而变化，包括读音、重音、音调、音量和发音速度等方面的改变。

5）**环境噪声干扰**：人类具有鸡尾酒效应，可以在嘈杂环境下排除干扰听懂所关注的话语，但这一问题对于机器而言却没有有效的解决方法。

自然，上述这些问题的有效解决都并非是轻而易举的事情。比如同音字现象就是一个十分棘手的问题。我们知道，汉语起码有六万个以上的汉字，却共用仅仅两千多个不同发音，因此同音字现象非常普遍。甚至会出现赵元任指出的《施氏食狮史》这种极端情况而使语音的机器识别研究陷于困境之中。《施氏食狮史》全文如下：

石室诗士施氏嗜狮，誓食十狮，氏时时适市视狮。十时，氏适市，适十狮适市。是时，氏视是十狮。恃十石矢势，使是十狮逝世，氏拾是十狮尸适石室。石室湿，使侍试拭石室。石室拭。氏始试食是十狮尸。食时，始识是十狮尸实石十狮尸。是时，氏始识是实事实。试释是事。

其实像《施氏食狮史》这样的例子在汉语中并非是孤立现象，类似的例子还可以构造出许多，比如下面这些例子都属于此类“同音文”。

1）**赵元任的《熙戏犀》**：西溪犀，喜嬉戏。嵇熙夕夕携犀徙，嵇熙细细习洗犀。犀吸溪，戏袭熙。嵇熙嘻嘻希息戏。惜犀嘶嘶喜袭熙。

2）**杨富森的《于瑜与余欲渔遇雨》**：于瑜欲渔，遇余于寓。语余：“余欲渔于渝淤，与余渔渝欤?”余语于瑜：“余欲鬻玉，俞禹欲玉，余欲遇俞于俞寓。”余与于瑜遇俞禹于俞寓，逾俞隅，欲鬻玉于俞，遇雨，雨逾俞宇。余语于瑜：“余欲渔于渝淤，遇雨俞寓，雨逾俞宇，欲渔欤？鬻玉欤?”于瑜与余御雨于俞寓，俞鬻玉于余禹，雨愈，余与于瑜踽踽逾俞宇，渔于渝淤。

3）**无名氏的《季姬击鸡记》**：季姬寂，集鸡，鸡即棘鸡。棘鸡饥叽，季姬及箕稷济鸡。鸡既济，跻姬笈，季姬忌，急咭鸡，鸡急，继圾几，季姬急，即籍箕击鸡，箕疾击几伎，伎即齑，鸡叽集几基，季姬急极屐击鸡，鸡既殛，季姬激，即记《季姬击鸡记》。

当然，从一般的日常用语的使用方面讲，尽管确实存在大量同音字区分问题，给语音识别带来了困难，但出现上述“同音文”这种极端现象还是比较罕见的。因此，从具体语音识别的应用技术开发来说，我们可以忽略这里的极端现象。

从应用的角度看，根据语音识别应用设施的不同，语音识别则可以分为个人计算机语音识别、电话语音识别和嵌入式设备（手机、PDA 等）语音识别。考虑到不同应用设施提供的采集信道会使人们的发音特性产生变形，因此在具体的应用系统开发中，还需要针对性地解决各种技术问题。

6.1.2 语音合成环节

除了语音识别外，要实现人机对话系统还需要解决语音合成问题。如图 6-2 所示，与语音识别相反，语音合成是要将文字符号转换成为连续声音形成的话语。因此，语音合成技术，有时也称为文语转换技术。

从智能技术的应用角度看，文语转换系统实际上可以看作机器智能的一个分支领域。为了获得高质量的合成语音，除了语音合成本身涉及的技术外，还需要从内容理解的角度，给出富有情感的话语表达效果。

当然，语音合成本身的技术主要有两个方面，一是将文字序列转换为音韵序列，二是再将音韵表征的文字转换为语音波形。前者涉及语言文本的处理技术，后者则涉及声学处理技术。

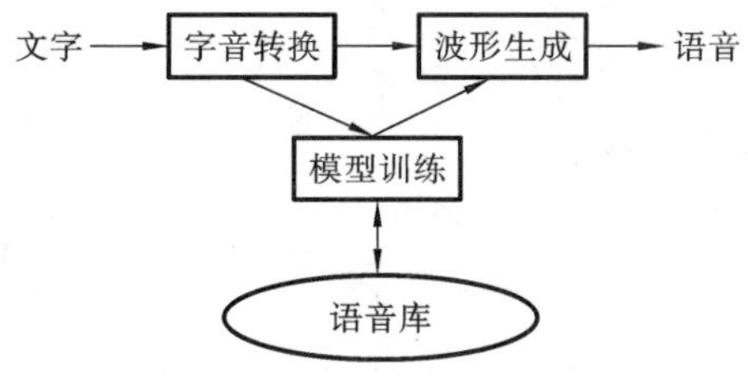

图 6-2 语音合成原理图

与语音识别多对一的病态问题不同，语音合成是一个一对多的常态问题，因此技术处理相对容易些。当然如果要考虑合成语音的流畅性和人性化，其中涉及的技术问题也是具有相当难度的。

6.1.3 对话管理环节

有了语音识别与合成，要实现人机会话，剩下的最后核心部分就是对话管理机制的构建。如果将人机对话看作一个问答过程，那么就可以采用如图 6-3 所示的方案来实现对话管理机制。

问答系统有非常广阔的应用范围，如信息咨询、娱乐聊天、问题解答等等。早期的问答系统主要应用于心理咨询方面。比如，1968 年，美国麻省理工学院的魏曾鲍姆（J Weizenbaum）

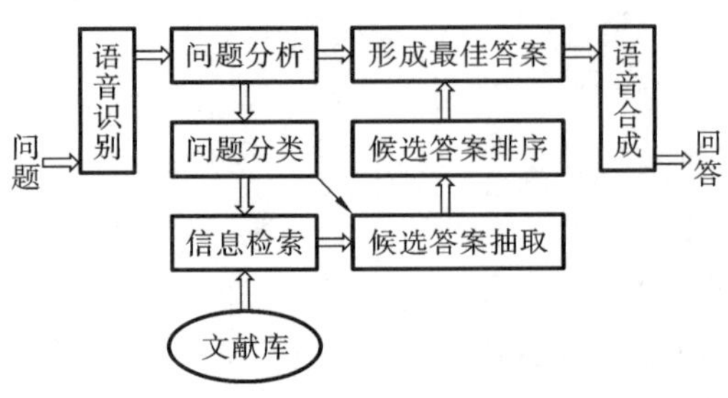

图 6-3 一种人机对话管理的管理模块方案

设计了一个心理医生咨询系统 ELIZA，机器可以模仿心理医生来与患者交谈。其典型的一次会诊咨询是这样的。

患者：男人都一个样。

机器：怎么一个样法?

患者：他们总有许多事来烦我们。

机器：你能举个例子吗?

患者：你瞧，我男友楞要叫我到这儿来。

机器：您男友叫您到我这儿来?

患者：他总说我情绪消沉。

机器：听说您情绪消沉，我很遗憾。

患者：是的，我心情不快乐。

机器：你认为到我这儿来能使您高兴起来吗?

患者：那自然，我需要帮助。

机器：如果你得到帮助，对您来说，这意味着什么?

患者：或许我会同妈妈相处得更好。

机器：多讲一些您家里的情况，好吗?

……

很有意思的是，ELIZA 仅使用了简单的关键词替换策略，就可以使这场心理咨询如此顺利进行。不过细心的读者会发现，机器似乎只会换角度“复述性”提问来应付患者。但作为心理咨询，这对于患者来说就不同了。因为有时患者们只是需要与一个人聊聊天，袒露一些心中的苦闷而已。此时，一台机器可能会比一位医生更“安全”，况且机器会有极大的耐心来倾听患者没完没了的唠叨、抱怨或倾诉。因此，从这个意义上讲，这种交谈，与其说是 ELIZA 的成功应酬，倒不如说是人类患者本身的需要成全了这场交谈更确切。

美国斯坦福大学的科尔比也设计了一个心理咨询的人机对话系统，与上述对话系统不同，该系统的任务主要是帮助训练精神病医生获得与重病患者交谈经验的，机器的角色是一名迫害妄想症的患者（总认为有人要迫害自己）。在机器的对话系统中存放有一些患迫害妄想症的病人资料，比如典型病人的病历资料是这样的：

佩里，28 岁，未婚，在邮局工作；他极其脆弱，对涉及他的外貌、教育和信仰等所有问题都敏感。他的爱好是看电影和赛马。有一次，他竟朝赛马场赌注登记员猛扑过去，因为那个人没付给他赢得的彩金。从此，他便开始惧怕黑社会的报复。

下面是一场精神病医生练习看病的对话（现在机器就是模仿佩里，一名情绪变化无常，一旦对话触及“敏感”话题，就会激动并出现妄想症状的精神病人）。

医生：您怕黑社会吗？

佩里：黑手党是最可怕的暴徒。

医生：您跟黑手党有什么联系吗？

佩里：您没看到吗，他们知道我。

医生：他们怎么会知道你？

佩里：他们在监视我。

医生：为什么？

佩里：他们想罗织罪名把我打入监狱。

医生：他们为什么要害您？

佩里：他们想置我于死地。

医生：为什么呢？

佩里：我掌握着黑手党的罪证。

为了说明该系统的“智能”，研究者还开展了一场别开生面的辨别测验。具体方法就是安排精神病医生通过电传机与真病人或假病人（机器系统）进行交谈。结果发现，虽然这些医生知道其中有一位是假病人，但却无法判别哪位是假的。

更有甚者，2011 年 2 月 IBM 公司的一台名为沃森（Watson）的计算机，在电视益智节目《危险来了》中战胜了两位人类对手，赢得了 100 万美金的奖金。沃森运算速度为每秒 500GB，拥有 16TB 的内存，靠着存储的 2 亿页资料知识，赢得了智力抢答比赛的胜利，可以说充分展现了问题回答系统的“神奇力量”！

不过即使这样，如果与人类交谈的流利机敏比较，机器的这种“应酬”简直是不能相提并论的。不信请读一读《三国演义》第八十六回“难张温秦宓逞天辩，破曹丕徐盛用火攻”中的一段对白：

次日，后主将金帛赐与张温，设宴于城南邮亭之上，命众官相送。孔明殷勤劝酒。正饮酒间，忽一人乘醉而入，昂然长揖，入席就坐。温怪之，乃问孔明曰：“此何人也？”孔明答曰：“姓秦，名宓，字子勑，见为益州学士。”温笑曰：“名称学士，未知胸中曾‘学事’否？”宓正色而言曰：“蜀中三尺小童尚皆就学，何况于我？”温曰：“且说公何所学？”宓对曰：“上至天文，下至地理，三教九流，诸子百家，无所不通，古今兴废，圣贤经传，无所不览。”温笑曰：“公既出大言，请即以天为问：天有头乎？”宓曰：“有头。”温曰：“头在何方？”宓曰：“在西方。《诗》云：‘乃眷西顾。’以此推之，头在西方也。”温又问：“天有耳乎？”宓答曰：“天处高而听卑。《诗》云：‘鹤鸣九皋，声闻于天。’无耳何能听？”温又问：“天有足乎？”宓曰：“有足。《诗》云：‘天步艰难。’无足何能步？”温又问：“天有姓乎？”宓曰：“岂得无姓！”温曰：“何姓？”宓答曰：“姓刘。”温曰：“何以知之？”宓曰：“天子姓刘，以故知之。”温又问曰：“日生于东乎？”宓对曰：

"虽生于东，而没于西。"

如何！语言清朗如流，人智机敏诙谐，焉机器所能攀比！看来靠那种替换"关键词"的"复述"或者知识库搜索选择策略是无法从根本上解决问题的，这里面起码还需要一种相对灵活的"自主"言说能力。

不过，就一般应用场景而言，比如像特定领域的信息咨询、陪伴老幼人群的聊天、缓解压力的心理咨询等等，目前的人机对话技术及其系统开发还是大有用武之地的。就这一意义上讲，人机会话也是未来智能接口最重要的实现途径。

6.2 情感交流

人机接口的自然化、个性化、智能化的一个重要方面是能够进行情感化的人机交流，或者说机器能够提供更加感性化的人机界面。此时就涉及情感计算问题，特别是有关情感信息的获取识别、呈现表达以及交流系统的实现问题。

6.2.1 情感信息识别

情感的识别和表达对于理解的交流是必须的，也是人们最大的心理需要之一。而作为认知情感研究的第一步，就是要首先识别各种情感表现，然后才能有效利用情感因素，并参与到心智活动的其他方面中去。不失一般性，对于计算化情感研究而言，有效的识别离不开有效信息的获取。因此，让我们从情感信息源分析及其获取来开始情感识别的介绍。

情感信息主要表现为内在和外在两种类型。外在型情感信息主要指声音、手势、体势和面部表情等信号，是可以通过外部自然观察到的。而内在的情感信息则不同，主要是指外部观察不到的内部生理反应，如心跳速率、舒张压和收缩压、脉搏、血管扩张、呼吸、皮肤传导力和颜色，还有体温等。

总体上讲，对于外在型情感信息，可以通过目前成熟的多媒体技术来获得；而生理上更加易变的内在情感信息则需要各种特定的生理传感器来捕捉瞬间变化的信息。也就是说，要使机器能够理解情感的生理组成部分，并以这些组成部分为基础推论出可能的情感状态，除了要备有像照相机、摄像机、麦克风这样的常规输入设备外，还需要特定的生理传感器等仪器设备。虽然这样的设备工具不能直接测定影响情感的免疫性系统变化信息，但他们起码能提供那些有助于识别情感的生理信息。

当然，实际情感信息的捕捉是十分复杂的事情。设想一下自己识别别人情感时的情况。首先，你感觉到有一点点变化的低级信号——别人嘴上和眼睛上的动作，也许是一个手势，声音的一点变化，当然还有口头暗示比如言语。其中声音、手势和面部表情是可以被自然观察到的信号。而此时别人生理上血压、荷尔蒙水平和神经传递速率等则需要特殊的测试设备才能观察到。

其次，更重要的是为情感识别提供可靠依据的这些信号的组成模式，即所谓的中级信号。紧握拳头和举起手臂动作的联合或许就是气愤的表现；皮毛传感器、声波图等显著信号的同时出现也许可以表现出悲愤的情形。这种中级信号所表现的模式常常用来作为做出有关感情识别的判断依据。无论如何，你直接观察到的感情状态就是以生理和行为形式所观察到的全部低级信号组成的模式。

当然，最后你不但可以感觉到某个人的表情信号，而且你还可以感知你所处环境的非表情信号，比如感知天气的舒适等等。很明显所有这些表情的和非表情的信号是相关联的。比如人们在紧张办公，或者处在期末考试阶段的时候，看到的天气都是很压抑的，可以影响心情。利用这些相关联的信息，观察者不但可以分析环境的低级信号和中级模式，而且还可以得出高级的意图。行动是环境的反映，并且知道高级目标是如何运作的。

一般，感知一段情感的过程通常认为是从信号到特征、从低级到高级的变化过程。但有时由于环境因素对推理反作用，信息获取不仅仅是从低级到高级过程，而且也存在从高级到低级的过程。例如，在有关环境的推理中，你心存有人情绪会很糟糕的想法，此时你就会用一种误解的方法，使高级的预先想法影响你的低级理解，因此你很可能真的感觉到一个情绪低落的表情。总之表情的识别不仅仅是从信号到模式的过程，也存在从高级到低级的过程，即较高级的信息能影响较低级信号处理的方法。

另外，高级意图和低级信号在情感表达的产生中也是相互作用的。例如，有一个演员要演好一个充满仇恨的人物，也许他首先会这样预想："我要表现出仇恨的样子。"然后他开始调动那些低级信号来表示憎恨，改变他的姿态、动作、声音和脸部表情，努力来反映这种思想状态。整个过程从一个目标——表现憎恨开始，并真的以憎恨表情的展现结束。这种表情和动作的努力过程通常被认为是从象征到信号、从高级意图到低级模式的过程。

遗憾的是，对于机器而言，要努力去描述情感及其外在表情时，目前只能用简单的自底向上方法去逐级提取信息，即从低级的信号描述到高级的情感含义。就这个单向过程而言，机器所采用的识别机制是与人类采用的机制类似的，只是用来描述感受、表情和感情综合的方法不同。

对于人类，体会情绪的高涨和低落的程度是非常直截了当的，但是要用仪器设备具体衡量却是很难的。目前有关研究人员正在研究测量与情感之间关联的方法，包括神经自律系统、神经放松和荷尔蒙浓度的测量。希望通过这样的研究，我们能够找到定量描述情感的方法，从而为情感计算提供某种形式化定量描述情感变化的理论依据。

到目前为止，除了丰富的多媒体技术可以用来获取各种外在情感信息（高级的认知情感信息）外，我们还有各种计测仪器可以测量很多关于情感反应的生理信号。这些低级的生理信号能与高级的认知信息结合一起来辨认某种情感，从而定性识别出一种情感状态。

通过机器控制，我们目前主要采用如下四种仪器来来搜集情感生理信息。这四种仪器分别测量肌肉电记录（EMG）、血压（BVP）、骤发性皮肤反应（GSR）及呼吸活动信号。

肌肉电记录（EMG）信号是通过用一个小电极去测量肌肉间微弱的电压来展示肌肉的收缩性。一般在人生气时发生咬紧牙关或者其他的一些面部活动，比如说大笑时，这个测量电压就会上升。EMG 计测仪器还可以运用到其他方面，比如说测量脖子和肩之间的斜方肌的紧张度。

血压（BVP）信号是反映血液流动情况的。这些信号主要是通过一种特殊的红外技术获得的，即仪器把红外线发射到皮肤上，然后测试其反应以确定血流变化情况。BVP 波图显示了心脏跳动特有的周期变化，这是由于心脏每跳一次，就迫使血液通过血管一次。当一个人惊恐害怕或者担心时，整个信号的气囊将会收缩。在 BVP 振幅上出现的增长可能是因为有强大的血流通过，比如当一个人放松时就会发生这种情况。

骤发性皮肤反应仪（GSR）是显示皮肤的反应信号，主要是通过两个氯银化合物制成的电极测量而得到的。输入一个细微的电压，然后测量得出两个电极的传导系数。如果当事人不希望通过束缚手来使用计测仪器时，也可以通过两只脚间的电极传导系数来得到有用的信号。一般当人惊恐或者担心时，GSR 信号值会上升。实践表明，这是一个测量整体受激励水平很好的衡量标准。

呼吸信号则通过使用一条绕着胸腔、长而细的维克牢带来进行测量的。在这条带子上有条小松紧带，当胸腔扩张时，松紧带就会被拉伸，松紧带拉伸的程度可以通过测量电压变化反映出来。该呼吸计测仪器即可安放在胸骨上作为胸的监听器，又可安放在横膈膜上作为横膈膜监听器。

综合利用这四种仪器手段来进行情感过程跟踪测量，可以根据测得的数据图谱，观测情感变化过程不同阶段的反映情况。这些都说明我们用来测量的情感生理信号在一定程度上还是可以反映情感状态变化的。当然，为了机器能够自动处理这些信号数据，所有得到的情感生理信号都首先必须从连续不断的形式转化成离散数字形式，这样才能用机器来加工处理，特别是后续的情感识别处理。

对于外在的认知情感信息，如果是面部表情或其他姿势的信号，就要求使用每秒拍摄 30 帧的数码可视相机来记录。而对于演讲语音波形图的记录，则要通过麦克风来获得，此时通常要求以 16 kHz 速率取样，每个样品取 16 点。对于生理上的信号，例如一些频率大大低于噪音的信号，一般以 20 Hz 取样，每个样品取 32 点。对于肌肉潜能变化，要以 20 Hz 来取样以能够得到由于压力产生的巨大变化。但要测试由于疲劳而产生的变化，比如乳酸的积累，就得以 1 kHz 速率取样。

所有的情感信息取样结束后，机器将根据这些信号的描述，产生一系列的二进制数字。这些数字将用于分析与特定情感相关的表情，以便理解情感交流者所表达的具体情感表现，这就是情感的分析和识别工作。

一般认为情感是借助于语言、姿势、表情和行为等表达模式来进行交流的。当然情感可以是自然的或有意的途径来表达，也可以是通过容易控制或尚不为人知的途径来表达。情感有时很明显，如微笑；有时又可能只能为个别人所理解，如默契。总之，情感作为一种表达模式，其形式和途径都是十分复杂的。这里讨论情感识别问题，目的只是给出有关情感模式识别的一般步骤，为机器情感识别的深入研究提供一些必要的基础。

情感识别中的一个最基本的问题是“情感状态和它们表达模式之间的联系是什么？”近些年来，随着技术的进步，科学家发现了情感的生理模式特征可以很好地区别各种情感。当然这并不是说这个问题已经解决了，事实上在交流情感时有些信号比另一些信号效果更好。因此找出能最佳匹配情感的特征以及人们是如何有效表达情感特征的，仍然是一个悬而未决的问题。从这一点来说，我们期望机器能够成功识别我们所有的情感是不现实的。我们只希望机器依靠很强的处理各种模式能力，尽可能地接近人类的情感识别能力。

为了使机器能够更好地完成情感识别任务，很明显，我们首先必须对人类的情感状态给出一种合理清晰的分类。中国古代就有七情六欲之说，现代心理学往往把人类情感分为八种基本情感，比如分为害怕、愤怒、苦恼、欢乐、厌恶、惊奇、关爱和羞愧；或者分为害怕、愤怒、悲哀、欢乐、厌恶、惊奇、容忍和期待。其实人类情感分类很难有统一的标准，根据对脸部表情和情感语词使用频率来统计，得到最高共性的类别包括害怕、愤怒、悲哀、欢乐（高兴）、厌恶和惊奇，大约可以构成人类最基本的六种情感。

除了定义基本情感外，也有通过定义情感的 n 维取值来描述不同情感的。比如最常见的是在程度（平静的/兴奋的）和取向（负的/正的）的二维情感空间中来刻画，或者在效价-激励-能量（Valence-Arousal-Power，VAP）的三维情感空间中来刻画。

有了基本的情感分类说明，将获取到的情感信息通过分析归纳，将其对应到某个情感类别，就属于情感识别的研究工作了。目前在情感识别方面开展比较普遍的研究主要是在话语情感态度的识别、面部表情识别和行为姿态识别这三个典型方面。

在前面介绍人机对话的语音识别里，我们的目标主要强调言说的内容，而忽视了言说者的情感态度，显然这对于要辨别说话人及其言外之意是不够的。就我们人类的交谈而言，人们在倾听言说内容之前首先已经识别谁在讲话以及是以什么样的态度来说话的。因此在语音识别中，对情感态度的识别显得十分重要。

至于面部表情则更为重要。很明显，情感交流计算的一个基本内容是机器可以像人类观察者一样识别情感。而对于情感而言，最能反映我们人类内在情感状态的无过于我们的脸部表情了。因此对面部表情的识别研究，也一直是情感识别的主要内容之一。

最后，在人类情感交流过程中，人们情感化的流露往往也可以通过身体行为的姿态表达或表露出来，因此行为姿态的情感识别，也构成目前情感识别的重要构成部分，并且越来越引起重视。

当然，不管是话语情感态度的识别，还是面部表情识别，以及身体行为姿态的识别，一般机器的情感识别所要涉及的步骤大致可以包括如下6个步骤。

1）**输入**：接收各种各样的输入信号，比如像面部表情、声音、手势、体态、步态、呼吸、皮肤电活动反应、体温、心电图、血压、脉搏、心肌电流图等等的信号。

2）**识别**：在这些信息上进行特征提取和分类。例如分析图像情感的特征并从一个笑脸中辨别出眉毛等。

3）**推断**：根据情感是如何发生和表达的知识预见潜在的感情。当然，这个能力要求观察和推断关联的整体、即时的情况，个人的特点和偏爱，社会规律，以及其他联系着感情发生和表达的知识。

4）**学习**：如果机器“认识”某一个体，就能学习该个体中最重要的特征，并且得以更快更准确的识别其情感。通过学习，也可以积累情感识别的经验。

5）**纠偏**：对于机器中的内部状态，如果确有固有的感情判别倾向，就会影响对不确定情感的识别。如果因此发生了偏差，此时就必须纠偏。

6）**输出**：机器命名并描述所识别的情感表达，以及给出这种情感最容易出现的状态描述。

除了生理信息，情感识别依据的外部信息收集可以是语音的，也可以是面部图像的，甚至是视频姿态的。但对于真正的情感识别，无论是单独的生理信号、视觉还是语音信号都是不够的。事实上我们的情感系统同时依赖于这三种信息获取途径，也就是说生理途径、视觉途径和听觉途径的结合提供了更丰富、更精确的信息。因此，综合考虑多模态情感信息的利用，也必然是进一步提高机器识别人类感情的有效途径。

总之，通过人类情感信息的获取采集和计算处理，我们在一定程度上可以对人类的情感态度表现进行识别，为人机之间的情感交流提供第一个方面“情感识别”的技术手段。

6.2.2 情感媒体表达

除了“情感识别”，进行情感交流的另一方面“情感表达”的技术手段涉及情感的多媒体表达问题。应该说，生动形象的情感交流离不开这一步，要使机器得以与人类交流情感更离不开这一步。而一个完备的情感交流系统，实际上都包括了这重要的一步。

对于人类来说，情感的表达影响交流信息的可信程度。只有当说话人的神态、声音以及手势之间的表达是相互一致的时候，听话人才会对说话人表达的信息有较高的信任度。而当这些表达不一致时，比如说话人身体僵直、拳头紧握，而面部却始终保持微笑，此时别人就会对他的“微笑”表示怀疑。在人与人的交流中，情感暗示着真实的想法，因为毕竟情感交流是很难装假的，特别人们是很难真正掩饰某些压抑的生理现象的。因此，通过机器情感表达可以影响所接收信息的可信度。更何况机器即使不能拥有感情也可以表达感情，这正如人们能够表达他们没有的感情一样。因此研究机器如何进行情感表现要比让机器拥有情感更为现实。

当然要使机器能够很好地表达情感，一个基本要求是机器必须具有利用声音或图像等媒体来交换情感信息的能力。而就这一点，目前的多媒体技术无疑为机器情感表现系统的研制，提供了广泛的技术支持。

因此，机器如何根据情感表达的主要任务便在于根据情感指示的要求，来具体给出相应的情感表达形式。通常，一种完整的机器情感表达系统起码应该包括如下 6 个基本组成方面或步骤：

1） **输入**：机器接收来自于一个人、一台机器或是它自身情感发生机制的情感指示，告诉应该表达什么样的情感。

2） **固件**：关于固定的和即兴的情感路线而言，系统将至少有两条路线用于激发情感表达：一个是固定安排的，另一个是自发的。前者是用于触发一个有准备的决定，而后者是用于一个拥有情感的系统自动地调制当前系统的输出情感。

3） **反馈**：不止是情感状态影响情感表达，表达的表情也会影响情感状态。这就是情感的反馈作用。

4） **纠偏**：表达当前状态的情感是很容易的，但在此状态下表现其他状态就比较困难。这时就需要进行纠偏机制。

5） **约束**：什么时候、什么地点和如何表达一个情感在某种程度上决定于相应的社会规范或情境。

6） **输出**：系统可以调整视图或声音的信号，比如一个合成的声音、生动的脸、一个生动活泼生物的体型和步态、音乐和背景颜色，用明显改变面部表情的方法，和细微调整说话的时间参数的方法。

比如，美国麻省理工学院媒体实验室凯恩（J Cahn）开发的“情感编辑器”系统，就通过提取说话声音与语言描述，能够产生带有期待情感的讲话。该系统中一共确定了17个作用参数：6个音调参数，4个定时参数，6个声音质量参数和1个清晰度参数。这17个参数被用来控制众多种类的情感——不只是为了很容易区别的情感，也考虑了各种个体之间的微妙区别。系统就是依靠这些参数的调制，能够产生听起来恐惧的、愤怒的、悲哀的、高兴的、厌恶的或惊奇的讲话。

当然为了合成富有情感的完整讲话，凯恩的模型不只包含上述的17项参数，还包含句法分析和讲话中语义分析，并形成一个考虑众多成分模型协作的话语合成器。为了测试这个模型富有情感讲话的综合效果，通过调节所有参数首先可以产生5种不同的中性句子，如“我在报纸上看到了你的名字”等等，然后对每个中性句子进一步生成6种不同情感类的具体话语表达。

实际测试表明，当要求说出一段讲话听起来是恐惧的、愤怒的、悲哀的、高兴的、厌恶的或者惊奇的时，悲哀这种情感的正确率达到了91%，其他情感的正确识别率为50%左右，其中相近情感的错误率为20%（举例来说，厌恶的错误率与愤怒一样；而恐惧的错误率与惊奇一样）。显然，50%正确识别率的效果比碰运气的17%本质上要有意义得多。特别是，由于这些句子没有外在的上下文约束，所以即使是人类听众，同样也不能通过它们的内容来识别情感。从这个角度上讲，机器的话语情感表达还是相当不错的。

尽管得到了有希望的结果，但还有很多问题需要进一步研究。这17个情感参数应该如何变化来满足更多独立分析的需要？同样，这些情感参数的可靠性和普遍性也仅仅停留在一个很小的学术性范围。特别地，人的情感与声音特点之间的映射变化是依赖于上下文的，比如有时候一个愤怒的人将提高他的声音，但有时候也可能降低他的声音，因此确定所有的可能性也是一个非常棘手的开放性问题。

例如对于汉语的表达而言，汉语的情感基调主要由语词声调、语句句调和语词感情色彩决定的，这些因素均可以通过语调类属标注来给出。但汉语除了语调属性外，还有更重要的节律方面的属性，比如像速度特征、力度特征、节奏特征、节拍特征、音高特征等等。要想通过对语言进行节奏、韵律、格律、停延、重音及语调规律的分析来获得这些因素，对于机器来说，目前还存在着巨大的困难。

实际上，对于依赖于情感合成生活的人，如著名科学家霍金，不仅要能够从表达情感的机器声音中获益，也要能够从识别他们情感反馈的机器中获益。但至今为止，还没有一个系统可以能够获得一个讲话像人的感觉反馈，也没有能够自动产生这种感觉反馈的设备。相反，目前讲话者都还必须用手来调节情感参数。因此，未来用于语音综合的情感控制调节器正是朝着实现这个目标前进。

另一个涉及多媒体表达的情感生成例子就是柯达（T Koda）于1996年提出的一种具有面部表情的玩牌Agent系统。这些Agent可以赋予的10种表情是：中性、高兴、不高兴、兴奋（希望）、十分兴奋（希望）、焦虑（担心）、满意、失望、惊讶和安慰。该系统的实验结果显示人们更愿与具有面部表情的Agent一起玩牌。

当然，情感表达并不限于上述这些研究实例。我们相信，就情感的表达而言，随着多媒体技术和智能技术的不断发展和广泛应用，机器情感表达的水平在不远的将来一定会有长足的进步。

6.2.3 情感交流系统

情感在人类智能做出合理决策、社会情感、感知、记忆、学习、创造力等等功能中扮演了很重要的角色。因此随着情感计算研究的开展，考虑情感化机器系统研制也就成为一件重要并具有现实意义的新课题。

实际上，任何的计算系统，不管软件或硬件，都可以赋予情感能力。特别是真正的智能机器，其不可回避的特点之一就是应该具有认知情感的能力，即从观察到的情感表达和情感发生的情形来推断情感状态。很明显，机器如果有感情的话，那么，通过视觉和听觉的面部表情、手势和声音语调等媒体，将能够更好地与使用者或其他机器进行通信和交流。此外，机器还可以使用其他人类所没有的媒体手段，如红外线温度、皮肤电活动、脑电波、肌动电流图或是血压等来进行情感交流，获得一般人类不能认知的情感状态。这样无疑又使机器如虎添翼，能够更好地发挥机器的优势。

情感化的机器将是一种精于理解和表达自己情感、认知他人情感、用情绪和情感来激发和调整适当行为的机器。目前的网络技术如果能增加情感带宽，那么虚拟环境和多媒体交流为我们之间的情感交流提供了更多的可能性，突破传统面对面的交流方式。

1997 年 MIT 多媒体实验室的迈奈（S Mann）设计的可穿戴式计算机“WearCam”，就是一种情感化机器。这种有情感模式识别能力的 WearCam 能够识别你是否非常害怕或者沮丧，并将所处环境、地址连同你的说明一起传输给你信任的人，以便你能得到及时的救助。这样即使身边没有人护送，WearCam 也可以为你提供一种保护。

除此之外，WearCam 还具有与情感相互作用的记忆能力，自动帮助穿戴者记忆和恢复影响深刻的相关想法或情景；具有向你推荐一些符合你当前情绪的音乐的能力，使你能够用来调节情绪等等。

MIT 多媒体实验室的海尔雷（J Healley），基于 Linux 的操作系统也建立了一种情感式便携计算机。其中包括一种生物终端机系统，可以测量诸如心率、呼吸、皮肤传导系统、体温脉搏及肌肉生物电信号，并用于分析感情模式或将检测到的 EMG、BVP、GSK 以及呼吸信号显示在穿戴的眼镜屏幕上。

当然，目前情感化机器大多还处于实验阶段，要实现人机之间真正亲密无间的情感化交流，或许还有很长的路。但可以预见，起码在许多领域的应用方面，情感化机器系统是可以大有作为的。

比如，交互式可穿戴计算机可以像衣服一样长期陪伴穿戴者，从而与穿戴者形成长期的情感交流模式。这样的装置无疑也延伸了人类的能力：帮助那些语言能力受损者或者帮助记住重要信息等。另外穿戴这些装置还可以随处行走，因此，像以前那些医学和心理学的研究与测量等工作就可以在日常生活的环境下进行，并随时帮助人们减轻心理压力，从而与免疫系统配合，有利于提高健康水平。最后可穿戴计算机中的娱乐系统还可以根据个人的喜爱，自动为穿戴者安排相适应的音乐等。

最近10年，类似这样的可穿戴设备的研制进展迅速，几乎全身的衣裤、鞋帽、手套、护膝、眼镜等随身物品，均可以制成某种形式的可穿戴计算机（Wearable Computer）。甚至有些可穿戴器件直接附着在肢体内外，称为可附着计算机（Attachable Computer），如Bio Hacking、Improving Prosthetics，以及Remote Controlled Contraceptive等等。可以更加方便有效地监控或辅助穿戴者的日常生活。

甚至未来还可以制造穿戴式机器人，让其成为人类个体的化身（代理人），代替人类个体出现在各种社交活动。就像美国科学家加来道雄在《心灵的未来》中所描述的：“人类终身都生活在辅助箱（pods）里，用意识通过无线技术控制其代理人，机器代理人可以高大帅气，或金发碧眼。每到一处，你都能看到人们（化身）在忙前忙后，不同的是他们是造型完美的机器代理人。而它们年迈的主人总是躲在幕后。”

当然需要记住的是这样的可穿戴机器仅仅是帮助人类的一种工具，而不是用来激怒穿戴者或者侵犯人类隐私的。因此如果不想让机器知道和参与穿戴者私密的生活，可以拉掉那些传感器，使其无法感知，或者用一个假表情欺骗机器。一切都应该是在使用者或穿戴者的控制之中。

情感化机器系统的其他应用实例还有像“表情镜子”、“情感化演说”、“情感训练”等。以及在视听情感、带情感的人工语言、简单的人工情感和动画系统中的情感表达等方面的应用。

首先，为了追求女孩子，许多男孩子常常在镜子面前反复练习如何得体地与女孩子言谈和相处。此时一种名为“表情镜子”的情感机器系统就可以模拟虚拟的见面环境，帮助人们在大多数情况下学会自然得体地表现。该系统除了配有摄像头、麦克风和感应器外，还具有强大的计算能力以及机器所特有的忍耐力和公正的判断力。因此这种系统的功能远远大于普通的镜子。而这种功能强大的“表情镜子”，其实不过是运用了机器识别情感的能力。靠着这种情感计算能力，“表情镜子”完全可以为要提高自己交际能力的人们提供帮助。

其次，过去的机器语音合成系统，虽然为全球大约二千五百万人可以使用机器来说话提供了方便，但由于机器总是以一种不变的语调将文字变换成声音，这就使得使用者的交流缺乏情感。现在，有了情感化机器系统，就可以开发具有情感变化的文语转换系统，在其中可以有愤怒的打断，有焦急和关心，还可以有细语柔情等等。于是，只要解决好情感是如何融入说话的这一难题，情感机器系统在语音合成系统开发中，就有了大展宏图的机会。

最后，在人类社交环境中，情感化机器系统有助于扩大表情的用处，帮助孩子们表达、识别和理解情感。于是，情感化机器系统也可以成为一种“情感训练”系统。当然，这种复杂的应用系统涉及对情感的识别、情感推理以及审时度势地做出反应等众多问题。

凡事有一利必有一弊。在情感化机器系统可以为我们带来许多好处的同时，也会给人类带来许多潜在的误导，甚至危险。例如像对使用者的欺骗、幼稚的冲动和没有理智的情感冲动行为、破坏秘密性、识别假装的情感、测谎机出错、情感的操纵等等。另外，使机器拥有情感的同时也给人类带来了更多的不可预见性。不过机器的情感最终是不会超过人类本身的，因此人类总可以发展安全装置来阻止此类事情的发生。

总而言之，机器能够识别、表达和“拥有”情感将有助于使机器更加智能化、更加友好和更加强大。通过情感计算系统的深化研究，具有情感交流能力的机器系统能够更好地为人类服务！

6.3 脑机接口

通过在（人或动物）脑与机器之间直接建立信息交流的途径，从而实现相互之间的控制操作，这样的技术就是所谓的脑机接口技术（Brain-Computer Interface，BCI）。脑机接口技术主要包括两种不同类型的研究工作。一是实时采集大规模的脑活动信息，用以控制人工制作的设备；二是用人工产生的电信号刺激脑组织，将特定的感知信息直接传入控制脑活动。我们这里着重介绍第一种类型的研究内容，主要涉及人脑活动及信号获取技术、对脑活动信号的解读方法，以及利用解读的人脑意图来控制机器开展相应的行为反应。

6.3.1 脑电发生原理

通过对人类脑电模式的解读，来理解人脑中的意图，然后控制机器进行相应的操作，这样的研究肇始于20世纪70年代。可以用于脑机接口的脑电信号主要包括：脑电节律波（EEG）、诱发电位或事件相关电位（ERP），以及神经元电脉冲信号。前两种信号通过脑电仪采集，后一种则采用内植微电极来获取。考虑到内植微电极的损伤性，因此一般都采用脑电仪作为脑机接口的主要工具。

人脑产生的电磁力能够携带心灵感应波吗？存在一种超自然现象的解释途径吗？1919年贝格（H Berger）就是因为对自己在一战期间亲历的心灵感应事件（收到一封其姐姐的信函，说梦见他从马上摔下，断了腿。而事实上做梦的那天，他本人真的从马上摔下并摔断了腿）的兴趣，开展深入的研究，并在1929年发表的论文中系统阐述了其所发现的脑电现象。

贝格将其发现的大振幅节律命名为α波（10 Hz左右），对应平静被试的闭眼清醒状态（曾有人建议将此波命名为贝格波，但被贝格拒绝了）；当眼睛睁开时出现的比其更快、更小振幅的节律波则命名为β波。遗憾的是，这些脑电信号根本不可能穿越空气的阻抗进行通信，因此贝格用其来解释心灵感应现象的努力失败了（也未必真的失败，有人将其解释又寄托在跨人脑之间神经活动的时空纠缠性同步振荡之上，就像超距量子纠缠那样。或者寄希望于脑联网的研究开发之上，见后面的介绍）。但他却因此创立了考察脑活动快速变化的全新方法，成为一种科学研究与临床诊断的强有力手段。

发现一个动态脑电现象是一回事，理解其在认知与行为中的意义与作用则是另一回事。自从贝格开展的早期观察以来，就有三个问题一直困扰着科学家们：EEG模式是如何产生的？它们为什么要振荡？它们意味着什么？

图6-4给出了脑电信号获取的示意图。通过脑电仪能够获取的脑电信号主要波段是：δ波（0.5～4 Hz），θ波（4～8 Hz），α波（8～12 Hz），β波（12～30 Hz），γ波（大于30 Hz）。当然这仅仅是大致的划分，实际上这样的划分并不精确，也不精细，更不完备。现已发现，不同的物种、不同的个体、不同的状态、不同的脑区，可能都有不同的振荡频谱表现。

目前探测到的频谱从0.05 Hz到600 Hz，覆盖了十分广大的范围。问题是，脑活动为什么会有如此丰富的振荡表现形式呢？是要应对多样性的认知活动加工、多层次与多重性的并行叠加处理吗？还是要通过同步振荡来整合大范围的认知信息加工，甚至产生全局性的意识统一性？无论如何，脑活动是多时间尺度的，并通过不同频谱的脑电节律振荡活动表现出来。所有这些表现原则上都可以成为脑机接口用来解读脑活动含义的信息源。

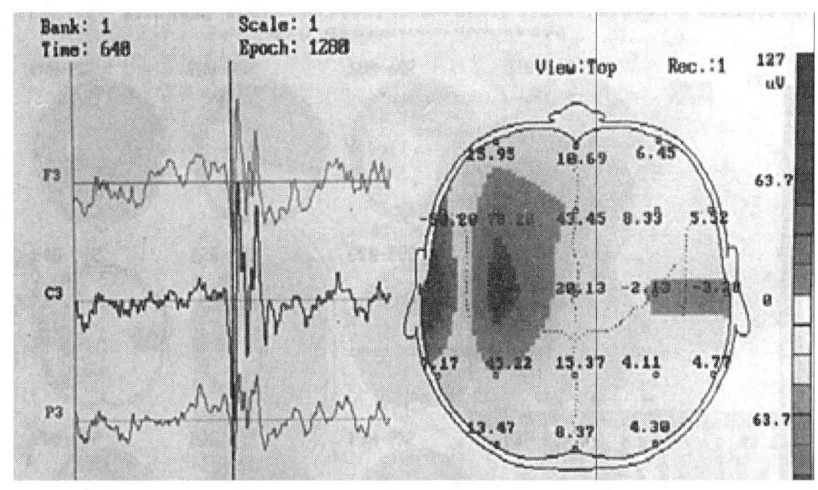

a）脑电波及其脑电电极采样位置分布

b）头戴脑电帽的被试

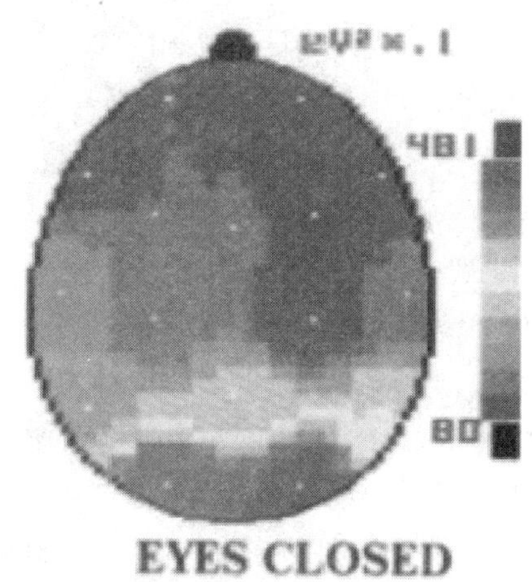

c）脑电地形图

图6-4　脑电信号的获取

6.3.2　脑电信号解读

从脑机接口的角度看，关心的就是脑电信号的解读问题，即主要利用脑功能区所对应的不同功能含义，来“理解”人脑产生的意念。这里需要解决的一个问题就是脑电信号模式与认知高级功能活动之间的对应关系问题。目前主要是针对一些初级认知活动，如运动、视觉等开展脑机接口的研究工作，较少涉及像记忆、思维、推理等这样的高级认知活动。那么，不同认知活动的脑电表现模式是否具有可区分性，如果有，其区分特征又体现在哪些方面，这些都是脑机接口得以实施的关键前提。

脑机接口原理示意如图 6-5 所示。一般脑机接口涉及脑电信号的记录、预处理、分类识别、实施控制等不同功能模块的实现。

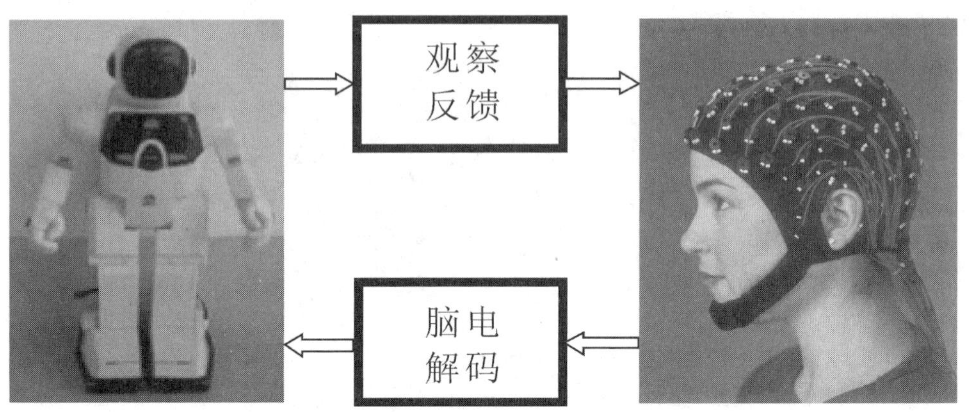

图 6-5　脑机接口简单原理示意图

1）**脑电信号的采集**：考虑到不同任务目标，设计脑电仪的电极分布模式，使得能够最有效地采集所需要的脑电信号。

2）**脑电信号的预处理**：采用各种成熟的滤波方法，对采集的脑电信号进行滤波处理，提高信噪比，说得通俗些，就是尽量去除无关信号，保留并强化有效信号。

3）**特征提取**：根据脑电信号的特点，针对具体任务，给出一组面向任务的特征描述向量，并从获取的脑电信号中提取具体的特征向量值。常用的方法如快速傅里叶变换、小波变换、独立成分分析等。

4）**模式识别**：根据提取的特征向量值，采用一定的模式分类方法，对其进行分析，得出对应的脑电模式类别（含义）。常用的方法有线性判别分析、贝叶斯决策模型、支持向量机、人工神经网络模型等等。

5）**实施控制**：根据获得的含义理解，实时控制机器完成相应的功能，从而实现预期的“意念”控制目的。

目前，已有的脑机接口系统通常按照利用脑电信号的不同来进行分类，分为利用自发脑电信号的、使用诱发脑电信号的两大类。

自发脑电信号可利用的脑电信号包括：① 事件相关电位 P300，其与认知功能的激活相关联。② 自发窦状 μ 节律波，与放松或清醒状态相关联。③ ERS/ERD 信号，属于时间相关同步与去同步有关的信号，与相应的运动思维模式有关。④ 慢波皮层电位（SCPs），持续的（300 毫秒到几分钟）低频脑电信号，主要与运动皮层的功能相关联。

诱发脑电信号可以利用的包括：①短时视觉诱发电位（slVEP），与“集中注意”脑活动相关联；②稳态视觉诱发电位（ssVEP），与“自主调节”脑活动相关联。

上述基于脑电信号的脑机接口原理自然也可以采用脑功能成像手段来进行，就是说采集信号不是使用脑电仪，而是使用 fRMI（功能核磁成像设备）或 PET（正电子发射成像设备）等脑功能成像设备。脑成像技术与脑电技术之间的差异主要在于脑电仪时间分辨率较高，并有明确的认知功能体现；而脑功能成像设备空间分辨率比较高，对脑功能区的定位比较精确全面。不过对于脑功能成像技术而言，此时就需要采用图像分析的方法来获取脑区激活模式，从而理解不同认知活动的含义。

当然，随着人类对自身脑活动规律的不断了解，随着脑探测仪器设备的不断发展，以及随着相关智能科学技术的不断进步，能够解读利用的脑电信号甚至更为普遍的脑活动含义的解读途径也必将越来越广阔。

6.3.3 脑机接口系统

经过大约近50年来的脑机接口研究，迄今为止，国内外开发的一些著名脑机接口系统主要包括如下这些。

1）德国柏林脑机接口系统，主要实现运动想象到运动实施的任务，利用比较先进的智能学习算法，根据脑电 μ 节律波或 β 节律波的事件相关去同步，来检测识别左右手的想象运动，从而控制机器的对应行为或完成一定的认知任务。

2）美国 Wadsworth 中心的脑机接口系统，主要是利用脑电 μ 节律波的事件相关去同步去进行真实或想象的运动。用户可以通过该系统来控制机器屏幕上光标的移动，或者通过视觉反馈训练来进行设备的简单操作。

3）奥地利 Craz 大学的脑机接口系统，也是利用脑电 μ 节律波的事件相关去同步去进行真实或想象的运动。不同的是采用自适应回归模型进行模式识别，并可以控制手臂障碍的患者抓取东西。

4）思维翻译机（thought translation device）：德国 Tubingen 大学研发的一种借助训练系统，使用者通过神经反馈来实现皮层中央沟回（运动区）脑电慢波的自我调节，进而控制屏幕上的物体运动。

5）清华大学脑机接口系统：清华大学医学院神经工程研究所研制的脑机接口系统包括两个，一是利用稳态视觉诱发电位来实现自动拨号，形成自动拨号系统；另一个是开发了一个实时脑机接口系统，可以用“思维”踢足球。

6）浙江大学猴子意念控制系统：通过脑机接口技术，实现猴子意念控制机械手来完成一些基本动作，比如给自己喂食。

脑机接口系统的应用是非常广泛的。首先，因为通过脑机接口人们可以直接用脑而无须通过语言或操作动作来控制机器或设备，所以脑机接口一个重要应用领域就是帮助病人康复训练的机器人方面或者帮助有肢体残缺的人们完成正常人一样的工作。另外，脑机接口对于某些肢体动作受限的职业，如飞行员、宇航员、潜水员等，利用意念来操控设备有着重要的应用前景，也为动漫游戏、智能机器人控制等提供了一种全新的用户交互界面。

脑机接口的发展趋势是进一步朝向脑机融合方面发展，通过与植入芯片技术相结合，真正实现脑机之间的双向交流。所谓脑机融合，就是将生物智能（脑）与机器智能（机）相互融合一体，来共同完成原本任何一方都不能单独很好完成的任务（见图6-6）。甚至通过更加有效脑机协同，实现生物智能和机器智能均望尘莫及的更为强大的智能表现——混合智能。这样，不仅可以完善仿人机器人的行为表现，更好地贯彻人们的意图；而且在机器人行为控制中，可以采用脑机融合的控制途径，通过脑机协同来控制机器的行为实施。

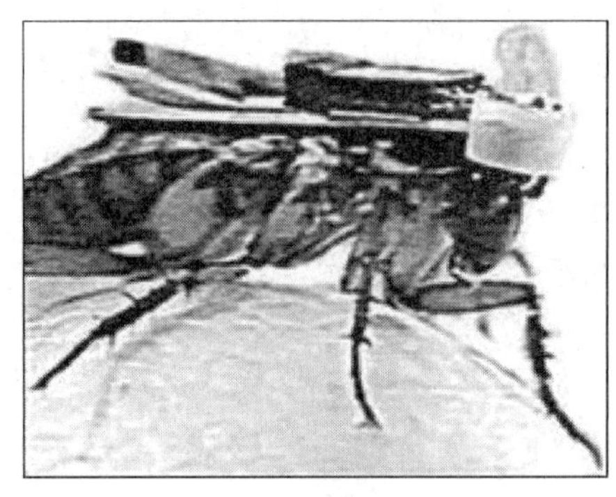

a）遥控苍蝇

b）遥控老鼠

图 6-6　脑机融合前沿技术（引自互联网）

自然，要实现真正意义上的脑机融合，光有脑机接口技术是不够的。脑机融合也不仅是信号层面上的脑机互通，更需要实现大脑的认知能力与机器的计算能力的有机融合，这些都是需要科学界开展进一步的探索工作。

更进一步，如果采用双向脑机接口方式，就可以形成“脑-机-脑”接口（BMBI）技术，从而使得脑脑相联成为可能。脑机融合也就变成脑脑相联的“心灵融合（mind meld)”，将两个人脑间的思维融合起来，甚至可以让脑联网成为可能，实现人脑到人脑的直接互动。目前“互联网 +”已经成为网络社会发展的全新模式，如果“ +”的是双向脑机接口技术，那就是脑联网。到那时，人们就可以在脑联网上通过“心灵感应”来直接实时地进行情感、思想和体验的交流，甚至群脑共同进行感知、规划、创造等心智活动。应该看到，从脑机接口到脑脑接口，从脑机融合到心灵融合，未来的脑机工程未可限量。

心灵感应、意念控制或心想事成，过去往往只是人们的一种美好幻想，仅仅出现在科幻小说或武打小说之中。但随着脑科学及其相关测量技术的发展，这样的“幻想”却已经成为一种真切现实的技术，这就是脑机、脑脑融合技术可以给我们带来的期盼。我们可以期待，随着智能科学与技术的不断进步，会有更多的理论与方法应用到脑机接口甚至脑机与脑脑融合技术之中，推动社会技术的不断进步。

本章小结和习题

本章主要介绍了智能接口方面的典型代表性技术，包括传统的人机对话技术、新近发展起来的情感交流技术，以及先进的脑机接口控制技术。我们希望读者通过这些智能接口技术的了解，很好地体会到智能科学技术的无穷潜力与对社会技术进步的重要意义。

习题 6.1　脑机接口技术的主要机理是什么？你认为还有什么思维表现形式可以为脑机接口研究所利用？

习题 6.2　就语言层面而言，人机对话实现的主要困难有哪些？你认为应该如何克服这些困难？

习题 6.3 情感计算可行吗？或者说机器真的能够拥有人类的情感吗？请给出你的观点，并加以具体论证。

习题 6.4 脑机融合是未来智能机器人发展的一个重要方向，请查阅相关资料，指出通过这种途径实现脑机混合智能和心灵融合的可行性。

习题 6.5 目前情感生理信号的测量手段主要有哪些？你认为还有哪些情感生理信号也是可以进行测量的？若有，请给出具体的测量方法。

习题 6.6 请设计一种能够识别汉语话语情感态度的计算方法，并给出相应的机器实现程序。

习题 6.7 从互联网到脑联网如果成为可能，请设想将对我们的生活方式带来怎样翻天覆地的影响。

CHAPTER 7

第 7 章

智能系统

作为一种高技术成果的典型代表，各类智能系统体现的就是智能科学技术的应用成就，并为我们社会科学与技术的进步，做出了突出贡献。本章我们就是围绕着智能系统主题，专门介绍智能科学技术最为典型的智能系统及其应用。本章具体内容包括基于传统符号逻辑方法的经典专家系统、结合了先进智能计算方法的混合智能系统以及代表智能技术综合应用水平的智能机器系统三个方面。

7.1 专家系统

在智能科学技术发展早期，比较典型的综合性应用成果之一，就是专家系统。专家系统是利用人工智能方法与技术开发的一类智能程序系统，主要是模仿某个领域专家的知识经验来解决该领域特定的一类专业问题。专家系统的基本原理是通过利用形式化表征的专家知识与经验，模仿人类专家的推理与决策过程，从而解决原本需要人类专家解决的一些专门领域的复杂问题。

7.1.1 结构知识表示

构造专家系统关键在于知识的获取、表示和利用。一般传统专家系统中的知识主要指支持智能推理的必要信息。因此，专家系统所要表征的知识，具有符号知识的如下特点：① 基本的符号单元。② 满足复合律。③ 可变换操作性。而对知识的获取、表示与利用，关键是知识表示。

所谓知识表示就是关于支持智能专家系统的各种信息集合的组织和操作方法。这里组织是指从静态内容结构的角度看待知识表示，称之为结构性知识、叙述性知识；而操作则是指从动态处理功能的角度看待知识表示，称之为过程性知识、程序性知识。

对于一种成熟的知识表示方法，组织与操作这两个方面缺一不可，并且往往是相互关联的。例如，对于知识的逻辑表示方法，既采用逻辑表达式来描述知识内容，又使用推理手段来进行知识处理。不过一般来说，具体的某种知识表示方法总是有所倾向，我们可将其分为结构性知识表示类和过程性知识表示类，或者兼顾结构与过程的知识表示类三种。

迄今为止，在符号逻辑计算框架内业已发展出众多的方法来表示知识，归纳起来主要有：状态空间、与或图、谓词逻辑、产生式、语义网、框架、脚本、对象、信念网、知识网、概念依存网等等。这些方法的共同之处都注意到知识之间千丝万缕的联系，强调知识之间的关联性。不同方法的差异则主要体现在表示知识复杂性维度、表示知识的范围、表示知识的精度、面向编程实现的程度以及知识表示的风格等之上。至于表示基元的直观对应性、关于表示知识之知识的元机制、知识处理的效率以及是否具有表示和处理不完全知识（缺省）的能力等也是衡量一种知识表示方法好坏的重要标准。

当然，在具体的知识表示方法的构建中，既要考虑表示能力与表示效率之间的均衡问题，又要考虑知识量与性能之间的均衡问题，往往很难在各项性能上均达到理想情况。本节下面我们首先介绍一类结构性知识表示方法，而有关过程性知识表示方法则在下一节介绍。

所谓结构性知识表示方法，就是指将有关领域的知识，连同其相互关系，用显式的方法，加以系统地描述。因为任何知识都不是孤立的，知识表示必须能够反映知识之间千丝万缕的结构联系，强调知识之间的结构关联性。

结构知识表示主要具有如下三个特点：① 易于修改：知识的修改不涉及处理机制。② 引用方便，可应用于多重目标。③ 易于扩展，知识单元相对独立。④ 支持元机制使用。⑤ 应用范围广泛，并方便与过程性知识相结合。智能行为更多依赖的是陈述性知识，特别是即使程序性知识也可以用陈述性知识来描述，因此，结构知识表示方法在人工智能研究中有着举足轻重的地位。

除了各种常见的数据结构表示方法，如数组、树图、链表等，人工智能主要的结构知识表示方法主要有如下四种：① 脚本知识表示方法，用类似于戏剧脚本的形式表示知识。② 语义网表示方法，通过知识及其之间的语义关系来表示知识。③ 框架知识表示方法，采用固定框架来表示知识及其关系。④ 广义树图表示方法，如决策树、信念网等。下面我们以语义网表示法为例，来给出结构知识表示方法的主要原理。

语义网是一种直接面向概念及其关系的知识网络结构，便于编程实现。最初用于以自然方式模拟人类理解和使用自然语言而设计的，强调知识概念之间丰富的相互连接结构，知识的每个元素都是处在各种不同的关系之中。

形式上讲，一个语义网是一种描述事物间关系的有向图：节点代表概念事物，如“医生”、“凳子”、“鸟”等等；有向边及其标识，指示节点间的某种语义关系，其中 Isa 是类属关系，Ako 是超类关系，如“是一个”、“属于”、“之父”等等，相当于一些逻辑谓词。图 7-1 给出了一个描述概念“犬”的简单语义网。根据图中的语义关系，我们不但能够得到贵宾犬直接拥有的属性，如聪明、可爱、贪吃，而且也可以通过属于关系，进一步得到其犬科的共有属性，如食肉、四足等，甚至得到其哺乳类动物的共有属性，如哺乳、胎生和毛发等。

不过，尽管语义网具有表达上直观性的特点，但考虑到语义网只能表示节点之间的二元关系，因此对于多元关系的表示，必须将多元关系化解为多个二元关系的合取，然后才能用语义网络来表示。注意语义网可以具有子网嵌套结构，即语义网络中的节点可以代表一个子网，其内部结构为一个完整的语义网络。

由于语义网具有很强的概念化倾向，虽然直观对应性好，但这也导致了具体语义网的构造困难：依赖事物命名这一先决条件而使其表达范围受到很大限制。另外，语义网还缺乏支持有效推理的手段，特别是关于隐含的知识推理，根本无法表示日常知识及其推理。

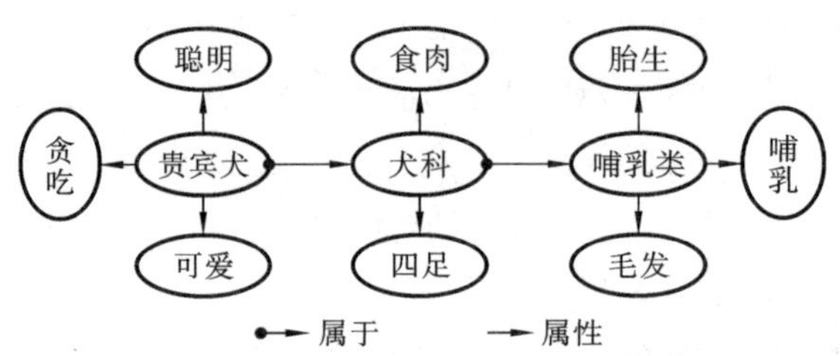

图 7-1　一个关于概念“犬”的简单语义网

考虑到这种缺陷以及语义网本身并不具有动态操作能力，许多研究者建议用一阶谓词逻辑为语义网提供合适的推理基础。但对于表示日常知识，即使采用更灵活的一阶谓词逻辑也是无济于事的，因为这些都无法对付人类知识不一致性特点的。当然也有通过对弧和节点的概率量化来克服语义网的不足，如权值连接语义网。虽说这对于弥补语义网缺陷、发展知识表示新途径有重要意义，但这种基于概念和逻辑之上的知识表示方法从根本上讲是无法摆脱逻辑一致性束缚的。

像语义网这样知识结构表示方法的共同之处就是他们同样基于知识的联合性质，将相关要素汇成知识结构。不过，由于这些知识结构仅仅是描述要素构成的知识，一旦层层无限展开，那么其复杂性就与智能推理要求的流畅性相违背；而如果仅仅作粗略描述又不可能贴切给出事物知识的详尽描述。这便是基于逻辑概念分析之上所有一切知识表示方法必然都会不可避免的两难境地。

7.1.2　过程知识表示

除了面向知识内容结构的表示方法，在早期知识表示方法的研究中，也还有面向功能过程的知识表示方法。这种表示将知识表示为一组处理算子或规则，这些算子或规则又往往在一定的状态条件下才能启用，结果则改变当前的状态条件。

所谓过程知识表示，是指将有关领域的知识，连同其使用方法，均隐式地表达为一个求解问题的过程。过程知识表示主要具有如下三个特点：① 知识隐含于使用知识的程序之中。② 使用效率高。③ 对执行机制有很强的依赖性。

在基于逻辑符号主义的专家系统中，主要的过程知识表示方法具体有：① 逻辑公理系统方法，像命题逻辑、谓词逻辑、各种非经典逻辑等；② 产生式系统方法，如半图厄过程、产生式规则、POST 机等；③ 句法系统方法，如乔姆斯基形式语言谱系、各种自然文法描写等。智能从根本上讲是一种动态处理信息的过程，任何人工智能系统的实现都离不开过程知识的表示，只是采取的策略不同。因此，过程知识表示方法在专家系统研究中同样有着举足轻重的地位。例如，众所周知的产生式系统就是这类知识表示方法的典范。

1943 年 Post 提出产生式系统的计算模型，在形式语言、认知过程、专家系统方面产生了广泛的影响。比如乔姆斯基 1956 年提出的生成语言规则、纽厄尔与西蒙 1965 年提出的认知模型，以及斯坦福大学 20 世纪 70 年代设计的 DENDRAL 医学专家系统，都是利用了产生式系统的原理。

产生式系统的核心概念是产生式规则，主要用来表示事物之间的启发关联性，基本形式为：

P ⇒ Q，读作 IF P THEN Q

其中 P 为条件，Q 为执行的动作。

对于一个产生式系统，其主要由三个部分构成。有一个表示系统当前状态的工作区；还有一个规则集，其中每条规则都用上述形式来描述；以及一个控制器，循环以工作区中的当前状态数据去匹配满足条件的规则，然后执行所选规则的操作，结果则更新了工作区的状态数据，然后再重复这一过程，直到不再有规则满足工作区的状态数据为止。这种产生式知识表示方法在专家系统研制中发挥了巨大作用，因此也产生了广泛的影响。

作为结构和过程表示方法的综合，比较成熟体现符号逻辑方法思想的知识表示，是基于各种逻辑的知识表示方法。由于同时能兼顾内容结构和过程处理两个方面，因此在以符号逻辑假设的人工智能研究中一直处于主导地位。用逻辑表达式来表达知识不仅可以通过描述知识事实来建立知识库，而且这样的知识库也便于进行有效的推理处理。特别是随着非单调逻辑、缺省推理逻辑、反事实推理和认知逻辑等用于描述日常知识的长足发展，这种方法在传统专家系统研究中也越来越得到广泛应用。当然逻辑推理在本质上的一致性要求依然是这种知识表示方法的枷锁。这就使得各种非符号逻辑知识表示方法的提出成为后来人工智能研究的新趋势。

兼顾内容结构和过程处理两个方面的另一种知识表示方法，就是面向对象技术的知识表示方法。面向对象的知识表示方法主要采用对象技术来进行知识表示，知识单元是对象，故而得名。对象表示法因而也是一种混合知识表示法（非纯过程性的，也非纯结构性的）。所谓对象是一种主体—动作模式，不同的主体采用不同的动作模式，过程性知识主要体现在动作模式之中。对象知识表示方法的主要特点：① 便于模块化、分类处理。② 强调对象之间的相互联系（如继承关系）。③ 易于编程实现。④ 方便多态性界面实现。⑤ 结构性：也是一种结构性知识表示方法。应该说，面向对象的知识表示方法已经成为最便于编程实现的知识表示方法，有着广阔的发展空间。

原则上，只要兼顾知识的描述和推导两方面的功能实现，那么上述知识表示方法都可以用于专家系统的构造。甚至可以根据所采用的知识表示方法对专家系统进行分类，如基于逻辑表征的专家系统之类。

7.1.3　构建专家系统

自从美国斯坦福大学于 1965 年开发出第一个化学结构分析专家系统 DENDRAL 以来，各种专家系统层出不穷，已经遍布了几乎所有专业领域，成为应用最为广泛、最为成功、也最为实效的智能系统。

专家系统主要有这样一些特点：① 专家系统主要是运用专家的经验知识来进行推理、判断、决策，从而解决问题，因此可以启发帮助大量非专业人员去独立开展原本不熟悉的专业领域工作。② 用户使用专家系统不仅仅可以得到所需要的结论，而且可以了解获得结论的推导理由与过程，因此比直接与一些古怪的人类专家咨询来得更加方便、透明和信赖。③ 作为一种人工构造的智能程序系统，对专家系统中的知识库的维护、更新与完善更加灵活迅速，可以满足用户不断增长的需要。

一般专家系统的基本结构如图 7-2 所示。在专家系统中，核心问题是知识的表示、获取与运用问题。

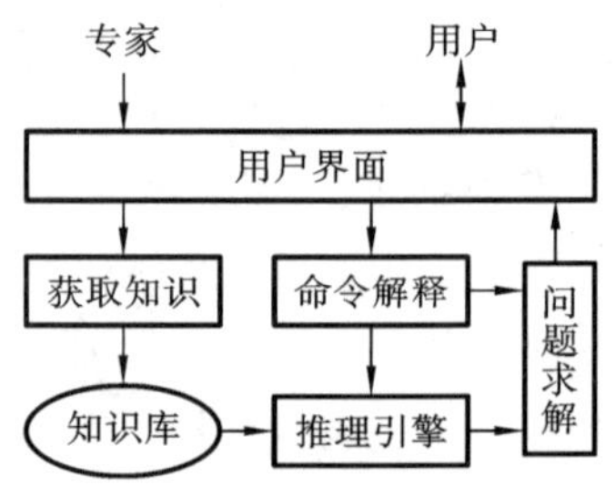

图 7-2 专家系统基本结构图

在经典人工智能研究中，知识的表示方法如上面两小节所述。而知识获取方法主要是各种机器学习策略决定的，经典的有归纳学习、示教学习、实例学习、顿悟学习，以及非经典的各种软计算方法；至于知识的运用，则主要取决于推理引擎的构建策略（控制性知识），大致有前向驱动、后向驱动以及混合驱动等。以产生式系统为例，整个推理引擎由以下三个部分组成。

1）**状态集合**：在环境中可能发生的所有状态集，包括开始状态、中间状态和目标状态，推理过程就是要从给定的开始状态，找出达到目标状态的推理步骤（路径）。

2）**规则集合**：对状态进行各种可能变换的规则集合，在产生式系统中，这样的规则均用产生式形式来表示：<前提条件，执行操作>。

3）**控制策略**：这部分是来解决如何使用规则的组织策略的（前向、后向、混合），以及遇到多条满足当前条件的规则时，如何进行取舍等。

此外，系统中还需要设置一个当前工作区，记录每时每刻系统状态的变化，初始值为开始状态，中间值为推导过程中的中间结果，如果推导成功的话，最终值应该就是目标状态。通常产生式专家系统的主要控制步骤有如下五个。

1）**匹配**：选择与当前工作区条件相匹配的规则（包括合一匹配），作为备选启用规则。

2）**冲突解决**：如果备选启用规则不唯一，则应按照一定策略来选择最终执行规则。一般解决冲突的策略有：最先策略、最优策略、全选策略等。

3）**执行**：执行选中规则的操作部分，经过操作后，将改变当前工作区的事实数据。

4）**结果**：重复上述步骤，直到不再有条件相匹配的规则为止，最后当前工作区的事实数据即为解结果。

5）**优先策略**：采用优先策略解决冲突有许多具体的排序方法，通常包括：特定符合原则、固定规则排序、固定数据排序、规模优先原则、就近原则、上下文限制原则等。

专家系统的主要功能应该包括：① 存储知识：具有存放专门领域知识的能力。② 描述能力：描述问题求解过程中涉及的中间过程。③ 推理能力：具备解决问题所需要的推理能力。④ 问题解释：对于求解问题与步骤能够给出合理的解释。⑤ 学习能力：能够具备知识的获取、更新与扩展的能力。⑥ 交互能力：提供专家或用户良好的人机交互手段与界面。

利用上述这些功能，通过专家系统构建方法，就可以面向各种具体应用领域，来开发完成各种任务类型的专家系统。根据目前已有开发的、数量众多、应用广泛的专家系统求解问题的性质不同，可以将专家系统大致分为如下七类。

1）**解释型专家系统**：主要任务是对已知信息和数据进行分析与解释，给出其确切的涵义。应用范围包括语音分析、图像分析、电路分析、化学结构分析、生物信息结构分析、卫星云图分析、各种数据挖掘分析等。

2）**诊断型专家系统**：主要任务是根据观察到的数据情况来推断出观察对象的病症或故障

以及原因，主要应用范围有医疗诊断（包括中医诊断）、故障诊断、软件测试、材料失效诊断等。

3）**预测型专家系统**：主要任务是通过对过去与现状的分析，来推断未来可能发生的情况，比如气象预报、选举预测、股票预测、人口预测、经济预测、交通路况预测、军事态势预测、政治局势预测等等。

4）**设计型专家系统**：主要任务是根据设计目标的要求，求出满足设计问题约束条件的设计方案或图纸，比如集成电路设计、建筑工程设计、机械产品设计、生产工艺设计、艺术图案设计等。

5）**规划型专家系统**：主要任务是寻找某个实现给定目标的动作序列或动态实施步骤，比如像机器人路径规划、交通运输调度、工程项目论证、生产作业调度、军事指挥调度、财务预算执行等。

6）**监视型专家系统**：主要任务是对某类系统、对象或过程的动态行为进行实时观察与监控，发现异常及时发出警报，比如生产安全监视、传染病疫情监控、国家财政运行状况监控、公共安全监控、边防口岸监控等。

7）**控制型专家系统**：主要任务是全面管理受控对象的行为，使其满足预期的要求，如空中管制系统、生产过程控制、无人机控制等。

其他还有调试型、教学型、修理型等类型的非常专门的专家系统，我们就不再一一介绍了。

专家系统与一般应用程序的主要区别在于专家系统将应用领域的问题求解知识独立形成一个知识库，可以随时进行更新、删减与完善等维护，这样就可以充分运用人工智能有关知识表示技术、推理引擎技术和系统构成技术；而一般应用程序则不同，其将问题求解的知识直接隐含地编入程序，要更新知识就必须重新变动整个程序，并且难以引入有关智能技术。

正因为专家系统有这么多的优点，随着其技术的不断进步，应该范围也越来越广阔。实际上，自从20世纪70年代专家系统诞生以来，已经广泛应用到科学、工程、医疗、军事、教育、工业、农业、交通等领域，产生了良好的经济与社会效益。为社会技术进步做出了重大贡献。

7.2 混合系统

传统的专家系统主要是采用符号逻辑计算方法来建构，其共同弱点就是知识更新很难自动完成。系统一经形成，其中的知识（规则）无法自动更改以适应不断变化的环境。于是人们开始运用各种智能计算方法来综合考虑专家系统的构造。这些方法除了符号逻辑之外，主要还有称为人工神经网络和遗传演化计算的构造方法。将这些方法混合起来构造的智能系统，就称为混合智能系统。本节就是来介绍这些混合智能系统的构建方法，包括神经专家系统、演化神经系统和综合智能系统等三个方面的内容。

7.2.1 神经专家系统

首先将人工神经网络方法引入到智能系统的构建之中，并与传统的符号逻辑方法相结合，便形成了神经专家智能系统。

人工神经网络是一种重要的智能计算方法，已经普遍被应用到机器智能研究的众多领域，并最终形成了实现机器智能的神经联结主义主张。所谓人工神经网络指的是一种由大量计算单元按一定结构互联而形成的一种大规模并行分布式计算系统，用以完成不同的智能处理任务。应该说人工神经网络是一种非线性动力学系统，通过动态调节计算单元之间的联结权值来实现学习功能。在人工神经网络的模型中，每个单元都与前一层的所有单元连接。在神经网络的单元之间没有侧向连接或反向连接，其中位于中间层的“内部表达单元”常被称为“隐单元”。

在人工神经网络中，每个单元将收到的输入刺激的模式变换为一个输出反应并把它传输到其他单元。一般这一过程分两步完成：第一步，把每个输入刺激乘以所在连线上的权值，再把所有这些加权输入结果相加，获得一个称为总输入的数值；第二步，一个单元使用某种输入-输出函数将总输入变换为输出反应。

人工神经网络中的各种输入-输出函数决定着人工神经网络的行为。一般这些函数有三种类型：线性的、阈值的和S型的。其中，线性函数的输出总是正比于总加权输入；阈值函数则视总输入是否大于某设定阈值而定其输出为两种可能值之一；对于S型函数，其输出随输入改变而连续变化，但呈现的变化是非线性关系。

最普通的人工神经网络是由三层单元组成的，如图7-3所示。一层是输入单元，其与隐单元层（也称内部单元层）相连接，而隐单元又连接到输出单元层。一般构造出完成某种特定任务的人工神经网络需要进行如下步骤。

1）选择一种合适的问题表达式，使得单元的输出与问题的解彼此对应起来。

2）构造出一种能量函数，使其最小值点对应于问题的最佳解。

3）由能量函数去构造合适的连接权值及误差标准的确定方法。

4）通过一定的学习策略来动态调节权值及误差等参数，使得最终形式的人工神经网络正好是对给定问题的解模型。

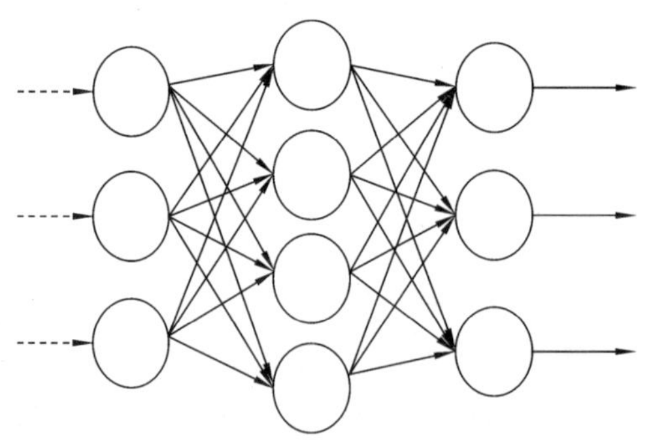

图7-3　一个简化的人工神经网络

有了具体的人工神经网络，那么剩下的任务就是要教会（训练）神经网络去完成某个特定任务。此时，首先向神经网络提供一些训练实例数据，经过训练后神经网络的权值矩阵都将确定到一组最佳值。然后，通过不断判断输出与期望输出的符合程度并及时通过反馈修正，可以很好地完成训练任务。

一旦具体的人工神经网络经过训练后达到最佳状态，就可以用其来解决该神经网络原先所从事的任务了。当然任务完成的好坏取决于训练结果是否反映实际情况。因此有时也采用边学习边工作的方式来动态承担任务的实现。

这就是人工神经网络的一般原理，其主要是模仿大脑神经网络的工作原理并作了数学上的简化抽象。人工神经网络的主要特点是不再有基本符号和符号组合生成规则之类的概念，知识表示采用神经元激活图式，基本操作表示为对连接权值的处理，模拟智能活动则靠一组强有力的学习算法。在神经网络中，复合律当然是不再有效，无论规模大小，单独和复合的问题都是由一个整体网络的模式表示。于是在构造人工神经网络系统中，约束条件的选择就变得非常重要，否则计算复杂性将使这种方法在实际求解问题中变得毫无意义。

神经专家系统的基本框架如图7-4所示。与基于规则的经典专家系统不同，在神经专家系统中的知识库是由训练而成的神经网络表达的。在图7-4中，用户接口主要是提供用户与神经专家系统之间的通信交流手段；解释程序则对用户解释神经专家系统在新数据输入后如何工作并达到特定的解；而规则提取的任务是考察神经知识库并产生隐藏在训练后神经网络中的规则。

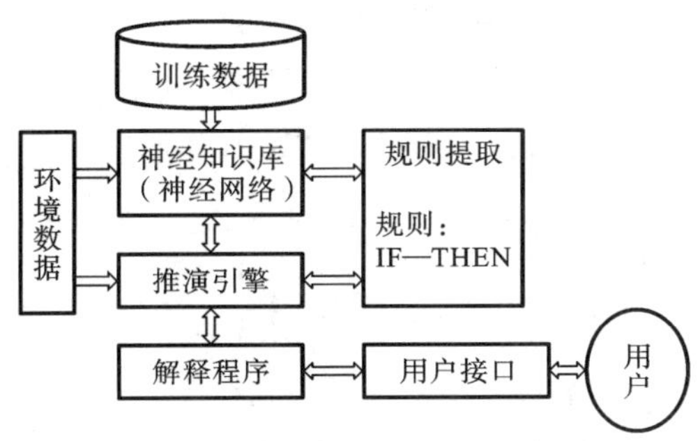

图7-4 神经专家系统框架

神经专家系统的核心是推理引擎，主要作用是控制系统中的信息流、启动神经知识库上的推理，以及确保近似推理的进行。在基于规则的专家系统中，推理引擎通过比较规则的条件部分（IF）来启动规则的执行部分（THEN）的，因此需要精确匹配。而在神经专家系统中则使用训练后的神经网络，新的数据不必精确匹配已有的数据，这样就使得神经专家能够处理噪音和不完全数据，这便是近似推理。

运用神经专家系统，尽管可以解决许多实际问题，但神经网络系统依然存在一些不足之处。第一个不足是缺乏与环境相互作用的机制，难以建立起神经网络中间语言与外部环境语言之间沟通的渠道，缺乏适应性；另一个不足则是，尽管神经网络系统也开始走向模块化，通过部分问题求解来联合解决总体问题，但过分的功能定位使得神经网络系统依然缺乏通用性，一般一个网络只能解决一个问题；第三个不足就是神经网络结构选择和权值训练问题，对于所要解决的一类问题，往往难以获得最优结果，缺少灵活性。

7.2.2　演化神经系统

为了能够增加神经专家系统的灵活性、通用性和适应性，可以运用具有高效优化功能的遗传演化计算来克服上述神经专家系统存在的不足。因此我们可以结合演化计算与神经计算两种方法来构建演化神经专家系统（简称演化神经系统）。

遗传演化计算方法主要是模拟生物在自然环境中的遗传和进化过程而形成的一种自适应全局优化概率搜索方法。使用这种方法可以使各种智能系统具有优良的自适应能力和优化计算能力。遗传演化计算模仿的主要生物机制包括两种机制：① 遗传与变异。DNA 及其遗传机制、概率性变异和出错性。② 选择与进化。环境选择压力、优胜劣汰的演化机制。根据具体采用的实施手段和目标不同，遗传演化计算方法具体分为遗传算法、进化策略和进化规划等多种不同的形式。

图 7-5 给出了遗传演化算法的一般流程图。对于给定优化问题的目标函数 $f(X)$，要在一定约束条件下求解 X 使 $f(X)$ 取得最佳值，一般遗传演化方法是通过如下所述的策略来进行的。

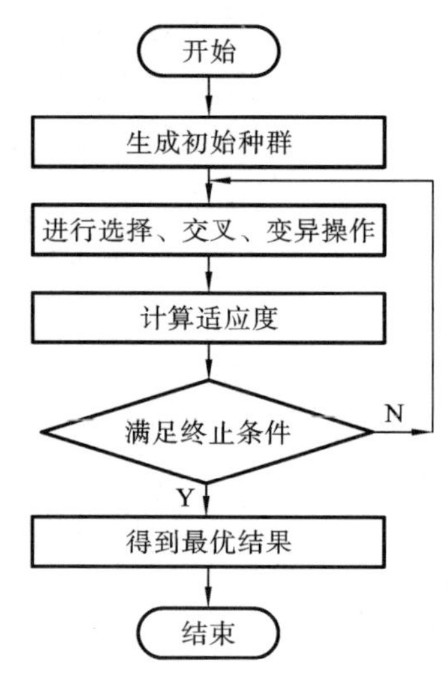

图 7-5　遗传演化算法的一般流程图

首先，用 n 个记号 X_i 来表示 X，并记为符号串

$$X = X_1X_2\cdots X_n$$

把每个 X_i 看作遗传基因，其所有可能的取值称为等位基因，而把 X 看作是由 n 个遗传基因构成的一条染色体。等位基因取值的范围可以是整数集、实数集，也可以是{0，1}集。

其次 X_i 的一种具体排列形式称为基因型，即 $X = X_1X_2\cdots X_n$ 中各 X_i 代入等位基因具体值，而这样的 X 所代表的数值就成为基因型所对应的一种表现型。$f(X)$ 则正比于 X 的适应度取值，并可据此来判定某种表现型的适应好坏。

然后，群体则由 M 个个体（具体某种 X 取值）组成，各取值一般具有表现型差异，甚至也可有基因型差异。而遗传演化的运算过程就是一种经由各种遗传操作的群体迭代过程：

$$P(t) \rightarrow P(t+1)$$

其中 $P(t)$ 表示第 t 次迭代时的群体。群体的优胜劣汰处理则根据适应度取值来进行，最终群体中的某个优良个体的表现型就对应或接近问题的最优解。

最后，遗传演化运算过程中的遗传操作一般包括有如下三种。

1）**选择**：从 $P(t)$ 中选择适应度高的个体到 $P(t+1)$ 中。

2）**交叉**：在 $P(t)$ 中的个体之间可以随机搭配成对，以某种概率交换他们之间的部分染色体，形成新的个体，放入 $P(t+1)$ 中。

3）**变异**：对 $P(t)$ 中的每一个个体，以某种给定概率进行改变基因位上的等位基因取值来形成新的个体，放入 $P(t+1)$ 中。

至于适应度函数的选择确定，则与目标函数 $f(X)$ 密切相关，其必须反映环境选择压和原问题解的要求。

这样，对于给定神经专家系统中的神经网络而言，就可以在权值矩阵和网络结构两个方面来进行遗传算法的优化学习。在对神经网络结构中的权值矩阵求优方面，我们可以按如下步骤来进行。

1）首先对权值矩阵进行基因编码，将一组权值编码为一条染色体，其中同一个神经元的输入源可以捆绑一起遗传优化，给出初始化权值矩阵赋值。

2）定义一个反映染色体性能估价的适应度函数，其值对应神经网络的性能：即错误平方之和的倒数。然后，对于给定的染色体，将其中所含每个权值分别赋给新神经网络中的连接边；用实例训练集测试该网络，并计算错误平方和，使得和越小，染色体越适应；遗传算法就是要寻找平方错误最小的染色体。

3）选择遗传算子，即选择具体的交叉与变异策略，并以染色体中的整小节为单位进行操作。

4）定义群体规模和参数，即规定不同权值矩阵代表的神经网络的最大数，以及交叉和变异概率、最大迭代数等参数。

除了权值矩阵的最优选择可以进行遗传算法产生外，神经网络的拓扑结构本身，也可以用遗传算法来选优产生。也就是用染色体编码神经网络的拓扑结构，那么当给定一组训练实例及网络结构的二进制串表示时，就可以构建如下选优的遗传算法步骤。

a. 选择群体规模、杂交概率、变异概率并定义训练迭代的数目。

b. 定义度量性能的适应度函数，通常神经网络的适应度取值不仅仅依赖于精确度，而且依赖于学习速度、规模和复杂性。当然性能更加重要，所以适应度函数可以定义为出错平方和的倒数。

c. 随机产生初始群体。

d. 将一个染色体解码形成一个神经网络，并设置初始权值范围［－1，1］内的随机数。在给定迭代次数内使用反传播算法用一组训练实例对网络进行训练。计算误差平方和并确定网络的适应度取值。

e. 重复 d 直到群体中所有个体均已处理。

f. 选择一对需要杂交的染色体，按正比于它们适应度取值的概率进行杂交。

g. 通过遗传算子杂交和变异建立一对后代染色体：其中杂交简单以整行（随机选择矩阵中一行）交换两个父辈染色体，形成两个后代；变异则按低于 0.005 概率来改变一到二位 bit 值。

h. 将形成的后代放入群体中。

i. 转 f 直到新群体规模多于初始群体规模，然后将新群体替代父群体。

j. 转 d，重复该过程，直到设定的代数为止。

最后，结合权值矩阵和网络结构遗传算法，就可以形成最优的神经网络并用于建造神经专家系统，或作为神经专家系统中自学习自适应的机制。这样不但可以弥补神经专家系统对于求解问题的灵活适应性，而且由于可以通过优化来动态选择神经网络的拓扑结构，在某种程度上也拓展了神经专家系统的通用性。

7.2.3 综合智能系统

通过上述混合智能系统的介绍，我们不难预见未来的智能系统一定是一种多层次综合型构造系统。因此，未来更为先进的智能系统应该考虑多层次智能方法的综合构建。比如利用经典专家系统、神经专家系统和演化神经系统的综合，就可以给出一种多层次综合型智能系统的构想，如图 7-6 所示。

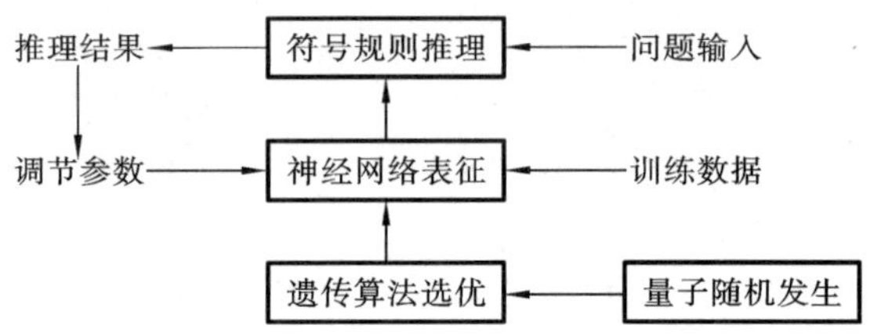

图 7-6　未来智能系统层次结构图

在图 7-6 中，最底层是生物层遗传机制，其决定智能系统的基本体系结构及最优神经网络权值矩阵，其中理想的各概率发生采用物理层的量子计算机制（可能的情况下，目前可以暂不考虑）。

然后用神经层的网络来表征符号规则推理机制：包括所有不精确推理、缺省推理和非单调推理方法的结合，从而形成某种神经智能系统，可以进行模糊或缺省或概率或次协调推理过程的表征，并且这样的表征可以进行适应性调整学习。

再利用神经网络表征的各种逻辑符号规则，实施问题求解的推理机制，从而形成某个领域问题的求解智能系统。

如果进一步考虑群体智能机制的引入，最后还可以考虑群体系统的构建。具体方法是，将上述不同功能的多层次智能系统，通过运用多主体系统方法，增加每个个体的感知、通信、规划等能力，来构成群体智能系统。

综合智能系统采用多种智能计算方法来构建，因此给理解带来了一定的难度。但如果从物理世界的构成层次上理解，即从物理的（量子计算）、生物的（演化计算）、神经的（神经计算）、符号的（符号计算）、群体的（群体计算），这样逐步由低级到高级的构建规律，就不难理解综合智能专家系统的层次建构原则。当然，这样的构想仅仅是未来智能系统的一种发展可能。

7.3 智能机器

智能机器指的是一类具有一定智能能力的机器系统，是综合运用软硬件智能技术研发的产物。典型的智能机器有智能机床、智能航天器、无人飞机、智能汽车等，特别是智能机器人。大多数智能机器均具有高度自治能力，能够灵活适应不断变化的复杂环境，并高效自动地完成赋予的特定任务。

7.3.1 智能机器综述

通常，在智能机器内部拥有一个智能软件，通过机器装备的传感器和效应器，捕获环境的变化并进行实时分析，然后对机器行为做适当的调整，以应对环境的变化，完成预定的各项任务。

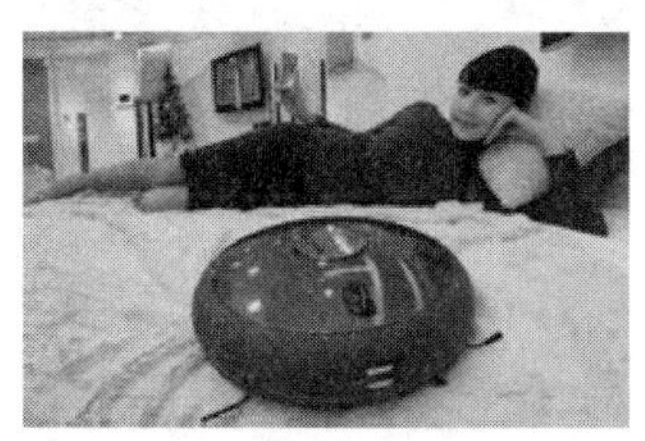

a）智能吸尘器

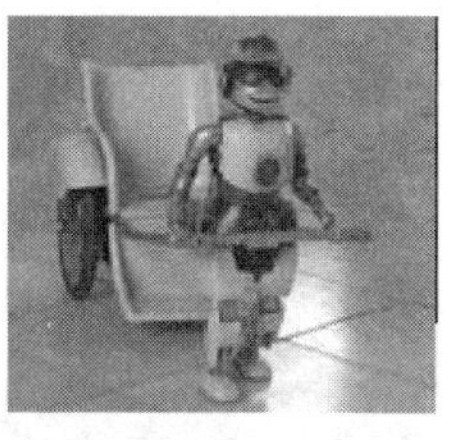

b）拉车智能机器人

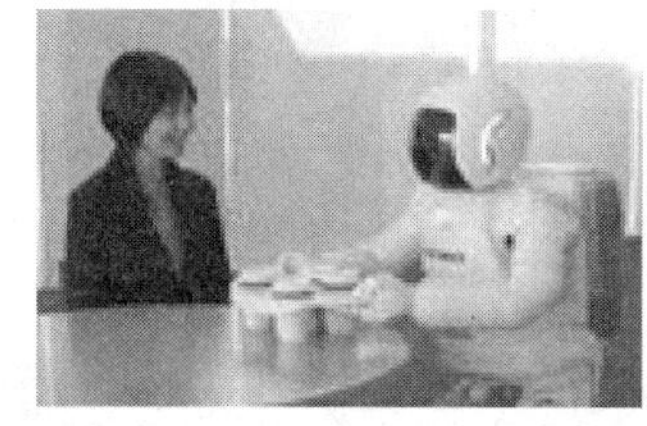

c）机器人医生

图7-7 服务型智能机器人举例

一般智能机器系统的构成分为智能软件、机器主体、传感器群、效应器群等。智能软件是智能机器的大脑中枢，负责推理、记忆、想象、学习、控制等；传感器则负责收集外部或内部信息，如视觉、听觉、触觉、嗅觉、平衡觉等；效应器则像人类筋骨、肌肉，主要是实施智能机器人的言行动作，作用于周围环境，如整步电动机、扬声器、控制电路等，实现类似人类嘴、手、脚、鼻子、躯体等功能。机器主体，则是智能机器人的支架，不同形状、用途的机器人差异很大。

比如就智能机器人而言，智能机器人之所以叫智能机器人，就是因为它有相当发达的“机器脑”。在机器脑中起作用的是中央处理器（集群），这种机器脑跟操作它的人有直接的联系。最主要的是，这样的机器人可以完成按目的安排的动作。正因为这样，我们才说这种机器人是真正的机器人，尽管它们的外表可能有所不同。如果是可移动智能机器或者智能机器人，那么还要考虑机器人导航、路径规划等问题。

目前，智能机器人研制工作吸引了众多国家的人工智能领域的科学家与工程师，特别是美国、日本、德国一些发达国家，各种智能机器人层出不穷，并应用到各个领域之中，从日常生活，到太空深海，到处都有智能机器人的身影，图7-7～图7-11列举部分实例。

a）取面包机器人

b）煎鸡蛋机器人

图7-8 餐饮服务机器人

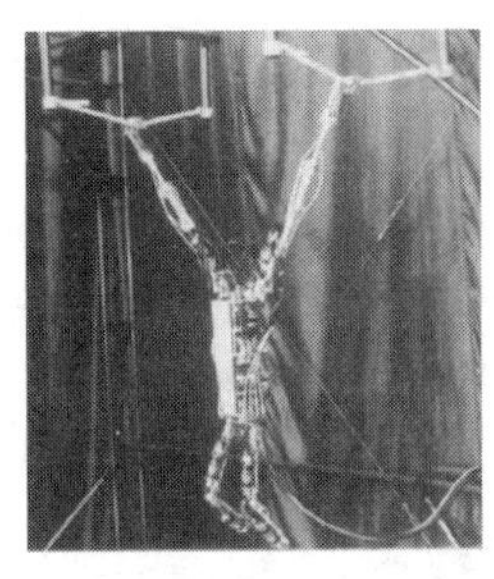
a）蜘蛛机器人

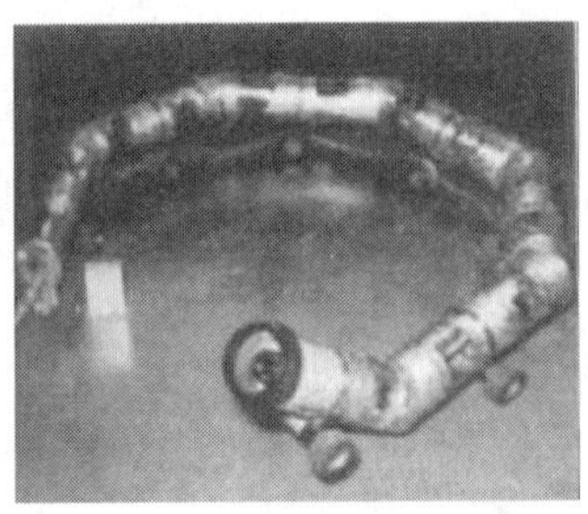
b）蛇形机器人

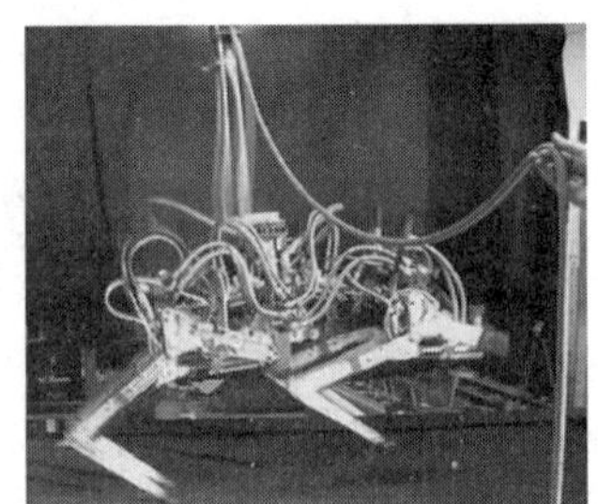
c）仿狼机器人

图 7-9　仿生机器人举例

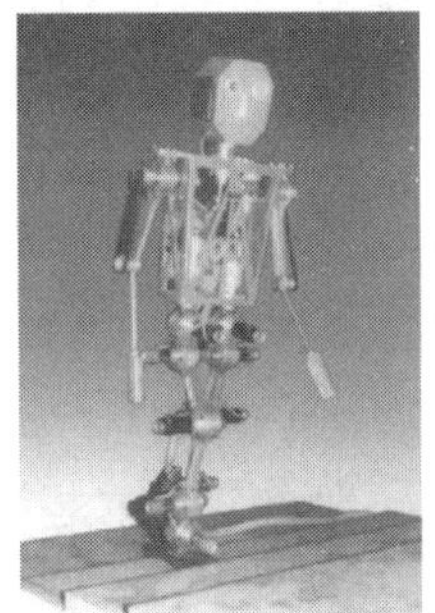
a）模仿拾阶功能

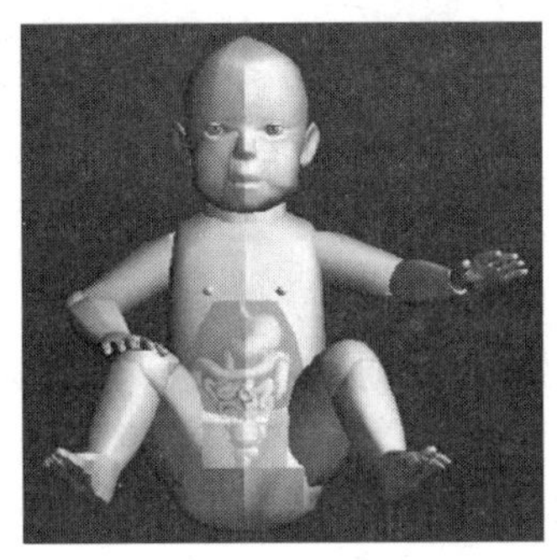
b）模仿肠胃功能

c）模仿跑步功能

图 7-10　仿人机器人举例

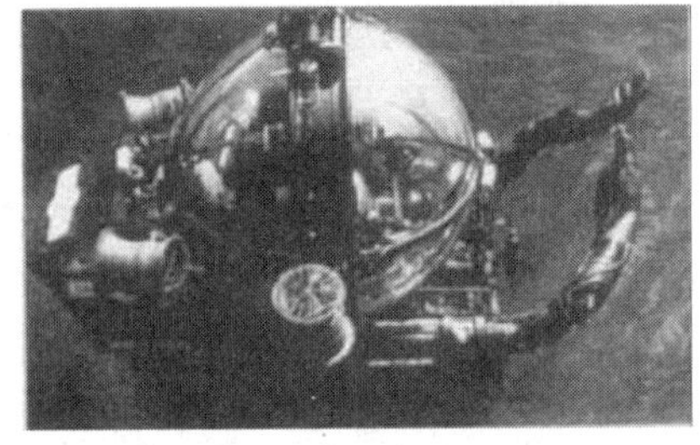
a）水下机器人

b）太空火星车

图 7-11　上天入海机器人举例

一般而言，智能机器人不同于普通机器人，应该具备如下三个基本功能：① 感知功能。能够认知周围环境状态及其变化，既包括视觉、听觉、距离等遥感型传感器，也包括压力、触觉、温度等接触型传感器。② 运动功能。能够自主对环境作出行为反应，并能够进行无轨道自由行动，除了需要有移动机构外，一般还需要配备机械手之类能够进行作业的装置。③ 思维功能。根据获取的环境信息进行分析、推理、决策，并给出采取应对行动的控制指令。思维功能也是智能机器人的关键功能和区分标准。当然，理想情况下，智能机器人还应该能够理解人类的语言，并与人类进行语言交流。

按照智能机器人功能实现侧重点不同，还可以对智能机器人进行分类，大致可以分为传感型、交互型和自主型三类，其智能化程度有所不同。

1）**传感型机器人**：又称外部受控机器人，这种机器人本身并没有智能功能，只有执行机构和感应机构。实现智能功能主要利用传感信息（包括视觉、听觉、触觉、接近觉、力觉和红外、超声及激光等）进行传感信息处理、实现控制与操作的能力。智能功能主要由外部控制机器来完成，并通过发出控制指令来指挥机器人的动作。

2）**交互型机器人**：有一定的智能功能，并主要是通过人机对话来实现对机器人的控制与操作。虽然具有了部分处理和决策功能，能够独立地实现一些诸如轨迹规划、简单的避障等功能，但是还要受到外部的控制。

3）**自主型机器人**：无需人的干预，能够在各种环境下自动完成各项拟人任务。自主型机器人本身就具有感知、处理、决策、执行等模块，可以就像一个自主的人一样独立地活动和处理问题。

据不完全统计，各类智能机器分布在众多不同的应用领域，目前主要包括医疗、餐饮、军事、玩具、水下、太空、体育、社区、工业、农业、家居等等，为人类社会的进步做出了杰出贡献。

7.3.2 智能武器系统

作为智能机器最高水平的体现，上述各类智能机器所形成的先进技术也被广泛应用到军事领域，其中典型的应用方面就是智能武器。

所谓智能武器，就是结合了人工智能技术研制的武器装备或系统，除了传统武器的杀伤力外，还集成了信息采集与处理、知识利用、智能辅助决策、智能跟踪等功能。智能武器可以自行完成侦察、搜索、瞄准、跟踪、攻击任务，或者进行信息的收集、整理、分析等情报获取任务，使得武器装备更加灵活、更加聪明。

因此，智能武器也成为具有智能性能的现代高技术兵器，包括精确制导武器、无人驾驶飞机、智能坦克、无人操纵火炮、智能鱼雷以及多用途自主智能作战机器人等等（见图 7-12、图 7-13）。这些智能武器不同与常规武器，就在于具备一定的智能能力。比如智能鱼雷，不仅具有一定的记忆功能，而且还能够分析、识别并跟踪各种不同的攻击目标。至于多用途自主智能作战机器人的智能化程度更高，可以自主完成地形地貌的分析识别，从而选择前进道路、判断敌情、辨别敌我目标，独立完成作战任务。

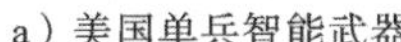

a）美国单兵智能武器

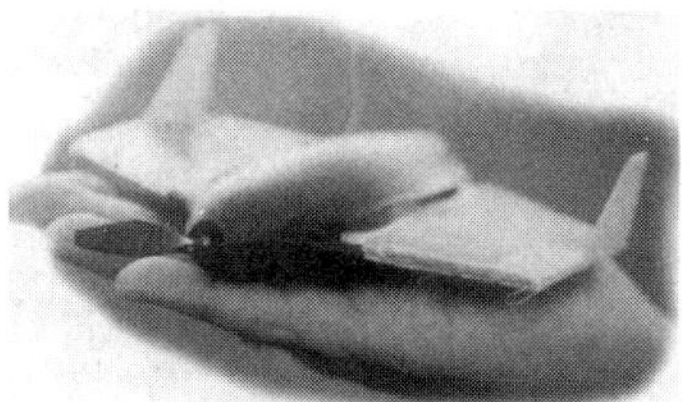

b）小型无人机

c）智能火箭筒

图 7-12 若干常规智能武器

智能武器的发展是人工智能迅速发展的必然产物，将最新高技术应用到武器的装备之中也是理所当然的事情，智能科学技术自然也不会例外。这也充分说明智能科学技术的先进性、重

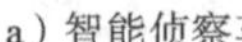

a）智能侦察车

b）智能坦克

c）军用智能机器人

图 7-13 各种作战智能武器

要性和实用性。

智能武器之所以比非智能武器性能更加优异，就在于其具有智能分析、处理与决策能力。比如如图 7-14 所示，就精确制导而言，智能导弹是在巡航导弹基础上发展起来，其比精确制导的巡航导弹更先进，就是因为其能够“有意识地”寻找到需要打击的目标。在导弹发射后，智能导弹能够在敌方上空自动搜索、识别、跟踪目标，给出最优化的攻击决策，并根据目标特征选择最佳战斗部位实施攻击。甚至可以携带多弹道导弹，一个接一个地摧毁敌方目标，持续战斗时间可达 60 分钟之久。

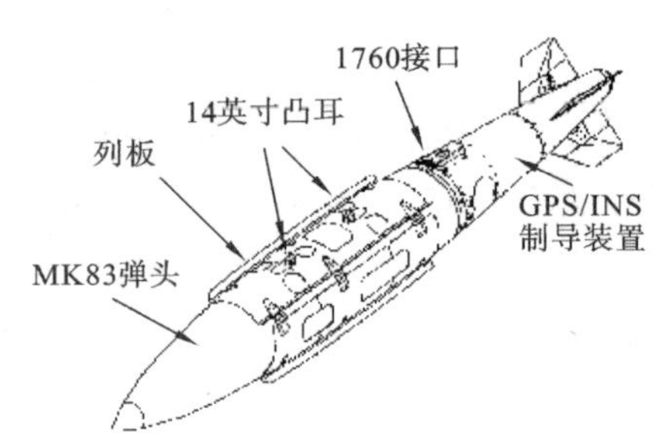

图 7-14 智能精确制导武器

再比如，一种称为广域智能引信地雷的智能武器，就装备有多功能传感器，可对目标的各种物理场进行检测分析。当敌方坦克进入距地雷半径 100 米范围时，即由地雷所装备的智能系统控制发射智能子弹药，并在发射后，子弹药可以在空中主动寻找目标及其薄弱部位，然后再行攻击，达到最佳攻击效果。图 7-15 给出了一些常见的智能地雷。

另外，从广义上讲，目前军队开发的智能化辅助指挥系统、兵棋推演系统，也可以说是一种广义上的“智能武器”，是专为指挥员配备的智能武器。军事理论家普遍认为，智能武器在未来军事战争中将占有重要地位，甚至是未来战争武器的主要形式。

1）**智能军用机器人**：能够模仿人类的许多智能能力，完成较为复杂的军事任务智能机器人。根据美国国防部的调查报告预计，未来的智能机器人将有 100 多种不同的战场应用。目前，世界上已经研制和列入发展计划的智能机器人主要有反导弹机器人、欺骗系统机器人、排雪机器人、防化机器人、烟雾机器人、侦察机器人、反装甲机器人、水下机器人、航天机器人等十余种。

图 7-15　各类智能地雷举例

2）**智能无人机**：是一种新兴的无人驾驶，能自行完成侦察、干扰、电子对抗、反雷达等多种军事任务的战机。如德国研制的“克尔达”无人机，可以在目标上空连续巡航 1 小时，机体内载有炸药、信号发射机、应答器等先进设备，既可执行电子干扰任务，也可诱敌发射导弹，进行特定电子侦察等任务。海湾战争中，美军曾使用了多种型号的无人驾驶飞机担负侦察任务，发挥了较好的作用。

3）**智能坦克**：由智能控制系统、信息接收和处理系统、指令执行系统及各种功能组件构成的新型坦克。质量虽然只有普通坦克的十分之一，但作战能力却远远超过普通坦克。根据执行任务的不同，又可分为智能主战坦克、智能侦察坦克和智能扫雷坦克三种。智能主战坦克除具有较高的克服多种障碍物的能力外，还具有很强的火力和突击力，能识别目标的不同特征，判断威胁程度并实施火力攻击。智能侦察坦克装有核、生、化探测器，红外、音响传感器、激光测距机等侦察器材，能在 64 千米/时的速度下鉴别道路，区分人员与自然地物，绕过障碍物，探测地雷，绘制地形图等。智能扫雷坦克可排除一次性触发地雷，也可远距离引爆感应地雷，一次作业能开辟 8 米宽、100 米长的通路。

4）**智能导弹**：是一种能自动搜索、识别和攻击目标的导弹。如美国研制的“黄蜂”反坦克导弹，该导弹装有一套先进的探测、控制设备。作战使用时，由飞机远距成批发射后，先超低空飞行，到达目标区可自动爬升上千米，俯视战场，选择目标，且互不干扰。若目标已有导弹跟踪，后到的导弹就会自动寻找其他的目标以获得最大杀伤效果。再如“海尔法”第三代反坦克导弹，采用了高灵敏度传感器和先进探测技术，能排除干扰，自动搜索、识别、锁定和攻击目标。

5）**智能地雷**：是一种能自动识别目标和控制装药爆炸，在最有利时机主动出击毁伤目标的地雷，有人也把它称作是长“眼睛”、有“耳朵”、会“判断”的地雷。目前，该种地雷的应用项目已经达十余种，其中比较典型的有自动机动地雷、遥感电磁地雷、自寻地雷、反直升机地雷、光电地雷等几种类型。反直升机地雷有两种：一种是布设在地面，能识别敌我的地空式定向反直升机地雷。当敌机飞到有效杀伤范围内，自动装置就会引爆地雷，以自锻破片，摧毁在 15 至 100 米低空飞行的敌方直升机（航速在 260 千米/小时以下）。还有一种地空式空炸反直升机地雷。它的工作原理与智能地雷相同，不同之处是，捕捉到目标之后，地雷的战斗部可发射至空中，在敌机身旁爆炸，用弹片来杀伤目标。

除了上述主要的智能武器外，目前还有利用脑科学中植入智能芯片技术，并与脑机接口技术相结合，研制开发出各种动物智能武器，如侦察苍蝇、壁虎、蜜蜂，以及老鼠炸弹等新型攻击武器。

7.3.3 智能机器未来

毫无疑问，智能武器的产生与广泛使用，必然对未来战争产生重大影响，虽然说“武器是战争的重要因素，但不是决定因素，决定的因素是人。”但从现代战争的实例，比如伊拉克战争、科索沃战争等局部战争已经看到，先进的战争武器所起到的重要作用越来越明显。更重要的是，智能武器能够替代人类自主参与战斗，因此可以直接避免战斗人员的伤亡，作战构成也将发生重大变化。一方面，直接参战人员会随着智能武器装备的增加而减少；另一方面，未来战争中参战人员必须掌握一定的智能科学技术知识，能够操作甚至维护智能武器，因为参战人员只有具备较高的智能科学技术素质才能熟练驾驭智能化武器装备，并充分发挥其作战效能。

应该清楚，科学技术进步的重要推动力是军事的需要，因此一个国家的科学技术最高成就往往首先体现在军事装备之上。反过来，今天的军事装备水平，也就代表了科学技术的最高水平，并且往往就是未来民用技术的先导。智能科学技术作为一种高科技的代表，自然也不例外，包括智能武器在内的各种智能机器，其代表的就是当代科学技术的最高成就之一。

我们相信，随着智能科学技术的不断发展与进步，将来智能机器也必将具备越来越多的智能功能。比如，利用可穿戴技术、脑机接口技术、生物合成技术、物质可编程技术，未来的智能机器一定是更加强调机器合成化、人机一体化甚至脑机融合化，使得智能机器更加方便、高效和灵活地为人类服务。

特别是随着对生物、神经、认知等方面认识不断深化，那种直接利用脑机制来实现机器人行为控制技术已经大大加快了智能机器的发展步伐。另外有关意识机器研究工作的开展，也会使得我们的智能机器人发生质的飞跃。可以预见，一个全新的智能机器时代必将为期不远了。

本章小结和习题

本章主要介绍了智能系统方面的内容，包括广泛应用的专家系统、融合各种智能计算方法的智能混合系统以及综合软硬件合成技术的各类智能机器。我们希望读者通过这些智能系统的了解，更好地体会到智能科学技术的先进性和广泛应用性，充分认识到掌握智能科学技术的重要性与迫切性。

习题 7.1 目前知识表示方法的主要特点是什么？如果要更好地表征人类的知识经验，应该注意哪些方面？

习题 7.2 给出下列对象的结构语义网络：（1）人体；（2）八仙桌；（3）自行车；（4）茶缸；（5）剪刀。

习题 7.3 请将诗句“两个黄鹂鸣翠柳，一行白鹭上青天；窗含西岭千秋雪，门泊东吴万里船”表示为命题语义网络。

习题7.4 专家系统的主要特点是什么？如何进一步完善目前的专家系统，使其更加方便地为人类服务？

习题7.5 智能机器人有着广阔的应用背景，如果由你来设计一种智能机器人，你希望应用在什么领域？具备哪些功能以及运用哪些成熟技术来实现？

习题7.6 未来战争在多大程度上取决于智能武器？请给出自己的观点，并加以论述。

习题7.7 请采用产生式专家系统构建方法来解决第2章描述的汉诺塔问题。

习题7.8 目前智能系统主要存在的问题是什么，从你自己的立场来分析。

习题7.9 使用传统专家系统的方法，对课程调度问题，构造一个专家系统，能够在教师资源、教室资源和学生班级种类等等的限制下，给出比较合理的课程动态调度方案。

CHAPTER 8
第 8 章

智能社会

延展心智的哲学观认为，人类的心智具有延展性。而分布式认知观则认为思维不仅仅是单个个体心智的事情，而是经过群体心智相互合作而产生的。这意味着，不管从这两种观点的哪一种看待，人类心智能力均有社会性的一面。因此，智能科学技术的应用自然也会波及人们社会生活的各个方面，包括正在不断发展的智能社会的构建之中。有学者指出，21 世纪的社会形态就是智能社会，代表着信息化社会的高级阶段。目前从技术层面上看，构建智能社会已经体现的主要方面包括智能家居、智能交通，以及更为广泛的智慧城市的兴建之中。

8.1 智能家居

家居生活的智能化实现技术统称为智能家居（Smart Home/Intelligent Home），涉及智能安防技术、智能控制技术、智能数字娱乐、保健专家系统、事务管理系统等多个方面，因此智能家居是一个综合性利用智能信息技术的研究领域。

8.1.1 智能家居整体架构

家庭是社会的基本单元，智能社会远景实现的第一步，自然首先是家居的智能化，为家庭提供安全、方便、舒适、环保、娱乐、健康的生活环境。从技术层面上讲，智能家居的开发平台主要是以住宅为核心，并延伸到日常起居的诸多方面。

智能家居是数字家园（Digital Family）和网络家居（Network Home）的延伸，是在数字化、网络化等信息化的基础上，进一步智能化的结果。因此，除了综合布线技术、网络通信技术、自动控制技术之外，更多地强调安全防范技术、音频视频技术、智能娱乐技术、健康保健技术、家政服务技术等。

智能家居系统应该具备的子系统包括家居布线系统、家庭网络系统、中央控制系统、家庭安防系统、家庭娱乐系统、医疗保健系统以及家政服务系统等。下面我们将分别并重点介绍智能化程度高的几个子系统。

1）**家居布线系统**：为了实现智能家居各种智能化服务，首先需要在家居住宅中进行布线，以便支持所有需要的语音/数据、多媒体、家电自动化、安防等多种应用实现，这就是智能家居布线系统。在家居布线的基础上，就是可以搭建家庭网络系统。图 8-1 给出一种基本的网络布线结构。

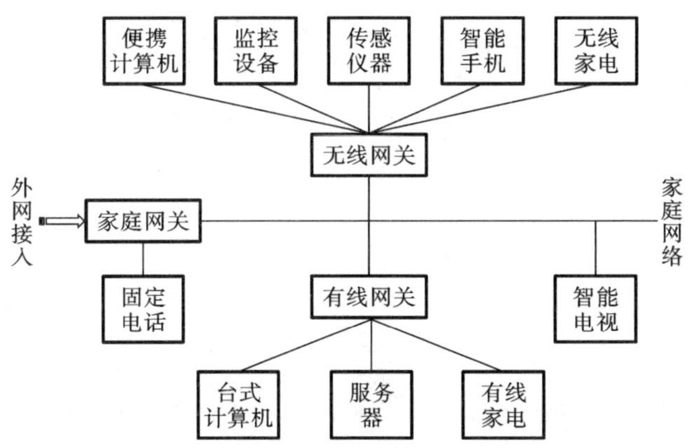

图8-1 智能家居网络布局

2）**家庭安防系统**：主要目的就是确保住宅与人员安全，基础设施包括：门磁开关、紧急求助、烟雾检测报警、燃气泄漏报警、破碎探测报警、红外微波探测报警等。高级设施则需要开发视频实时监控系统，即使远离住宅，家庭成员也能够通过移动智能终端，比如手机，实时监视住宅内外的情况。

3）**家庭娱乐系统**：充分利用音频视频多媒体手段，开发家庭娱乐系统，丰富家庭业余生活。比如人机互动娱乐活动、哼唱智能点歌软件，甚至机器填词谱曲辅助软件等等，都需要应用复杂的智能技术。

4）**医疗保健系统**：提供医疗保健、健康咨询服务、实现常规体检手段、给出饮食指南等功能，甚至对普通疾病提供基本的诊断服务。可以结合中医辅助诊断系统来提高健康咨询系统的服务水平和效果。

5）**家政服务系统**：除了开发家庭日常事务管理系统外，还可以开发家电控制系统，帮助家庭做家务，控制餐饮家电自动做饭、炒菜、洗碗，配置智能吸尘器打扫卫生等等。条件好的家庭可以购买各种家政服务机器人。

将上述各系统集成起来，就可以构成智能家居系统，加上数字化、自动化方面的诸多功能实现，这样的智能家居系统就可以提供如下优质的家居服务。

1）与互联网随时相连，始终在线的网络服务，为在家办公提供了全天候网络信息服务。

2）在安全防范方面，可以实时监控非法闯入、火灾、煤气泄露、紧急呼救。一旦出现险情，智能家居系统自动发出报警信息，同时启动相关电器进入应急联动状态，从而实现主动防范，避免不必要的损害。

3）利用人机会话技术，实现全部家电的智能控制或远程交互性控制，方便遥控家电的使用，提高家电使用效率，节省不必要的等待时间。

4）提供全方位的家庭娱乐服务，不仅仅是家庭影院、背景音乐这样低智能化的服务，而且可以利用高级智能技术，提供自动旋律声控点歌、辅助作词谱曲、歌舞动漫仿真等高级娱乐服务。

5）提供全面的家庭信息服务，包括健康咨询、理财管理、日常事务管理全部信息化，以及物业接洽信息提醒等服务。

6）实现家政服务的自动化，包括整体厨房和整体卫浴在内的现代化厨卫环境维护、日常生活家政事务的自动实现，所有家电维护、诊断与使用的自动化管理等。

总之，通过智能家居技术系统运用，可以为民众的家居生活提供方便、安全、舒适、健康、快乐等全方位周到及时的服务，提高民众的生活质量。

8.1.2　智能家居功能实现

从智能家居整体功能实现的层次上看，一般智能家居系统可以划分为如下感知子系统、网络子系统和应用子系统这样三个层次系统。

1）感知子系统：将感应器嵌入和装配到所有家电和专用设备之上，充分利用物联网技术，将各类可控家电设备、照明设备和安防设备等，均配备无线通信功能的嵌入式感知模块，来实现对家居环境各个环节的全面感知。

2）网络子系统：建立相对独立的局域网，配备相应的网络服务器，将所有监测与控制设备联络成网，并通过智能家庭网关与互联网实现数据交互。家庭成员可以通过各类终端设备，如个人电脑、智能家居机器人、移动手机等，对家居环境和设备进行远程监控。

3）应用子系统：开发各类智能居家监控功能的具体应用软件，从而为家庭成员提供全方位的优质家居服务。理想的应用子系统应该实现家居生活质量的提升，创造舒适、安全和便利的生活环境，极大方便日常家居生活活动。

从智能家居技术实现的难度上看，智能家居系统要素具有分布性、异构性和动态性等特点，涉及家居设备与设备之间、家庭成员与成员之间，以及家居设备与家庭成员之间的信息交互、配合协调甚至冲突协商等难题的解决。因此，理想的智能家居系统，适宜采用异构型多智能主体系统来构建。

那么，在智能家居系统中，什么是智能主体呢？通常在智能家居系统中，主体（Agent）可以指各类软件程序，也可以指各类家具设备，以及家庭成员使用的计算机和手机等如图 8-2 所示。原则上，这些主体可以随环境的变化而知觉与行动，并且具有自主性，其行为至少部分依赖自己的经验。作为一个参与互动实体，每个主体的行为会受到其他主体的影响。因此智能家居系统中的主体还应具备在多主体系统中互动交流的能力，并通过协作和竞争来参与完成共同的家居管理目标和任务，特别是那些个体无法独立完成的目标和任务。

在智能家居系统中涉及的主体，一般类型、结构和功能都不尽相同。按照目前已有的研究现状来看，家居设备通常可以看作应变型主体，家庭成员（通过计算机或手机）可以看作是认知型主体，以及家用机器人可以看作是复合型主体。因此，智能家居系统是一种异构型多主体系统，图 8-3 给出了一种基于总线网络结构的多主体智能家居系统体系架构示意图。

显然，对于异构智能多主体家居系统而言，最为重要的功能是智能主体之间的相互交流和协作，共同去完成任何单个主体均无法单独完成的监控任务。通常，按照多智能主体系统现有的理论，这种交流和协作是建立在知识通信和协作机制之上的。因此除了建立家居局域通信网之外，还要建立符合家居系统要求的知识通信协议以及基于知识通信之上的协作协商机制。

图 8-2 作为智能家居系统的主机

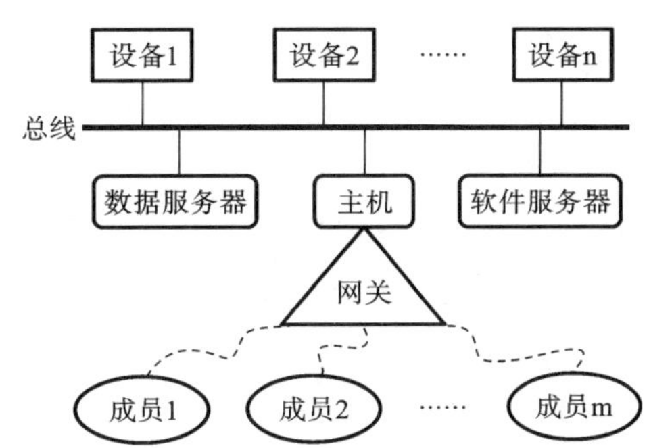

图 8-3 多主体智能家居系统体系架构

主体进行知识通信的目的是为了更好地实现自身、群体或系统的目标。在这里知识通信使主体能够协调其行动和表现，并且加强系统内部的联系。但光有知识通信机制还不够，主体在共享的环境中，还应表现出某种主动性，此时也就离不开整体性的系统协调。协调包括协作和协商两个方面。协作是非对抗主体之间的协调，而协商是竞争或纯粹自利的主体之间的协调。所有这些，都是开发异构多主体智能家居系统必须面对的问题。由于涉及深入的多智能主体系统理论，我们不再展开讨论，有兴趣的同学可以参见相关文献。

8.1.3 智能家居核心系统

理想智能家居系统应该能够为家居生活提供优美的环境、可靠的安防、舒适的室温、优美的音响、柔和的照明、便利的娱乐，以及能够提供家电遥控、远程医疗、健康保健、家庭教育、老幼护理等服务，其中家居安防、家人保健和家庭娱乐属于智能家居中智能技术应用最为集中的环节，也是未来智能家居发展的主要内容，因此需要做一些更为详细的介绍。

首先，家居安防系统主要是运用物联网技术，将涉及家居安全的各种家电设备和监控设备有效整合起来，对外来入侵、内部隐患和人员跌倒等进行实时监控，并及时报警和做出应急处理，确保家居生活环境和人员的安全。

一般用于家居安防的探测和监控设备包括门禁控制器、自动门窗控制器、网络摄像机、风雨检测仪、红外探测器、烟雾传感器、甲烷传感器、一氧化碳传感器、消防报警器、报警主机及其他安防设备。这些安防设备可以通过家居有线或无线网关接入家居网络系统，经过报警综合性系统的实时处理，为家人提供报警信息服务。

家人接到报警，则可以通过紧急按钮或遥控装置等处置设施，或紧急求援、或紧急处置，来对突发的安防事件进行及时响应。家庭常见的安防事项大致可分为如下 6 项。

1）**风雨来袭**：家中无人，一旦遭遇突发风雨天气，可以遥控窗户自动关闭，从而避免风雨浸湿家居内部环境。

2）**煤气泄漏**：当相应的检测传感器发现室内煤气浓度超标，则通过安防系统可以关闭煤气管道阀门、开窗通风，并及时报警，向主人手机发送短信或电话通知主人。

3）**非法入侵**：当门窗被非法开启，或者网络摄像机、红外探测器等发现居室出现可疑人员，立即发出刺耳警报声，并同时向主人手机发送短信，提醒主人通过手机远程实时察看，并做出应急处理。

4）**室外监控**：通过网络摄像机的实时监控，及时发现家居周边环境的可疑行人。一旦出现异常行为，短信提醒主人通过手机远程实时察看，并作相应处置。

5）**火灾监控**：烟雾传感器可以24小时实时监测烟雾浓度，一旦室内烟雾浓度超出临界值，消防报警器便自动响起报警。并短信提醒主人通过手机远程实时察看，并作相应处置。

6）**人员安全**：老人小孩跌倒或做出危险举动，通过网络摄像机可以及时发现，安防系统随即采取防护措施，或报警或救助或防范。

不过，为了有效保证上述安防功能的实现，除了硬件设备的配备外，还必须构建智能化程度较高的家居安防子系统，比如视频监控子系统、消防防护子系统以及综合报警子系统等并相互关联，共同构成完整的家居安防系统。家居安防系统结构如图8-4所示。

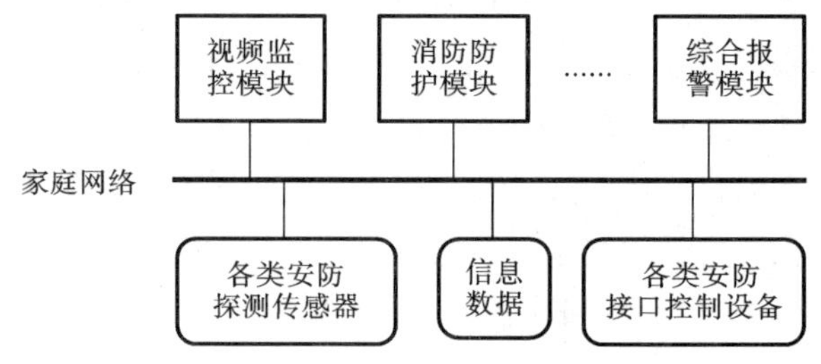

图8-4　家居安防系统结构图

对于视频监控子系统，涉及的安防功能主要是人员及其行为检测、识别和判断，比如家居周边可疑人员及其行为检测、室内陌生人员的检测识别、家庭成员跌倒等异常行为分析等，这些都需要运用视觉计算方法和技术来辅助解决。当然，也可以利用全面覆盖的网络摄像机，简单将不同视角、不同区域、不同部位的实时摄像，经过图像视频技术进行拼接，通过无线网络，远程传输到主人手机之上，由主人做出识别和判别。然后再遥控进行进一步监控和处置。

消防防护子系统则是对各种烟雾、煤气、一氧化碳、风雨侵袭等进行综合分析处理，判断是否要进行报警和防护处置的决定，然后统一通知主人并做出相应的自动防护处理，确保人员和财产的安全。

不管是人员安全、消防安全、入侵安全，一旦出现安全突发事件，都需要及时报警并采取相应防护处置，这便是综合报警子系统的任务。如果产生多发安防事件，还要进行优先级响应次序的设置处理。这样便涉及智能决策方法和技术，需要引入相关的智能技术来进行构建。当然，综合报警子系统，除了报警之外，还需要开展警情处理控制，在第一时间及时终止有害事件的发生或蔓延。这也需要系统具备一定的智能综合处理功能，才能够达到最优的救护、避险、免灾的效果。

总之，家庭人员可以通过各种监控设备，在上述家居安防系统的辅助下，实时了解、掌握和处置家居中出现的一切不安全事件，远程动态观察家居内外环境的变化、远程遥控相关的安防设备进行实时安全防范处理，最大限度地避免人员和财产的损失。

当人们的家居环境安全得到保障后，接下来要考虑的自然就是家人的身体健康保障了。因此，家庭医疗保健是智能家居另一个非常重要的环节。

家庭医疗保健通常归入“家庭保健工程”（Home Health Care Engineering，HHCE）范畴。大体上，HHCE致力于研究、开发和生产面向家庭的、与个人身心健康相关的各类医疗技术、健康咨询和修身养性等方面的系统。

与智能家居相结合，HHCE主要任务是要实现医疗服务走进家庭。在配备先进适用的医疗装备条件下，在家居环境中对家庭成员进行健康监护、诊断、治疗、康复和保健的实施。为了能够有效开展家庭医疗保健活动，需要提供如下医疗设备和技术。

1）**诊断与监护仪器设备**：为了能够对家庭成员进行经常性的生理指标检测，及时掌握健康状况，就需要一批适用于家庭环境的先进医疗检测仪器。适用于家庭诊疗的仪器设备一般要求便携式、可穿戴、小型化、集成性。目前主要用于家庭医疗保健的仪器设备包括电子血压计、血氧饱和度测试仪、心电图和脑电图等检测仪、跌倒检测仪、体征监测仪等。如果采用中医亚健康体检方法，则需要提供脉象仪、舌象仪、面诊仪等设备。

2）**生理信号检测技术**：将各种检测仪器及其技术用于家庭成员的生理信号的检测，并通过远程通信与各类医疗机构建立远程医疗模式，从而实现随时诊疗活动。此时检测信号的分析与传输、远程诊断与治疗的实施，均需要相关的智能技术和虚拟现实技术的介入，方能够切实完成整个实时诊疗过程。

3）**远程虚拟医疗技术**：借助于互联网或局域网，通过各种数字化医疗仪器、虚拟现实设备及其相应的智能接口技术，来开展家庭医疗服务。家庭终端用户设备包括电子扫描仪、数字摄像机、手持式终端设备，以及一些远程医疗专门医疗检测和治疗设备。多媒体虚拟现实技术可以为网上会诊、治疗和监护提供技术保障。

4）**专业的家庭虚拟医院**：基于远程网络技术和虚拟现实技术，甚至可以为特定家庭建立网上数字化虚拟医院，充分整合社会医疗资源，进行家庭医疗保健的及时、高效和全面的服务。在虚拟医院的数字化网络中，设置的节点包括门诊室、护士室、检查科、各类专家门诊室等，并提供良好的人机界面。

利用上述医疗仪器设备、网络通信技术和智能处理技术，可以首先搭建家庭无线智能医疗监控系统。然后在此基础上，再介入远程虚拟医疗系统，可以更好地开展家庭医疗保健活动了。

随着HHCE各项技术的不断成熟，目前在全球范围里正在广泛实施家庭医疗保健工程计划“HHCE计划”。相信不远的将来，每个家庭不用出门就可以获得优质的医疗保健服务。应该看到，家庭医疗保健工程的不断深入发展，对于缓解医疗资源紧缺、提高医疗服务水平，以及增强家庭保健意识，都有着十分重要的现实意义。

当然，随着人们生活水平的提高，人们不但越来越重视生命的健康问题，而且也更加强调生活的品位；不但要求身体强健、精力充沛，而且希望心情愉悦。因此，家庭娱乐也就成为智能家居的一个不可或缺的环节，也是一个提高家庭生活精神需求的环节。

在智能家居中，实现家庭娱乐的技术就称为家庭数字娱乐技术。家庭数字娱乐技术主要以家庭网络为基础，通过连接各类家庭娱乐设备，充分利用网上海量娱乐资源，形成一种网络化、智能化和交互式的家庭娱乐系统。

信息技术的不断进步早已将我们的家庭居所变成了娱乐场所，一台计算机、一部手机乃至一架电视都可以成为娱乐的工具，去享受网上海量的数字娱乐资源，如动画、游戏、影音、音乐、数字图书等等。更不用说还有形形色色、多种多样、款式各异的娱乐机器人、聊天软件、数字艺术创作系统等等。

随着互联网产业、数字媒体技术、智能技术的不断发展，娱乐、信息与通信融为一体，完全满足了数字娱乐走向家庭生活、走向每个家庭成员的技术要求。对于家庭娱乐的技术建设而言，主要需要构建的保障技术包括家庭影院、视频点播和交互游戏这样三个方面。

通俗地讲，在家庭环境中营造出具有影院效果的场所就称为家庭影院。家庭影院在大屏幕电视或投影电视、多通道环绕音响设备、各类遥控手持设备等配置的基础上，集成相关的音视频编码、解码模块，家庭影院控制模块，以及各类高质量多媒体数字节目源。

在家庭影院里观看电影具有真实影院一样身临其境的效果，让每位家庭成员都享受到最好的视听效果。家庭成员在这个合理营造的视听环境里，不但能够观赏到心仪的影视作品，而且还能聆听优美的音乐、举办卡拉 OK 活动、交互式开展电脑游戏等。

为此，家庭影院系统往往整合视频点播模块和智能交互模块，来增加娱乐服务的多样性和新奇性。此时，需要有数字服务器和虚拟现实技术甚至脑机接口技术的支持，从而能够实现娱乐过程的交互性。

有了先进成熟的家居安防技术、家庭医疗保健技术和家庭数字娱乐技术，加上智能家居其他部分的功能保障，智能家居必将越来越普及。目前经过将近 30 年的研究开发，智能家居技术正在不断完善之中。随着智能家居产业的迅猛发展，越来越多的家庭开始引入智能化系统和设备。相信不久的将来，各个国家发达地区的智能家居将成为普遍的需求。

当然，作为智能社会的细胞，智能家居的发展必然与智能小区，乃至智慧城市的发展密切相关。就目前而言，智能家居依然只是个别现象。但作为房地产开发商，在新建住宅小区的过程中，必须预先考虑到智能家居的发展需求与空间，只有这样，才能满足不断增长的社会需求。

8.2 智能交通

关于智能交通系统，百度给出的定义是：智能交通系统（Intelligent Transport System 或者 Intelligent Transportation System，简称 ITS）是将先进的信息技术、通信技术、传感技术、控制技术以及计算机技术等有效地集成运用于整个交通运输管理体系，而建立起的一种在大范围内、全方位发挥作用，实时、准确、高效、综合的运输和管理系统。

8.2.1 智能交通功能分析

根据第 1 章智能学科地位的分析，从对“先进”两个字的解读看，智能交通系统就是运用智能科学技术建立的一个综合性交通运输管理体系，包括旅客客流疏导系统、城市交通智能调度系统、高速公路智能调度系统、运营车辆调度管理系统，以及机动车智能控制系统等等。

除了常规的电子技术、通信技术、传感技术、控制技术以及计算技术的综合运用外，而先进的智能技术是其中的核心技术，并且随着智能交通系统的不断发展，智能技术所起的关键作用也将越来越明显。

智能交通系统，从信息处理的角度看，涉及交通信息的采集、分析与发布三个环境，都存在大量的智能技术问题需要解决。

首先是交通信息采集而言，这是智能交通系统的重要子系统之一，就不能依靠人工输入的手段来进行，而是要充分利用 GPS 车载导航仪器（甚至 GPS 导航手机）、CCTV 摄像机、红外雷达检测器、光学检测仪，以及车辆通行电子信息卡，开发智能数据采集技术来进行，其中单单视频图像的处理，就涉及比较复杂的视觉计算智能技术问题。

至于信息处理分析方面，更是需要开发各种专门的专家系统、智能决策系统以及各种数据分析智能技术。比如就行驶车辆的自动识别问题，就是一个典型的模式识别问题。其他如行人检测、机场与车站人群动态监控、船只车辆的跟踪导航等等，也都包含了众多的智能技术需要解决。

最后，即使是交通信息的发布，也会涉及智能多媒体技术、智能网络广播以及车载智能终端技术等问题。

总之，智能交通系统的功能实现（如图 8-5 所示）会涉及大量智能科学技术的应用。因此，智能科学技术无疑将成为智能交通系统的核心技术。

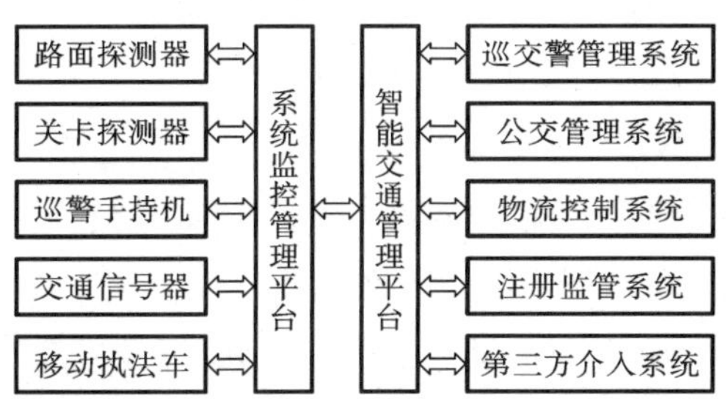

图 8-5　智能交通信息集成系统框架图示

8.2.2　智能交通系统构成

典型的智能交通系统由车辆控制系统、交通监控系统、车辆管理系统、旅行信息系统等子系统组成。

车辆控制子系统是智能交通系统的核心，也是其智能化含量比较高的组成部分。单单就车辆控制子系统中的导航功能实现而言，就涉及先进的智能技术。即使在全球卫星定位系统的技术保障前提下，要能够给出最优导航路线，也需要运用许多智能技术才能够得以有效实现。图 8-6 给出的就是车辆导航功能实现的基本环节，其中涉及路线规划的优化算法、数字地图匹配算法、自动推算定位算法、行进控制跟踪算法，甚至动态地图更新算法等等，均需运用智能计算方法来解决。

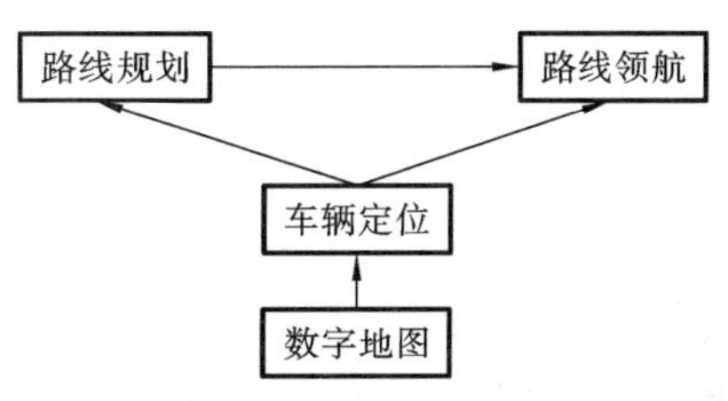

图 8-6　车辆导航功能实现模块图

至于车辆控制系统中的智能自动驾驶汽车（智能汽

车），其关键技术更是会涉及智能环境辨识、智能避让导航以及智能控制行进等多个方面。智能汽车通过安装普通摄像仪、雷达或红外探测仪等视频设备，要能够准确地分析路况信息，遇到避让或突发情况，需要及时发出警报或主动刹车或调整车速或避让。目前，许多先进国家都在大力推进智能汽车的研发，我国也有开展这方面的研发工作。

交通监控系统中需要的先进智能技术就更为明显，要对交通枢纽（机场、车站、码头）、交通道路、交通工具（飞机、车辆、船只）进行实时监控，出现问题及时处理（交通事故、交通拥堵、群发事件）的安全应急响应，都需要智能技术帮助及时获取、发现与跟踪。

车辆管理系统则通过车载计算机（或 GPS 车载导航仪器）来实现司机与调度管理中心之间的双向通信，实现动态调度，提高商业车辆、公共汽车和出租汽车的运营效率。这就需要开发智能化调度管理系统，甚至智能调度决策支持系统。其他飞机或船只也一样，都需要利用相关的智能技术才能够更好地实现动态、远程、实时的优化调度，提高运输工具的使用效率。

最后，就是旅行信息系统，主要是为旅行人员及时提供各种交通信息、开展电子支付业务，因此系统功能十分庞杂。虽然目前运用的技术主要是信息查询服务技术，但是为了使得用户得到更加方便、快捷、温馨的服务，也需要开发各种智能化程度更高的人机接口界面，以及功能齐全的智能服务终端。

8.2.3 智能交通基础建设

为了有效构建智能交通系统，交通系统的物联网平台是不可或缺的重要基础性建设。物联网是一个基于互联网、电信网、无线网等信息通信基础之上，将所有物理实体对象互联互通的网络。为此，如同智能家居中将所有的家电设备连接成网一样，要对交通系统中所有涉及的道路标志、行驶车辆、交通枢纽、管控站点（如摄像机、红绿灯、手持仪）等，均加以寻址化、传感化、设备化。使得每件物体均可寻址、通信、控制，从而实现全方位互联、互通和管控。

利用 GPS 定位系统对移动物体，如手持仪、智能手机、行驶车辆配备接收机，也可以纳入交通物联网之中。GPS 系统构成包括宇宙空间、地面监控和用户设备三个部分。宇宙空间部分由 24 颗工作卫星组成，以确保任何时刻的某一地面位置至少都有 6 颗卫星可以检测到，这样才能够进行全方位定位。地面监控部分则由多个专用天线和监视站构成，可以随时进行空地交互。最后，用户设备部分就是智能手机、行驶车辆和任何移动物体所配备的专用 GPS 接收机，以实现对具体移动目标的导航。

当然对于移动物体的跟踪导航，也可以利用手机无线通信的蜂窝网络中的基站地址，甚至覆盖完备的 WiFi 接入地址来进行定位实现。此时具有无线通信功能的所有移动物体也都可以纳入到智能交通的物联网。

因此，交通系统的物联网是融合了传感器、计算机、通信网等各种技术于一体的实物网络系统。在这样的物联网技术基础上，智能交通系统才能够对所管理的交通对象进行全面的感知和管控。

总之，在智能交通系统中需要解决的车辆自动导航、动态交通预测与控制、道路识别与管理、旅行者行为模型、智能交通建模、道路地图更新学习、智能车辆控制、实时调度优化、突发事件应急响应等等都涉及复杂的智能计算问题。这就需要大量真正掌握先进智能技术的人才。只要有了掌握未来先进智能科学技术的中坚力量，那么包括智能交通在内的智能社会建设，就会呈现一派蓬勃发展的新气象。

8.3 智慧城市

智慧城市是指充分借助物联传感网、无线移动网、全球互联网，利用先进的信息技术手段，特别是智能技术构建城市发展的智慧环境。智慧城市涉及智能家居、智能楼宇、路网监控、智能医疗、智能交通、城市管理、城市生态、智能教育与数字生活等诸多领域。其目标就是要形成基于海量信息和智能处理的生活方式、产业发展、社会管理等模式，面向未来构建全新的城市形态。

8.3.1 智慧城市整体架构

在智慧城市的架构（如图8-7所示）中，无线网、互联网、物联网等三网一体，如果类比到智能家居，那么就相当于是智慧城市的“基础布线系统”；智能家居是智慧城市的单元；智能交通、智能医疗、智能楼宇、智能教育、智能能源、智能环境等是智慧城市的功能实现；智能识别、移动计算、信息融合、云端计算等则是智慧城市的关键技术。

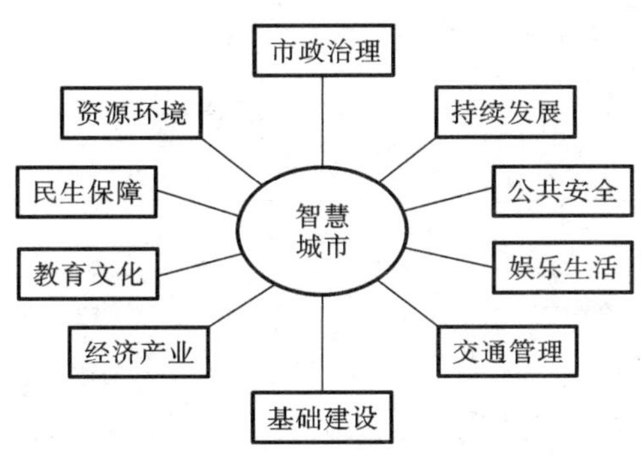

图8-7 智慧城市规划

因此，智慧城市建设就是要充分运用智能信息处理技术手段来感知、识别、分析、融合城市运行核心系统的关键信息，提升民生、环保、安全、服务、商务等质量，为市民创造更加美好的城市生活。

从技术层面看，智慧城市的主要功能包括如下五个方面：①由传感器和智能终端构成的物联网覆盖整个城市，可以对城市运行的核心系统进行全方位的感知、监控和分析。②物联网、移动网、互联网三网融合，为城市智能管理提供有效的信息流通平台。③超级计算中心负责大数据分析与处理，从而对城市物理环境进行实时动态管理。④在智能设施的基础上，全面开展智能化政务管理、企业经营、市民生活等创新性开发应用。⑤城市主要核心系统之间实现高效协同运作，实现城市最佳运行状态。

为了构建创新型城市运行体系，使得政府、企业、机构以及市民之间关系更加紧密透明，为城市发展提供持续的创新动力，规划这样的智慧城市系统，原则上应该拥有如下一些标志技术特征。

1）**充分的物联感知**：通过各种传感器，如全球卫星定位系统、无线射频识别仪、监控摄像仪、手持终端、智能手机、红外线装置、各种专业传感器等等，随时测量、捕获、传送反映城市动态状况的实时信息，以便有效开展对城市的动态监测。

2）**全面的互联通信**：物联网、无线网和互联网相互连通，在任何时间、任何地点，均可以进行全方位的即时信息交互，及时传递各类数据信息。

3）**先进的智能技术**：应用先进智能手段，通过大数据分析、智能决策以及社会网络分析等方法，整合和分析跨地域、跨行业和跨部门海量数据，对城市运行状况进行实时监控，及时响应处理并解决随时出现的新问题。

为此，构建智慧城市的核心目标就是要以一种更加智慧的方式，通过充分利用物联网、云计算和大数据等先进信息处理技术来转变城市管理模式、提高城市运行效率，为城市居民创造更加美好的生活环境、设施和服务。比如整合城市公共服务资源、方便市民办理各项事务、提高社会安全保障和应急救助等，从而实现城市和谐健康发展。

一般从技术架构上看，利用物联网、云计算和大数据等支撑技术，根据面向服务的架构技术（SOA），可以按照如图 8-8 给出的模型来搭建智慧城市的架构体系。图 8-8 给出的架构模型中共分四个层次：物联感知、网络通信、数据服务、智慧应用，我们扼要介绍如下。

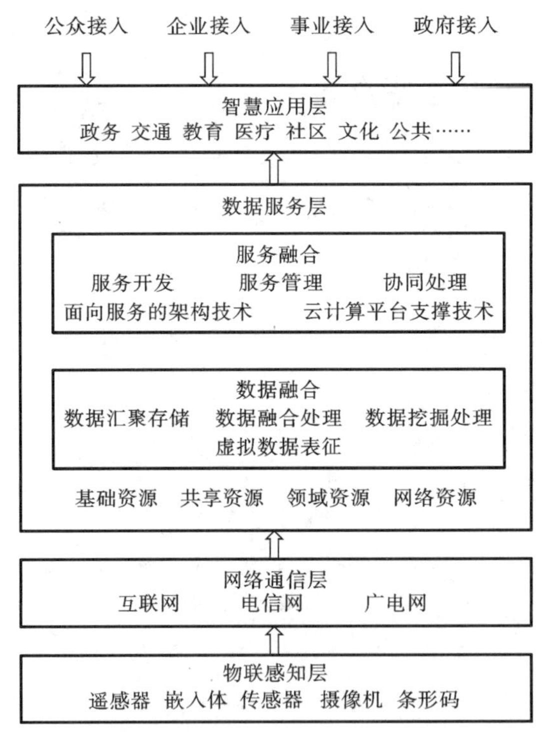

图 8-8　智慧城市技术架构模型

在搭建的物联网基础上，物联感知层主要实现对整个城市物体信息的智能感知。通过遍布城市每一场所的终端传感设备，如遥感设备（遥感器）、嵌入系统（嵌入体）、传感设备（传感器）、射频标签（条形码）、拍摄设备（摄像机）等，对城市气候、基础设施、环境状况、人员流动、车辆行驶、建筑状况、城市安防、家居生活等等方面，进行全方位的信息采集、感知识别和检测控制。

为了实现城市有效的物联感知能力，需要射频识别技术、电子传感技术和智能嵌入技术的支撑。射频识别技术（RFID）主要针对所有贴有射频电子标识（条形码）的物体进行识别阅读，获取该物体有关记录数据。电子传感技术则是通过各类传感器，去获取自然与社会的环境信息，并进行必要的信息压缩、识别、融合和重建等环节的智能处理和加工。智能嵌入技术是通过嵌入式系统（由嵌入式微处理器、外围硬件设备、嵌入式操作系统以及相应的应用程序构成），来实施对被嵌入的其他设备系统的控制、监视或管理等任务。

网络通信层主要基于互联网、电信网、广电网及其融合技术来实现容量大、带宽阔、性能高的全天候、全覆盖的城市光纤与无线通信功能。城市网络通信系统应该具备如下主要特性。

1）**融合**：在互联网、电信网、广电网三网融合的基础上，广泛实现行业、业务、终端等技术融合，并在智慧应用层使用统一的通信协议。

2）**移动**：利用宽带无线接入技术，实现城市区域无线通信的全覆盖，使得无线移动网络服务无所不在、无时不有、无事不入。

3）**兼容**：无线接入通信协议标准之间做到全面兼容，提高实时协调处理效率，切实实现各类实时性移动应用服务。

4）**宽带**：构建城市家庭接入全覆盖的光纤网络，进入城市智慧宽带时代，为智慧城市各应用服务系统提供高效、通畅和实时的网络通信。

5）**泛在**：所谓泛在主要指的是物联网无所不在的覆盖性。利用电子传感技术、射频识别技术（RFID）、全球定位系统（GPS）以及人工智能技术，构建泛在的物联网，实时采集任何需要监控、连接、互动的实体或过程；并通过各种可能的网络接入，实现物物之间、物人之间、人人之间的泛在性链接，从而实现对所覆盖物体及其动态变化过程的全方位感知、识别、跟踪、监控和管理。

数据服务层主要是为各类智慧应用系统提供数据支撑服务。在智慧城市的运营之中，数据是最为重要的战略性资源。为了有效汇聚、存储、共享、分析和利用各类数据资源，从而提升对城市资源的有效监控、管理和服务能力，就需要进行数据融合和服务融合。

就智慧城市的建设而言，数据融合涉及数据虚拟表征、海量数据汇聚存储、数据融合处理以及数据挖掘分析。其中数据融合处理包括多源信息数据的采集、传输、综合、过滤、分析和合成等环节；数据挖掘分析则包括对海量数据进行自动分类、自动汇总、自动聚类、关联分析、异常分析等等，直接为各类智慧服务系统提供决策支持服务。

数据融合之后就是服务融合，如图8-8所示，主要包括开发服务、服务管理、协同处理、通用服务等内容。服务融合主要对数据融合提供的各类数据资源统一进行封装、处理和管理，服务于各类智慧城市的应用系统。

8.3.2 智慧城市应用系统

最后，智慧应用层就是在物联感知、网络通信和数据服务的支撑基础上，具体针对城市不同方面的需要，来开发相应的各类智慧应用系统。比如物流、能源与环保这些基础性智慧系统的建设，医疗、教育、文化等这些民生性智慧系统的建设，还有政务、商务、公安等保障性智慧系统的建设。目前已经开展的建设项目包括如下 12 个方面（引自百度百科，并做了改编）。

1）**智能公共服务**：建设智慧公共服务和城市管理系统。通过加强就业、医疗、文化、安居等专业性应用系统建设，通过提升城市建设和管理的规范化、精准化和智能化水平，有效促进城市公共资源在全市范围共享，积极推动城市人流、物流、信息流、资金流的协调高效运行，在提升城市运行效率和公共服务水平的同时，推动城市发展转型升级。

2）**智能社会管理**：完善面向公众的公共服务平台建设。建设市民呼叫服务中心，拓展服务形式和覆盖面，实现自动语音、传真、电子邮件和人工服务等多种咨询服务方式，逐步开展生产、生活、政策和法律法规等多方面咨询服务。开展司法行政法律帮扶平台、职工维权帮扶平台等专业性公共服务平台建设，着力构建覆盖全面、及时有效、群众满意的服务载体。

3）**智能企业服务**：完善政府门户网站群、网上审批、信息公开等公共服务平台建设，推进公共行政服务，增强信息公开水平，提高网上服务能力；深化企业服务平台建设，加快实施劳动保障业务网上申报办理，逐步推进税务、工商、海关、环保、银行、法院等公共服务事项网上办理；推进中小企业公共服务平台建设，提高中小企业在产品研发、生产、销售、物流等多个环节的工作效率。

4）**智能安居服务**：开展智慧社区安居工程，充分考虑公共区、商务区、居住区的不同需求，融合应用物联网、互联网、移动通信等各种信息技术，发展社区政务、智慧家居系统、智慧楼宇管理、智慧社区服务、社区远程监控、安全管理、智慧商务办公等智慧应用系统，使居民生活“智能化发展”。

5）**智能教育服务**：建设完善城市教育城域网和校园网工程，推动智慧教育事业发展，重点建设教育综合信息网、网络学校、数字化课件、教学资源库、虚拟图书馆、教学综合管理系统、远程教育系统等资源共享数据库及共享应用平台系统。继续推进再教育工程，提供多渠道的教育培训就业服务，建设学习型社会。

6）**智能文化服务**：积极推进智慧文化体系建设，积极推进先进网络文化的发展，加快新闻出版、广播影视、电子娱乐等行业信息化步伐，加强信息资源整合，完善公共文化信息服务体系。构建旅游公共信息服务平台，提供更加便捷的旅游服务，提升旅游文化品牌。

7）**智能商务管理**：推进传统服务企业经营、管理和服务模式创新，加快向现代智慧服务产业转型。具体实现智慧物流、智慧贸易、智慧服务等系统开发。积极通过信息化深入应用，改造传统服务业经营、管理和服务模式，加快向智能化现代服务业转型。

8）**智能医疗保障**：建立卫生服务网络和城市社区卫生服务体系，构建全市区域化卫生信息管理为核心的信息平台，促进各医疗卫生单位信息系统之间的沟通和交互。以医院管理和电子病历为重点，建立全市居民电子健康档案；以实现医院服务网络化为重点，推进远程挂号、电子收费、数字远程医疗服务、图文体检诊断系统等智慧医疗系统建设，提升医疗和健康服务水平。

9）**智能交通系统**：通过监控、监测、交通流量分布优化等技术，完善公安、城管、公路等监控体系和信息网络系统，建立以交通疏导、应急指挥、智能出行、出租车和公交车管理等系统为重点的、统一的智能化城市交通综合管理和服务系统建设，实现交通信息的充分共享、公路交通状况的实时监控及动态管理，全面提升监控力度和智能化管理水平，确保交通运输安全、畅通。

10）**智能农村服务**：建立涉及农业咨询、政策咨询、农保服务等面向新农村的公共信息服务平台，协助农业、农民、农村共同发展。以农村综合信息服务站为载体，积极整合现有的各类信息资源，形成多方位、多层次的农村信息收集、传递、分析、发布体系，为广大农民提供劳动就业、技术咨询、远程教育、气象发布、社会保障、医疗卫生、村务公开等综合信息服务。

11）**智能安防系统**：充分利用信息技术，深化对社会治安监控动态视频系统的智能化建设和数据的挖掘利用，整合公安监控和社会监控资源，建立基层社会治安综合治理管理信息平台；积极推进应急指挥系统、突发公共事件预警信息发布系统、自然灾害和防汛指挥系统、安全生产重点领域防控体系等智慧安防系统建设；完善公共安全应急处置机制，实现多个部门协同应对的综合指挥调度，提高对各类事故、灾害、疫情、案件和突发事件防范和应急处理能力。

12）**智慧政务管理**：提升政府综合管理信息化水平，提高政府对土地、海关、财政、税收等专项管理水平；强化工商、税务、质监等重点信息管理系统建设和整合，推进经济管理综合平台建设，提高经济管理和服务水平；加强对食品、药品、医疗器械、保健品、化妆品的电子化监管，建设动态的信用评价体系，实施数字化食品药品放心工程。

总之，在物联网、通信网和大数据保障技术的基础上，要对城市全方位的功能服务开发相应的智能服务系统，为市民生活、企业运营和政府管理，提供高效便捷的智能化服务。

8.3.3　智慧城市核心技术

智慧城市服务系统的建设项目，都需要智能技术等综合核心技术的支持，归纳起来智慧城市建设涉及的主要核心技术包括：

1）**智能感知识别技术**：通过物联网采集信息都需要解决智能识别问题，就需要提供具体智能识别技术，比如射频识别技术、各种专用传感器识别技术、视频分析识别技术、无线定位识别技术等。

2）**智能移动计算技术**：智慧城市首先是无线城市，无线移动计算的智能化就是代表下一代移动计算的发展方向，这其中就存在众多智能化的难题需要解决，比如各种移动智能终端的开发，以及身份识别、远程支付、移动监控等智能软件的开发等等。

3）**智能信息融合技术**：智慧城市建设中涉及大量不同类型的信息处理，需要将不同来源、不同格式、不同时态、不同尺度、不同专业的数据在统一的框架下进行处理，就需要智能信息融合技术来实现，包括底层原始数据融合、中层特征数据融合以及高层的决策数据融合多个层次。

另外，由于数据处理规模庞大、关系复杂、交流频繁，因此需要建立云计算数据中心，以保障诸功能系统的有效运行。并以此为依托，建立信息网络平台、公用信息平台、专题信息平台、决策支持平台和空间信息平台，包括建立相应的智能信息处理中心，如智能网络互联中心、身份认证中心、信息资源管理中心、智能服务中心、互联网数据中心、智能决策支持中心等，构成智慧城市数据处理体系。

从上述论述可以发现，无论是智慧城市架构技术，还是涉及的具体智能方法，从核心关键实现技术的角度，大数据及其挖掘分析方法都是其中信息综合处理中的关键。可以这么说，大数据智能信息综合处理技术是智慧城市得以运行的基础，需要切实解决，否则智慧城市的建设就成为一句空话。

智慧城市汇聚的大数据主要有这样一些特点：①海量性。遥感器、传感器、条形码、嵌入体、摄像机等遍布的泛在物联网，电话、手机几乎人手都有的电信网，电视、广播家家入户的广电网，以及数以万计用户的互联网，每天形成的数据量是十分庞大的。②多态性。各种来源的信息数据类型、表征和性质多种多样、五花八门、千差万别，需要数据融合。③关联性。多源性海量数据并非完全独立，而是存在着千丝万缕的联系的，往往反映的是城市相同主题不同方面的数据信息，需要通过数据挖掘来加以发现其中隐含的关联规律。

对于海量数据的挖掘分析，则需要考虑这样三个要点步骤：①确定数据挖掘的目标，以便采取不同的数据挖掘方法。②构造相应的数据挖掘算法，确定模型和参数。③运用构造的算法具体实施数据挖掘任务，提取有效的知识，并用某种方式表达出来。

目前，从现有的数据挖掘方法看，运用各种数据挖掘算法，包括分类算法、聚类算法、预测算法，以及包括深度学习在内的各种机器学习算法等，可供选择的数据挖掘目标及其方法大致分为如下几个方面。

1）**数据关联分析**：找出海量数据中频繁出现的模式，称为关联规则，作为一种挖掘的知识。

2）**自动分类预测**：根据事先已知的类别，对海量数据进行分析归类，找出描述和区分不同数据类或概念的数据模型，以便能够使用得到的模型去预测未知的数据对象。一般可以采用各种模式识别方法。

3）**数据聚类分析**：对数据集合进行系统分析，划分为若干事先未知的类别。数据类聚的基本划分目标是，要使得划分的类间差异尽可能大而类内差异尽可能小。常用的方法有层次聚类法、密度聚类法、网格聚类法和模型聚类法。

4）**离群异常分析**：找出数据集合中异常离群孤立的数据对象，一般可以采用基于统计计算的方法、基于距离计算的方法和基于偏离计算的方法等。

5）**数据演化分析**：开展数据随时间变化而变化的规律分析，如数据发展趋势分析、数据的相似搜索、数据序列模式挖掘以及数据周期性规律分析等。

总之，通过运用各种数据挖掘和机器学习方法，可以有效开展智慧城市建设和运营中海量数据的分析处理，为智慧城市各类应用系统提供有力的数据服务支撑，也为各类决策支持系统提供可靠的数据分析结果。

综合以上论述，智慧城市明显具有众多不可替代的优势，归纳起来的主要作用包括如下一些方面：① 能够降低城市运行成本、提高行政效率；② 能够深化公共服务层次、促进政府职能转变；③ 政府权力运作公开透明、城市管理客观化；④ 各级机构、事业单位高度自治、促进事业发展；⑤ 保障企业创新活力、促进经济增长；⑥ 拓宽信息传播渠道、促进就业；⑦ 引领科技创新、振兴新兴产业；⑧ 改善民生、提升市民生活质量。

正因为有这么多的优势，目前中国的北京、上海、广州、无锡、杭州、南京、沈阳、武汉、合肥、昆明、昆山、成都等城市均已先后启动了智慧城市的建设，有的是全方位开展，有的是部分开展，还有的进行小范围试点。

我们相信，在不远的将来，随着智能网络技术、智能物联网技术、智能决策支持技术等智能高新技术快速发展，我们的城市生活将更加舒适、方便和智慧。

本章小结和习题

本章主要介绍了智能社会相关话题，以及涉及内容的概述，包括智能家居工程、智能交通系统，以及全方位的智慧城市工程。智能社会是信息社会的高级阶段，除了需要转变相关的思想观念、建立相适应的社会制度外，形成成熟的智能技术更是一项基础性工作。我们希望通过目前智能社会发展进展中若干方面的了解，更加明确智能科学技术在未来社会发展中的地位。

习题 8.1 从技术进步的角度看，你认为未来社会的发展形态一定是智能社会吗？如果是，请论述这种社会应该具备哪些基本特质？如果不是，请给出自己的观点并加以论述。

习题 8.2 智能科学技术在未来社会进步中的作用是什么？与导致社会进步的以往各种技术有什么本质的不同？

习题 8.3 你认为构建智慧城市主要应该包括哪些方面？如何运用智能技术加以解决实现？能否给出你心目中未来社会的蓝图？

习题 8.4 请对室内人员行为姿态的检测识别，给出一种视频分析方法，并通过具体编程，来分析该方法的实际效果。

习题 8.5 传统中医强调整体性、个性化和治未病的医疗保健理念，请论述在家庭医疗保健中，结合现代信息技术，传统中医能够做出哪些贡献。

习题 8.6 设想利用先进的机器人技术，能够在家庭数字娱乐方面开展哪些产品的开发工作？请举例论述。

习题 8.7 请查阅有关云计算方面的书籍，综述云计算在智慧城市方面的主要支撑作用。

习题 8.8 请论述大数据资源的挖掘利用中，会存在哪些不足？以及能够采取哪些措施来弥补这样的不足？

CHAPTER 9

第 9 章

展　　望

面对智能科学技术众多成就和日趋成熟，或者读者会提出一个尖锐的问题，那就是机器的心智水平能不能达到甚至超过人类心智的水平呢？换句话讲，我们能不能完全仿造人脑的心智呢？本书在最后这一章中就是专门来讨论这一基本问题的。为此让我们首先给出有关形式系统局限性的一些经典理论，以便我们的讨论有一个基点。

9.1　机器困境

20 世纪初，以希尔伯特为首的一批数学家展开了一场空前的数学形式化努力，并试图为全部数学构建起坚实的逻辑基础。他们努力的目标就是要实现这样一个数学家们一直梦寐以求的理想，那就是宇宙万事万物的规律都可以化归为数学表述的形式，而全部数学则又可化归为严密的逻辑形式化系统。但令人意外的是，所有这些努力的结果却事与愿违，事实无情地宣告这一梦想的破灭。数理学家们终于认识到了逻辑系统的局限性。而第一个以严密的逻辑论证指出这一点的，正是曾经参与这一“宏伟计划”的奥地利逻辑学家哥德尔。

9.1.1　形式系统局限性

1931 年，哥德尔在证明了一阶谓词逻辑的一致完全性之后，旋即发表了一篇题为“论数学原理中的形式不可判定命题及有关系统”的论文。在这篇论文中，哥德尔给出了两个惊世骇俗的定理，指出了逻辑形式系统不可克服的局限性。

如果我们记“皮亚诺算术公理系统”为 PA，就是以一阶谓词逻辑的形式语言陈述皮亚诺公理系统而得到的形式算术理论（一阶谓词逻辑 + 自然数定义 + 数学归纳法）。那么，哥德尔的两个定理可表述如下。

哥德尔第一不完全性定理　存在一个 PA 句子 p，使得：如果 PA 是一致的，则 p 在 PA 中不可证；如果 PA 是 ω - 一致的（后来在 1936 年罗塞证明可以去掉 ω），则 $-p$ 在 PA 中不可证。因此 PA 是不完全的。

哥德尔第二不完全性定理　如果 PA 是一致的，那么 PA 的一致性不能在 PA 内部证明。

很明显，对于第一个定理，只要具体构造出满足要求的这样一个 p 句子即可。哥德尔当年找到的句子是：

号码为 λ 的公式的自代入是不可证的

由于采用哥德尔创造的一种编码方法可以对任意 PA 中的公式进行能行可判定且唯一性编码，因此上面的句子可以表示为一个 PA 公式

$\alpha(x/\lambda)$

其中 $\alpha(x)$ 就是 $\forall y \neg A(x,y)$，意思是“任何公式序列 y 都不是公式 x 的自代入的证明”，当然这也是哥德尔可编码的，其编码就是 λ。由于 λ 又自代入到 $\alpha(x)$ 中，因此 $\alpha(x/\lambda)$ 又表示“号码为 λ 的公式的自代入”本身。于是找到的 p 句子实际上就是一个自指句，这样就很容易证明其正是满足第一定理的句子。后来罗塞为了去掉 ω 的限制，构造了一个更加地道的自指句：

如果 q 的自代入有个证明，则其否定有个号码更小的证明

完美地证实了哥德尔第一定理。

第二定理的证明思路稍微要直接一些，因为利用第一定理我们有：

如果“PA 一致”，则“λ 的自代入是不可证的”

此时由于上述陈述用 PA 可以表达为：

$\mathrm{Consis}(\mathrm{PA}) \rightarrow \alpha(x/\lambda)$

因此，如果我们能够在 PA 内部完成对上式的证明（一致性的要求），即得到

$\mathrm{PA} \vdash \mathrm{Consis}(\mathrm{PA}) \rightarrow \alpha(x/\lambda)$

那么我们从 PA 一致($\mathrm{Consis}(\mathrm{PA})$)，就能推出 $\mathrm{PA} \vdash \alpha(x/\lambda)$，显然这与 $\alpha(x/\lambda)$ 在 PA 中不可证是矛盾的。因此我们必然得出哥德尔第二定理。

从上述两个定理的证明思路（完整的证明需要长达 40 多页书稿）中可以看出，哥德尔的这两个定理并不局限于 PA 系统。事实上，只要一个形式系统包含了 PA 系统（因此其描述能力比 PA 强，同样具备自指能力，能够构造自指句），那么哥德尔的这两个定理同样对其有效，即如果该系统是一致的，那么该系统不完全，而且该系统的一致性不能在该系统内部证明。

这就是为什么说哥德尔的这两个结论都是毁灭性的。因为这实际上是宣告了公理化方法的局限性。更为糟糕的是，由于一致性的不可证明性，根本就无法保证整个数学体系中不会出现一个矛盾，而一旦真的发生了这种情况，而且矛盾又是无法消除，那么全部数学都将变得毫无意义。

哥德尔定理的另一个意义就是从根本上否定了排中律的有效性。以前我们坚信一个命题非真即假，但哥德尔定理指出，有些命题既不能被证明，又不能被证伪。也就是说，对任何足够强大的形式系统都存在着不可判定的命题。实际上，对于计算问题而言，这也就是指出了存在着不可计算的问题。因此如果计算是基于逻辑形式化之上的，那么其必定也是有局限性的。

更一般地，一个形式系统通常刻画着某个语义模型的，或者说我们可以用某个语义模型来解释给定的一个形式系统。比如形式系统 PA 就是为了刻画自然数模型 N 而建立起来的。如果语义模型中为真的事实都是该形式系统的定理，那么我们就称该形式系统是完全的；反之形式系统中为真的句子（即定理）都是其语义模型中为真的事实，那么则称该形式系统是一致的。上面讨论的哥德尔定理实际上是指出了：对于足够强大的形式系统，不可能同时具备一致性和完全性。

但事情到此还没有完，指出形式系统局限性的不仅仅是哥德尔定理。事实上，自 1915 年

勒文海姆（L Löwenheim）开始，到1920年至1933年期间斯科伦（T Skolem）发表的一系列论文为止，揭示了形式系统的又一个缺陷，这就是后来被简练提出的著名的勒文海姆-斯科伦定理。

简言之，勒文海姆-斯科伦定理指出的是：企图用公理形式系统来描述一类唯一的模型对象根本上是不可能的。这是因为对于一组公理及其形式系统能够容许比人们预期多得多的语义解释，而这些解释具有本质上的不同。也就是说，用公理形式系统描述的事物对象既不可靠也不唯一，公理系统根本没有限制解释模型。这就意味着数学真理性（由此推及客观真理性）不可能与公理化描述完全一致。

举个例子来说，对于如下定义的简单形式系统-*pq* 系统：

公理：*x-qxp-*

规则：如果 *xyqxpy* 则 *xy-xpy-*

其中 *x*，*y* 均为由“-”组成的符号串。当你将 *q* 解释为“＝”，*p* 解释为“＋”，而由“-”相连符号串中的“-”个数解释为其所代表的整数，那么该系统描述的就是自然数加法模型。但如果你将 *p* 解释为“＝”，*q* 解释为“－”，而其他不变，则该系统描述的又是自然数减法模型。当然你依次还可以给出各种其他解释，你会发现，它们居然同时都是合理的。

如果说哥德尔定理指出的是形式系统描述能力上的局限性，那么勒文海姆-斯科伦定理则是指出，即使形式系统的描述能力没有局限性，其对所要描述对象的可靠性也是不可能保证的。必须清楚地认识到，自然对象和对自然对象的描述是两个不同的东西，不能混为一谈。而现在我们看到，用形式系统给出的所谓自然对象的描述，根本就不可能真切的、唯一地反映自然对象本身。比如说，你设计了一份特征清单，并认为它可以且仅仅描述刻画了美国人，但令人不可思议地发现（根据勒文海姆-斯科伦定理这是必然的），有一种（甚至有好几种）动物，其满足清单上的全部特征。

勒文海姆-斯科伦定理对公理形式系统的毁灭性冲击并不亚于哥德尔定理的冲击，可谓是有过之而无不及。它是以一种更强硬和更根本的方式否定了无条件性，由勒文海姆-斯科伦定理必然会得出不完全性；否则，一个形式系统完全不同的解释是不可能的。而且进一步，为了不被所有的解释所共同包容，关于某个解释的一些有意义的命题也必定是不可判定的。

总之，靠形式系统是不可能真切可靠地描述自然对象及其复杂性的，公理形式化方法的固有缺陷是无法靠公理形式化方法本身来弥补的，对此我们必须有清醒的认识。

9.1.2 不可计算性证明

几乎在算法化计算理论初创的一开始，公理形式系统不可回避的缺陷就波及这一年轻的学科。1936年图灵发表的论文与1941年丘奇发表的论文，恰恰说明的正是这一点，并被后人总结为图灵-丘奇论题。

如果以图灵机为我们的计算模型，那么图灵-丘奇论题指出的是这种计算模型可以处理对象的范围，也就是说给出了可计算性的界限。根据图灵-丘奇论题，不能由图灵机完成的计算任务都是不可计算的。只有在所有输入上都终止的图灵机，才与直觉上可计算的算法相对应。尽管图灵-丘奇论题只是一种假设，但由于迄今为止，所有可能的计算模型，如递归函数、半图厄过程、λ 演算、波斯特机等，其计算能力均没有超过图灵机，因此这一论题是具有权威性的。

用通俗的语言讲，图灵-丘奇论题所定义的可计算，指的就是可在有限时间完成的且可一步步机械执行的任务。一个任务存在这样一个计算过程，就称为该任务是有算法存在的。由于事实上确实存在着图灵机不可计算的问题，如图灵停机问题、铺砖问题等等，图灵-丘奇论题实际上是揭示了机器可计算的限度。

有趣的是，证明不可计算问题存在的方法，从本质上讲与哥德尔定理的证明如出一辙，利用的都是自指性。因此，从这个意义上讲，也可以说，自指性是一切形式系统的死敌，包括这里的形式计算系统。

为了说明机器可计算的限度，下面我们以图灵机为模型，来具体加以论证。如图 9-1 所示，图灵机由状态控制器、存储带和读写头组成。状态控制器代表图灵机所处的状态，图灵机在不同的状态下采取不同的操作，用来驱动存储带左右移动和控制读写头的操作。存储带则是一条可向两端无限延伸的带子，带上分成一个个方格，每一方格可以存储规定字符表中的一个字符，也可保持空白。读写头主要对存储带进行扫描，每次读出或写入一个字符。读写头正对准格子中的字符，称为当前字符。当前字符与当前状态一起决定着图灵机的一步计算，使得图灵机进入一个新状态。此时，相应地带子或不动或左移一格或右移一格，以及当前字符或不变或改写为新字符或清空都也发生变化。

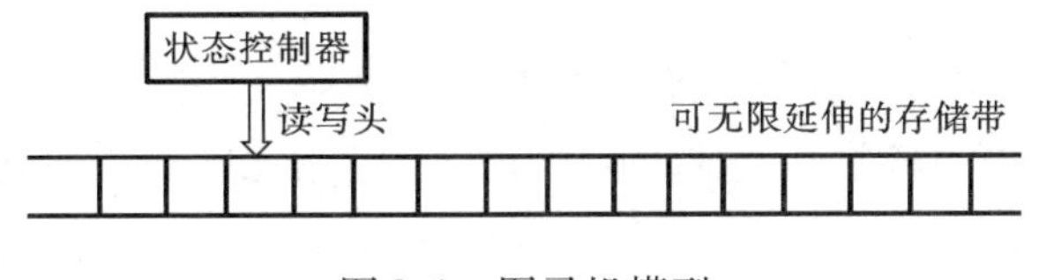

图 9-1 图灵机模型

如果把一开始带上的字符串看作输入数据，那么经过一系列的计算步操作后，当图灵机处于终止状态时带上的字符串就是输出结果。于是，对于给定的图灵机（规定了初始状态和终止状态在内的所有状态及其变换和操作规则）就对应地规定了该图灵机的计算功能。因此我们也称图灵机定义了一种计算函数，不同的图灵机完成不同的计算功能，也就对应了不同的计算函数。进一步，图灵证实存在着这样的图灵机，其可以实现任意给定图灵机的功能，这便是通用图灵机的概念。

现有理论表明，任何计算装置，包括理论模型和实际机器，其计算能力均不大于通用图灵机的计算能力。如果我们规定带上的符号仅由“0”和“1”两种数字组成并约定 $n+1$ 个“1”连写表示自然数 n，而用“0”（不管连写几次均作为一个看待）作为数与数之间的间隔符，那么同样可以证明任何计算装置的计算能力均不大于这种自然数上的图灵机。也就是说，任意一个可计算的问题，使用编码方法，都可以对应为相应的一个自然数上的图灵机。这便是图灵机可以描述的计算范围。

那么是不是所有的问题都是图灵机可计算解决的呢？根据上述说明，这个问题可以归结为是不是所有的自然数函数都是可计算函数呢？也就是说存在不存在图灵机不能计算的自然数函数呢？回答是肯定的，因为确实存在着图灵机不可计算的自然数函数。

让我们具体来给出不可计算性函数存在的证明。现假定所有的自然数上可计算函数（所有可构造的图灵机是可数的）可罗列为函数序列$f_i(x)$，$i=1$，2，3，…，那么令

$$g(x)=f_x(x)+1$$

则$g(x)$也为自然数函数。我们假设$g(x)$是可计算的，那么必存在j使得下式成立：

$$g(x)=f_j(x)$$

自然上式对x取j时也成立，即有

$$g(j)=f_j(j)$$

但根据$g(x)=f_x(x)+1$的定义，对x代入j，有：

$$g(j)=f_j(j)+1$$

显然与前面一式相矛盾。

因此我们假定$g(x)$也是可计算的不合理，于是我们得出要么$g(x)$是不可计算的，要么一个自然数函数的可计算性是不可判定的（不可计算）。这无论如何，都说明确定存在着自然数上不可计算的函数。

值得注意的是这样一个事实，如果将“真”用“1”表示，“假”用“0”表示，那么自然数上的（谓词）命题就一一对应到了自然数函数上了，于是命题的不可判定性也就是函数的不可计算性。因此上述的证明即使考虑到排中律的失效，也是无可挑剔的。其实，初等数论中的逻辑系统与自然数上的计算函数如出一辙，这也就不难从直觉上理解，根据哥德尔定理，图灵可以直接感悟出不可计算性问题的存在。

不仅如此，实际上从理论上讲，几乎到处都有不可计算（不可判定）问题，就拿数论命题的可判定性来说，就存在着不可数的不可判定命题，而可判定命题则是可数的。打个比方说，如果可计算（可判定）问题看作有整数集那么大，那么不可计算（不可判定）问题就有实数集那么大，其差距之大，不言而喻。

9.1.3 计算能力的限度

在实际问题中，最著名的不可计算问题有图灵停机问题、希尔伯特第十问题、地砖镶嵌问题等。所谓图灵停机问题，是要给出判定任意给定图灵机是否停机的图灵机。直观上讲，因为给定的图灵机是任意的，所以判定的图灵机可能就是用来完成这一判定问题的图灵机本身。而一台图灵机想要知道自己是否停止了，就像一个人想知道自己是否睡着了一样，是无论如何也是做不到的。当然他能知道这个问题的一半：只要没睡着就会告诉你没睡着。法国著名哲学家笛卡尔曾给出著名的结论是：我思故我在。这正可以用来说明这种情况，要证明“我不思”就如同证明“我停机”一样是不可能的，但“我思”却是可知的，因此图灵停机问题也称为半可解问题。

如果说图灵停机问题还有可判定的半边，那么希尔伯特第十问题（也称刁番图整数方程解的判定问题）整个儿都是不可判定的。该问题是要构造一台图灵机，让其对任意给定的整数方程：

$$a_1x_1+a_2x_2+\cdots+a_nx_n=0\text{，这里 }a_i\text{ 均为整数}$$

要判定其有没有整数解。现已证明你根本就找不到这样的一台图灵机可以解决这一问题，也就

是说，这一问题是不可判定的。

另一个有趣的不可判定问题就是所谓的地砖镶嵌问题。地砖镶嵌问题是1961年由美籍华人逻辑学家王浩提出来的，并在王浩的建议指导下，由罗伯特·伯格证明了这一问题的不可计算性。对于地砖镶嵌问题而言，你可以用一种花砖，比如正方形，来铺满整个地面而不留下任何缝隙，这是一个简单的问题。但对于用不同的有限种多边形来镶嵌整个地面的问题，却不存在解决此问题的通用算法（图灵机），甚至连判定其有无解的算法也不存在。尽管对于具体给定的花砖形状，你可以找到它们的解答。但就一般情况而言，你却永远也不可能找到通用的解决方案。

需要强调的是，对于机器的计算能力而言，我们已经明白无误地知道确实存在着不可计算的问题。特别是由于自然数数对(x,y)与自然数z之间通过可计算函数：

$$J(x,y)=1/2((x+y)^2+3x+y)$$

可以建立起一一对应关系，即对于每一对(x,y)，有

$$z=J(x,y)$$

而对于每个z，又有唯一解：

$$x+y=(((8z+1)+1)/z)^{-1}$$

$$3x+y=2z-(((8z+1)+1)/z-1)^2$$

即x，y均有唯一解。因此机器的计算能力与计算维数无关。也就是说，不管你采用多少维数的方式来构建计算模型，其计算能力也不会超过单维输入的计算模型。

当然，形式计算系统的局限性还不止这些，除了不可计算性外，还有计算复杂性上的限制。也就是说，在图灵机模型支配下的经典计算系统中，只有计算时间的花费不多于多项式量级的确定性算法才是有实际意义的。而在实际中存在着大量有意义的问题却找不到这样的有效算法，即学术界所谓的一个悬而未决的NP完全性问题。另外，根据勒文海姆-斯科伦定理，形式化计算的意义解释同样也有一个多重性问题，当把这样的计算系统运用到人类心智唯一对象的描述时，就会产生严重的缺陷，这是毫无疑问的。因此，图灵机及其存在着不可计算问题是具有普适性意义的。

不仅如此，我们还知道问题不可判定性本身也是不可判定的。现在我们还想补充告诉读者的是，要想让计算机器解决问题，还必须首先将该问题表述为图灵机（计算机器）能处理的形式，比如说用0、1符号来给问题进行编码，这时我们还会遇到一个对问题进行形式化描述的问题。由于这一问题本身（对于任意给定的问题可不可形式化描述）又是一个不可计算问题。因此问题能不能形式化与形式化的问题可不可计算一起，就成为计算机器能力极限的双重限制。这便是逻辑机器计算能力的全部限度。

9.2 智能哲学

那么，面对上述逻辑形式化计算的局限性，人类的心智活动到底能不能归结为计算过程呢？显然对这一问题的回答，不仅在于我们对人类心脑机制本身的了解程度，也在于我们是如何理解计算这一尚无严格定义的事物的。但在这一节中，我们仅讨论基于逻辑计算（即把计算

定格在丘奇-图灵论题的意义上）人类的心智能不能归结为计算的回答。而在下一节中，我们再突破这一局限性，讨论更广泛意义的心智计算问题。

9.2.1　心智能否被计算

对于心智能否被计算实现这一问题，有一种观点的回答是肯定的，强调我们的心智活动不过是一种信息加工过程，因此从根本上讲，随着技术的发展，完全是能够用逻辑计算方法来实现的。特别是如果计算便意味着表象和算法，因此只要心智内容可以用形式化语言来描写，而心智过程可以用形式化算法来描述，那么就可以将心智活动归结为计算过程。

也许问题比想象的要稍微复杂一点，对心智内容需要用一种以上的形式化语言或类似符号系统来描写，而心智活动的不同部分也需要以不用方式进行计算，但这不是实质性。根据这样的观点，包括意识在内的心智是可以看作是一种计算模型，有一套程序或一组规则，类似于控制机器的规则来支配其活动。

特别是从微观上讲，你可以将心与脑的关系类比到软件与硬件关系之上，而更为序列式的操作系统运算，可以像意识活动一样，对所有“感知”、“思维”及“运动”进程进行全局控制。这样如果机器的硬件具有神经物质一样的运转机制的话，那么就没有理由说机器的软件就一定不能具有心智和意识的功能。特别是，鉴于神经细胞种数、个数以及连接方式、电脉冲通信方式等均为有限，因此尽管发生在突触中的生物化学电生理过程十分复杂，但就整体上讲，原理就类似于组合有限的电位脉冲反应。

这就意味着，可以用形式化符号系统来对大脑神经系统进行编码刻画，不仅给出大脑状态的形式描写，也给出大脑状态变化的形式描述。于是，假若我们能够造出在量级上与神经系统具有一样规模复杂的机器，那么凭什么说大脑能够具备的功能机器就不能够具备呢？

实际上，从某种角度上讲，我们所有关于描述或形容人的心理状态的言辞都不过是在区分人脑活动中出现的不同神经网络模式状态。而 10^{12} 个神经元及其联结构成的神经回路的稳定状态数可达 10^{100} 之巨，也远非是我们语言所能描述殆尽的。所以人类个体才会有“词不达意”、“不可名状”、“不可言说”的情况，才会有那么多难以言表的情感体验，才会有含糊不清的意义涌现，才会有似乎是顿悟的创造性思维以及才会意识到我们似乎具有意识的自我体验等。但这一切都毫无例外地源于规模无比的神经元集群活动结果。

注意，心智只是程度问题而不是有无问题。低等动物的脑容量量级低，所以智能量级也低；人类脑容量量级高（特别是新皮层比例高），智能量级也高。而那些我们称之为只有人类才具备的高级心智活动的出现，也就是脑容量超出某种临界值时自涌现的结果。因此，这意味着，只要机器的集成电路中基本元件与连接规模（目前只有 10^8 左右）超过人脑的基本元件与连接规模（10^{16}），那么无疑就可以指望机器能够像人脑一样自涌现出高级心智现象。应该说，正是机器量级规模上的局限性，制约着机器智能实现这种高级心智的尝试。

结果，我们就因此可以期待，实现心智活动采用什么基本元件是不重要的，重要的是这样的元件之间复杂的相互作用行为必须具有某种协同性、必须达到某个临界规模。就此而言，将心智活动归结为计算问题并无不妥之处。

总之，这种肯定观点的要点就是认为从根本上讲心智能力的表现范围并没有超出形式化计算的范围。需要注意的是，目前机器不可计算的那些形式化问题同样人类也不可计算，比如停机问题对于机器是半可解问题，但对于人类不是同样也是半可解问题吗？你无法判定你自己是否已经睡着了。甚至有人认为，即使哥德尔定理也不能成为否定心智计算化的论点，因为他们认为人类心智能力同样也是由哥德尔和图灵的理论所界限的。因此形式化计算的局限性不会对心智计算化实现构成本质上的障碍。或许在不远将来的某一天，一种具有人类心智能力的机器就会展现在我们的眼前。

不过，问题恐怕没有这么简单，持否定态度观点的学者却坚持认为，即使人类能够造出一台能做人们明确告诉机器去做的任意事情，也无法造出一台具有情感、意识、幽默感等的机器，并做出人们意料之外的事情。这种观点认为机器不可能具备思想和情感，更不用说是意识了。

诚然，如果从人类心智现象的种种独特性出发，可以发现许多机器所无法企及的心智活动能力，如整体局势判断和边缘意识感悟等等。由于机器是以一步步机械运算为基础的，对于人类一打眼就能辨识事物的心智行为，如果代之以机器，那就会陷于无穷无尽的细节辨别之中。也许人们可以给出整个脑机制的形式化描述，但由于问题本身的复杂性，给出的形式化描述系统必定是逻辑不一致的，因此即使给出了形式化描述，对于实现心智计算，也是徒劳无益的。

很明显，用算法来刻画事物的手段是非常受局限的，在任何一个形式系统中总存在不能由公理和步骤法则证明或证伪的命题。简要言之，世界万花筒般的复杂性不可能用可列的算法步骤来穷尽。的确，与大多数现代计算机不一样的是，人脑不是一种通用机。在完全发育好以后，人脑的每部分都是特异化以及不断可塑演化的，并在相互作用中完成整体的心智活动。因而，不可能将大脑还原为一组特殊的规则或公理。特别是意识和语言之中所不可避免的自指性已经远非是任意逻辑计算系统所能包容的。

从这种公理算法步骤不可穷尽性底下，我们还会发现机器难以逾越的根本障碍所在。思维过程和它的形式化模型之间是存在着根本区别的。形式化的整个思想体系并没有超出抽象集合概念的范围，也没有超出对思维过程所做的纯集合性解释的范围。反之，意识和心智的固有属性则来源于它的独一无二的整体性质，这是任何形式化方法显然无法解释的。

那种认为人类心智能力同样受到哥德尔和图灵理论的限制无疑是忽略了人类心智能力中更为重要的自反映能力，如意识及其语言表现的自指性能力。这种自指性必定不可能为逻辑计算的方法所实现。从这个角度看，逻辑计算的方法既不能解释意识，也不能解释意识的表达内容，因而也就不可能解释作为标准设想中的心智。

一句话，机器运算基于的基础是因果性公式，是一种机械的、分析的、低级的、最简单的、最原始的联系形式；而心脑活动基于的基础则是非力相关性原理，是一种内在的、依存性的、整体自涌性的联系形式。两者之间有着根本的区别，绝不能同日而语的。因此心智不可能被归结为计算问题。指望有朝一日我们就可以面对具有心智能力的机器，无疑是白日做梦。

9.2.2 来一场图灵测验

你看，强调机器能够拥有人类心智的观点似乎道理很充足；而强调机器不能拥有人类心智的观点也并非没有道理。面对这样的争论我们应该如何抉择呢？我们似乎真正陷入了一个二律背反的境地。

其实早在20世纪50年代初，精确地说是在1950年，伟大的英国数学家图灵就已经提出了这一问题。他在《心智》杂志上发表了“计算机器与心智”的文章，就首次明确提出了“机器能不能思维”这一重要命题，并给出了一种测验机器心智是否达到人类水平的测验，即著名的图灵测验。

如图9-2所示，所谓图灵测验，指的是在两间隔离的房间里分别关有一个人与一台机器，然后通过向人或机器提问并根据他们的回答来判断谁是人，谁又是机器。图灵认为，如果通过你的巧问，最终能够正确地将人与机器区分开来，那么说明机器不同于人，否则就说明机器与人在心智上没有差别，起码在语言能力上是这样的。为了使读者有个直观的理解，我们不妨就来进行这么一次测验。

问：你多大年纪了？

人：22岁。

机器：28岁（机器通过算法查找有关本机资料库，发现已有28年的历史了）。

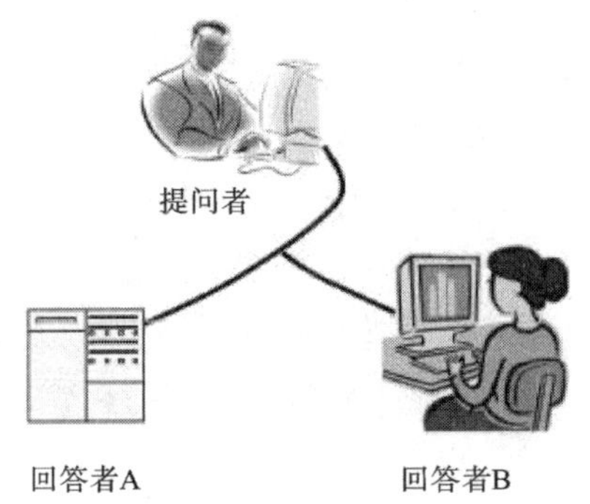

图9-2 图灵测验示意图（引自互联网）

当然，类似于这样的问题你可以提出许许多多，机器也都可以一一回答。很明显，根据上述的回答，你是无论如何不能判别谁是机器谁又是人的。

但是，如果人们换一种思路，在问了上述“你多大年纪了”之后，接着再问“你多大年纪了？”那么此时又会得到什么结果呢？也许被问的人性子比较好，仍然回答22岁；当然机器照例查出自己有28年历史，还会回答28岁。但如果你一再在同一问题上重复这样问下去，那么这时的人也许会反问：你怎么老问这个问题？但机器呢？照例会回答28岁，而不管你已经重复问了多少遍！

这样一来，不就可以区分出人和机器的不同了吗！且慢，人工智能专家（特别是强人工智能派的专家）不这么认为，他们或许会反驳道：这有什么了不起（指人的那种回答方式），我们照样可以编制一个按照随机概率来产生回答的程序，使得机器在回答第一次提问时答28岁，但如果相同问题在第二次提问后，却根据产生的（伪）随机数的奇偶性来决定答问的选择：如果是奇数答以“你怎么老问这个问题”，否则答以28岁，这样不就照样可以乱真了吗？

不过，如果在此前提下（就这一问题进行了多次询问后，人与机器的表现均有上述两种回答现象），你继续不断地一再询问这一问题：你多大年纪了。此种情况下，又会发生什么情况呢？当然，机器一经编定了程序，那么回答除了“28岁”就是“你怎么老问这个问题”，不会有什么出人意料的事情发生。但人就不同了，此时也许人已被这个老问题问得火冒三丈，扔出一句：“你是不是有毛病的！”

当然，强人工智能专家还会申辩说，我们还可以将“你是不是有毛病的！”这句冒火话也编入程序，采用一定规则，使得在适当的时候也来这么一句：“你是不是有毛病的！”，以达到鱼目混珠的乱真目的。

可问题是用什么话语回答并不重要，重要的是，人的感情冲动导致那种出人意料的行为反应，这是不可穷尽的事。机器则顶多在已知情况下来编定程序做出意料之中的回答，除此之外，别无选择。这就是人与机器之间一条跨越不过去的鸿沟。就是这条能否“出人意料”的鸿沟，使得当你用巧妙式的提问后，程式化的机器一定会对机器的身份暴露无遗，除非机器放弃预先编程方式。

为了看清楚人类是如何做出“出人意料”反应的，我们举一个人类对话的例子，从而引出更加复杂的意识问题。德国生物学家福尔克·阿尔茨特和依曼努尔·比尔梅林在他们合著的《动物有意识吗》一书中，有如下一段精彩生动的对话（发生在一对男女恋人之间）。

（对话是这么开始的）那位男士在变着法子逗弄他的女伴，半开玩笑半嗔怪地说她只是一台自动机器：“您是一台自动机器，夫人。”

刚开始她的反应泰然自若：“你什么时候见过一台能出汗的自动机器？”

他：“怎么没见过？每台机器都会变热。”

她：“可是你见过想喝饮料的机器吗？”

他：“机器需要加油是非常正常的。”

她：“我说的不是加油，而是喝的欲望。你难道见过对汽油怀有欲望的汽车吗？”

他：“当然！完全可以用计算机的语音提示代替油量表的指针。计算机也可以说：‘我想要无铅汽油。’”

她——现在已经不那么镇定了——：“我说的不是那个意思，见鬼了，再说一遍，我说的是我想喝东西的欲望。”

他：“没错呵，车载计算机在油料耗尽之前，也可以表达这种欲望呵！——您就是一台机器，夫人。”

当我（指《动物有意识吗》的作者）正考虑，是不是去给这两位拿些饮料来，以排解这道不可解的难题时，谈话出现了令人吃惊的转折。

她：“按理我根本用不着那么认真地对待你。”

他：“为什么？”

她：“嗯，因为你很可能根本就不存在。”

他：“你怎么会这么想呢？你是看得见我的呀！”

她：“是的。可是我也许只是在做梦或者这只是一种错觉。要么你就得向我证明，确实有你这个人存在。可是你能证明这一点吗？”

他——看得出来，对方以其人之道还治其人之身已经让他陷入困境——：“你可以掐我一下，如果我‘啊呀’一声，那就……不行，那你肯定要说，不论你掐我那一下还是我‘啊呀’那一声都是你梦见的事情。”

她：“没错!”

他——作为一种战略撤退——：“我确实无法向你证明我的存在。可那又怎么样呢?”

她——带着显而易见的胜利的喜悦——：“如果你根本不存在，那我是不是一台自动机器对你来说又有什么所谓呢?”接着她又加了一句，声音非常迷人：“你是不是也来一点儿无铅汽油?”

可见，要逻辑上证明一个人是不是机器或者是不是存在是很困难的，因为这涉及意识的主观性体验问题，他人是无法知道的（所谓他心知问题）。反过来，要逻辑上证明一台机器是不是一个人一定也是很困难的，这需要证明一台机器是不是跟你一样有主观意识，同样他人也是无法知道的。或者可以这样说，要证明一台机器是否拥有像人类一样的智能（意识），根本就不是一个逻辑证明的问题。

不过，该书的作者进一步解释说：“尽管无法进行合乎逻辑的证明，但对他人之意识的揣测依然可以做到准确无误：只要涉及我们周围的人的行为，这种揣测基本上可以做到恰如其分、明白无误，而且可以加以解释和预测，平常我们谁也不会把它当成是‘胡乱猜测’而置之不理。”也就是，我们却可以通过机器的行为反应，来揣测机器是否拥有与我们一样的智能（相同境遇下有类似的行为反应）。从这个意义上讲，图灵测验在判断机器是否拥有与人类一样的心智上，有着不可替代的作用。

而通过前面有关“你多大年纪了”的一再诘问中机器所暴露出来的那种缺陷，恰恰说明机器在遇到此类问题时，与人类的行为反应不能一致，缺少的正是出人意料的行为反应，这是预先编程不可克服的局限性。由此可见，靠预先设计的程式化算法执行的机器是不可能仿造出同人类心智媲美的机器心智来的。

9.2.3 钵中之脑的启示

在上面的讨论中我们涉及一个人虚幻的存在性问题，对于理解机器能否达到跟人类一样的心智起着关键作用。为了一探究竟，我再来做更加深入的哲学分析。为此，我们从一个称为“钵中之脑”的思想实验说起。“钵中之脑”的思想实验是美国哲学家希拉里·普特南在《理性、真理与历史》一书中提出来的，其原文如下：

这里有一个哲学家们所讨论的科学幻想中的可能事件：设想一个人（你可以设想这正是阁下本人）被一位邪恶的科学家作了一次手术。此人的大脑（阁下的大脑）被从身体上截下并放入一个营养钵，以使之存活。神经末梢同一台超科学的计算机相连接，这台计算机使这个大脑的主人具有一切如常的幻觉。人群，物体，天空，等等，似乎都存在着，但实际上此人（即阁下）所经验到的一切都是从那架计算机传输到神末梢的电子脉冲的结果。这台计算机十分聪明，此人若要抬起手来，计算机发出的反馈就会使他“看到”并“感到”手正被抬起。不仅如此，那位邪恶的科学家还可以通过变换程序使得受害者“经验到”（即幻觉到）这个邪恶科学家所希望的任何情境或环境。他还可以消除脑手术的痕迹，从而该受害者将觉得自己一直是处于这种环境的。这位受害者甚至还会以为他正坐着读书，读的就是这样一个有趣但荒唐之极的假定：一个邪恶的科学家把人脑从人体上截下并放入营养钵中使之存活。神经末梢据说接上了一台超科学的计算机，它使这个大脑的主人具有如此这般的幻觉……

“钵中之脑”如图9-3所示，或许仅仅是一种理论假设。但由于不能排除其纯理论上的可能性，因此起码在哲学上给我们提出了这样两个隐喻性问题：①我们是否都是钵中之脑？②操纵钵中之脑的超科学计算机真的存在吗？很明显，对于这两个问题的回答，有助于我们弄清人脑与机器在心智上到底存在不存在本质的差异这一问题。或许正好也顺带跳出了“他心知”命题的困境。

图9-3 钵中之脑思想实验（张开宇绘）

那么，“我们都是钵中之脑吗?”也就是说我、你还有你周围那么多的人难道都是像普特南描绘的那样，并非是完整自主的人，而仅仅是些养在营养钵中的、受超科学计算机控制的脑？其实，这一问题是一个典型的怀疑论质疑。我国古代思想家庄子曾经提出过类似这样命题的寓言（《庄子·齐物论》）：“昔者庄周梦为胡蝶，栩栩然胡蝶也。自喻适志与！不知周也。俄然觉，则蘧蘧然周也。不知周之梦为胡蝶与？胡蝶之梦为周与?”

这个寓言换个角度讲同样也隐含地给出了这样一个哲学命题：“我们都在梦中?”应该说，从本质上讲，这一命题同“我们都是钵中之脑”是等价的，指的都是对现实生活的一种虚幻假设。

直觉上，大概我们谁也不会承认我们都在梦中且又不为我们所知道。但我们又怎能证明“我们确实不在梦中”呢？即使在你自认为是清醒的时候，要想通过实证手段给出有说服力的证明也是十分困难的。特别是由于你所能采取的一切实证手段，原则上也都会在梦中“实现”，于是你的这一切努力，都会被认为是“梦中所为”之事而使你为证明“不在梦中”的努力付诸东流。

例如，你可能会说：“你看，我可以掐自己一下并感到疼痛，说明我很清醒而不在梦中。”但人们却可以反驳说，这一行为正是你所做梦的一个内容，因为你正在做“我掐自己一下以证明自己不在梦中”的梦。看来任何直接给出证据性证明都是徒劳无益的。要真正给出有效的证明，我们必须另谋出路。

稍微深入分析我们不难看出，像“我们都在梦中”之类的命题，均有一个共同点，那就是命题的自毁性或自我反驳性。所谓命题的自毁性是指：当一个命题为真时，你可以由此推翻该命题自身的真理性。例如“任何话都不能相信”就是一个自毁命题，因为“任何话都不能相信”本身也是一句话，因此按照这句话陈述的内容来看，这句话本身也就同样不能相信了，于是这一命题自己把自己推翻了。

对于“我们都在梦中”也一样。如果该命题为真，那么我们就知道“我们都在梦中”，而“我们都在梦中”却意味着我们并不意识到，从而也就不知道“我们都在梦中”。这显然是一个矛盾，也就是说，“我们都在梦中”是不成立的。于是依此类推，“我们都是钵中之脑”同样也不能成立。

实际上，美国当代认识论哲学家丹西在《当代认识论导论》一书中早就给出了“我们都是钵中之脑”的否定证明，其论证为：“这个论证（知道是否为钵中之脑）所依据的原理，可以用公式表示为一种处于已知制约条件下的闭合原理：

$$PC_k:[k_a p \vee k_a(p \to q)] \to k_a q$$

这个原理断定，如果 a 知道 p 且 a 知道 p 蕴含 q，则 a 也知道 q；某一命题，如果我们知道它是我们已知的一个命题的结论，我们就总能知道它是真的……于是，假定 a 不知道 $q(\sim k_a q)$，并且 a 确实知道 p 蕴含 $q(k_a(p \to q))$，这个原理就允许我们推断 a 不知道 $p(\sim k_a p)$。因此这似乎表明：更一般地说，既然你不知道你不是瓮中之脑（即钵中之脑），你就不可能知道任何命题 p；就这个命题 p 而言，你知道如果 p 真，你就不是瓮中之脑。”

这里尽管丹西先生用到了知道逻辑而使证明过程显得有些晦涩，但我们终于欣慰地看到，我们并非是什么钵中之脑，更非是受超科学计算机所操纵的傀儡。因此只要机器建立在逻辑运算之上，受到逻辑一致性约束，那么任何超越逻辑运算的努力，机器终将注定是难以胜任的。像人类心智这样复杂的事物，哪怕是局部实现，只要其含有超越逻辑运转的成分，就远非是逻辑机器所能胜任的，更不用说是心智中的意识活动了。这就是“钵中之脑”带给我们的启示。

或许在心智再现研究中，出路不可能通过逻辑拆解重建的方法来实现，如果存在什么方法的话，那也只有以复杂性对付复杂性的方法来寻找出路，通过特异化的“机器”本身来拥有某种心智能力，而并非要靠逻辑编程的步骤来实现。

当然，实际上这种用复杂性来对付复杂性的方法，由于仅仅只是利用自然力量来对付自然模仿问题，因此从根本上讲已经不属于人工的范畴。从这个意义上讲，任何让机器拥有心智甚至意识的努力，必然会遇到这样的两难境地：要么放弃逻辑的人工手段，采用特异化的自然手段；要么坚持局限的逻辑人工手段；前者正是自然界孕育出人类心智的途径，即使“仿造”成功，也已不是“人工”的心智了；后者则死路一条，那就是基于逻辑的机器，只能是无心的机器！

看来为了真正能够达到完全仿造心智的目的，我们必须另谋出路，那就是我们必须突破经典计算的局限性，寄希望于非逻辑运算（更非预先设定程序化的）机器。在这里，结合自然机制的“生物化”、“量子化”、“集群化”的非经典计算可能才是一条出路。

9.3 学科前景

执着于逻辑难免会陷入困境，基于形式逻辑的经典计算又是有着严重的局限性，难以真正全面地模拟人类的全部心智能力。因此有远见的智能科学家们早已认识到，只有超越经典计算，智能科学的研究才会有真正的出路。于是问题就集中到了如何超越经典的新问题之上。为了对这一问题及其对策的提出有比较全面的了解，让我们还是从强弱人工智能两种观点的争论说起。

9.3.1 强弱人工智能观点

首先，在传统人工智能研究的哲学讨论中，通常按照美国心灵哲学家塞尔给出的标准分为强与弱两类人工智能：弱人工智能的观点主要是把机器看作是研究心智的有力工具，而强人工智能则认为机器不仅仅是研究心智的一个工具，而且通过巧妙编程的机器能够具备心智的能力。根据塞尔的论述，强人工智能试图创建某种人类意义上心智的东西，而弱人工智能则是使用人类可理解的相同符号对心智进行建模处理。

就通常情况而言，强人工智能是指符号的、经典的和形式化的，一般都认为靠纯算法过程来达成人类的智能是可能的。与这种观点相反，弱人工智能则强调自然的、非经典的和非符号的，认为纯靠算法过程是不可能达成人类智能的；为了实现人工智能的目标，我们必须采用不同学科交叉知识来加强计算的方法，最大限度的来实现人类的智能。

当然人工智能的“强”与“弱”也不是绝对的，可以对现有的各种观点进行进一步的细分。1992年所罗门就将强弱人工智能进行了量级划分，提出了六种等级的人工智能观点，分别记为 T_i（$i=1$，1a，2，3，4，5），简单罗列如下。

$\boldsymbol{T_1}$：认为每一种UAI（尚未发现的通用智能算法）都具有心智能力，有待发现的这些UAI由纯数据和算法构成，而无须考虑时间、丰富的执行机制和意义因素。也就是说仅仅由抽象固定的结构就可以产生人类心智。

$\boldsymbol{T_{1a}}$：是对 T_1 做了一点扩展，加上了时间因素（积累学习），认为结合了时间因素的每个UAI具有人类心智能力。

$\boldsymbol{T_2}$：在 T_{1a} 的基础上再引入对程序控制的种种执行机制，认为这样就可以产生人类心智能力了。

$\boldsymbol{T_3}$：认为单个算法不足以实现人类心智的实现问题，必须考虑多算法的虚拟并行机制（又分为连续环境刺激、时间共享并行处理机和适当的计算机网络三种情况），只有采用这种虚拟并行主义机制，才能够产生人类心智能力。

$\boldsymbol{T_4}$：将上述 T_3 描述中的虚拟改为物理，也就是说采用物理并行主义机制，就能够产生心智能力（比如目前的类脑集群计算途径）。

$\boldsymbol{T_5}$：要拥有人类心智能力，至少部分子系统需要具有超计算的能力，比如采用物理、化学和生物等自然机制。

很明显，从 T_1 到 T_5，这些观点的逻辑计算强制条件是逐渐减弱的。就前三种观点而言，基本上是属于强人工智能的，由于其中假设的条件均没有超出图灵机的假设，因此正像我们看到的那样，遭到了越来越多的指责。实际上，到了 20 世纪末，强弱人工智能的争论基本上已经结束。从长远的观点看，有远见的学者普遍认为弱人工智能的认识确实要比强人工智能的更透彻深刻。这样随着最近智能科学的新发展，弱人工智能的观点也演变成了一种心智计算的自然观。

9.3.2 心智计算的自然观

归纳起来，心智计算的自然观强调用自然机制与算法相结合来进行机器心智的研究，并认为只有这样才能最大可能地实现智能科学的终极目标。这里，自然机制的运用是不可或缺的，因为纯算法的方法已经被证明是无效的。目前可以用于或已经用于心智计算研究的自然机制主要包括有集群并行机制、生命演化机制和量子物理机制等。

集群并行机制利用的是在复杂环境中，群体表现出来的大规模并行自涌现结构的动力学自然机制。这是利用自然自发组织，通过整体集群相互作用，来产生个体都不具备的智能属性，特别是创造性智能属性。因为人类的大脑神经系统就是采用这种并行分布式处理方式的，所以要人工实现人类智能，如果可能，最好直接利用这种自然机制。此时由于强调群体并行机制，因此不同源知识的利用、多模型的结构耦合以及真实自然环境的连续参与等问题，就成为机器智能必须研究的新问题。

将生物机制与计算算法相结合的研究，除了直接利用基因物质来进行抽象计算的基因计算装置研制外，还有模拟生命机制的人工生命研究，包括真实的动物型机器人研制和虚拟的生命机理研究两个方面。这种研究目前主要目标是探索有机体与环境的相互作用机理，因此不管是真实的还是虚拟的，对于理解心智原理都是十分有益的，因为我们的心智毕竟是建立在动物生存和繁衍机制之上的。

真实的人工生命就是要创造出具有动物性能的机器人，而虚拟的人工生命则是要模拟自然生命在给定生态环境中的生物群体繁衍、生存、竞争和行为及其演变等机理。这样的研究对于心智原理理解的好处是，可以在多尺度上同时了解跨层次的演化机理，既了解群体演化变化中长期心智结构的出现，又了解个体相应特性和具体心智特性的短期发展，以及这两者之间的复杂相互作用。

对自然机制最有意义的运用莫过于将量子物理机制引入到机器意识的研究之中。我们知道强人工智能的主要困境是无法应对意识及其语言表现中不合逻辑的自指性结构，因为意识是一种自明性能力，归根结底是不可能归结为某个逻辑形式系统的推导及其结论。而利用量子纠缠性特点正好可以应对这种不合逻辑性，以复杂性对付复杂性。有证据表明，人脑就是一台天然的量子机器，非局域性的意识过程与纠缠性的量子行为一拍即合。因此心智的一种计算描述可以通过量子物理过程将意识与表达内容相连接。

当然自然机制的利用并不限于上述三个方面，一般而言凡是有益于机器心智研究的自然资源，只要能够与逻辑算法相结合的，都是心智计算自然观所提倡的。这样一来，对于心智机制而言，凡是可以约简为逻辑计算算法的，就可以通过经典计算方法加以解决；凡是无法用逻辑计算算法描述的不可约简部分，则可通过特异化的自然机制来实现。这样无疑大大拓宽了机器心智实现的途径。

很明显，人类心智正是大自然孕育的结果，因此退一步讲，这种心智计算的自然观如果走向极端，就是大自然纯自然的途径。不过，那样的话，就需要有几十万年以上的进化时间，因此真正的心智计算自然观一定或多或少是要强调自然机制与算法相结合的途径，否则就不再与“人工”有关了。从这个意义上讲，自然观的机器心智也就是一种“半人工”的机器心智。

9.3.3 智能科学的新趋势

当我们厘清了未来机器心智的正确走向，并把经典的“计算”概念（丘奇-图灵论题意义上的）拓广到“自然机制+算法”的新内涵之上，那么给智能科学的研究前景必然带来一片广阔的新天地。可以预计，随着这种介乎于自然智能与人工智能之间的第三条道路的开辟，智能科学的研究一定会展现全新的繁荣景象。

其实，早在七十多年前，英国数学家科兰特（R Courant）和罗宾斯（H Robbins）曾提出过的一种肥皂膜计算机，就是通过装置本身的复杂性功能而不是复杂的逻辑运算来解决图论中复杂的老大难问题，即STEIN树的图论问题。其要点就是利用肥皂膜自然的张力机制来实现复杂的最优路径和的“计算”问题的。

STEIN树所解的难题是，对于给定任意平面上n个点，要求连接这n个点形成连通图的最小连接边长总和的连接图（可以添加附加点）。很显然，靠逻辑算法来求解，这将成为一个十分复杂的NP问题。但如果运用特异化的肥皂膜计算机，我们就可以通过在n个点位置各钉一枚大头钉，然后用夹板夹起并浸泡在肥皂溶液中后再捞起的办法，轻而易举地解决这一问题。

从这个利用肥皂膜张力来解决疑难计算问题可以看出，自然机制的利用并非一定要基于与心智和生命有关的自然资源，因此研究各种自然机制的利用问题并找到与算法化计算技术相结合的途径，也会成为未来智能科学研究的一个新的研究内容。

首先，随着量子计算、分子计算、纳米计算、基因计算和光子计算等非经典计算方法和技术的层出不穷，因此将各种非经典计算方法和技术与传统人工智能方法的结合，可以激励研究人员向原有的人工智能困难开展新的挑战。比如，可以通过将量子物理计算方法与神经网络方法结合来进行机器意识的深化研究；还可以基于基因生物计算机制来进一步完善遗传演化方法，并重新应用到人工智能研究的各个方面；以及基于自然界自组织机制，将神经集群计算方法加以完善，借以实现人类神经集群相互作用的心智自涌现机制等等。

或者更进一步，根据不同层次，将各种自然计算机制加以有机组合，可以更加全面地解决人类心智能力的实现问题。如图9-4所示，量子计算机制解决纠缠性问题，突破逻辑计算的局限性；基因计算机制解决容错性问题，为创造性思维的实现提供可能；而神经计算机制则解决涌现性问题，使得机器也能够实现意识的突显机制。

其次，随着人体器官组织的人工培育生物技术的不断成熟，最近形成了合成生物学的分支学科，完全可以按照各种需要来人工培育人类和动物的大脑皮层组织，并直接与数字芯片相衔接用于控制机器行为。目前人工皮层，如人工海马、人工小脑等，尽管还停留在动物实验阶段，但其原理是一样的，迟早会应用到人类之上，人工大脑也会为期不远。

还可以利用基因工程直接提升大脑的心智能力，比如可以通过基因工程培育更加智慧的老

神经集群计算：解决涌现问题
基因互补计算：解决容错问题
量子迭加计算：解决纠缠问题

图 9-4 自然计算机制的层次组合

鼠等；或者通过智能药片（某种合适的蛋白质注入）来提升动物的智能；或者通过颅磁刺激（TMS）大脑适当的部位来提升认知处理的速度和敏捷，从而提升动物潜在的智力。一旦上述培育的大脑能够成功实现心智能力，就可以通过大脑皮层的自然机制与机器人技术相结合来真正提高机器心智的水平。这种脑机融合新技术已见报道，并研究越来越普遍开展，可以预见其全面深入的研究必然成为未来心智计算研究的一个新趋势。

另外，可以利用“可编程”的微型芯片（catoms）来随意组合智能机器。这里每个微尘芯片都可以无线控制，通过编程改变其表面电荷来随意聚合重组形成物体，如智能手机或智能机器人，并控制其活动。这样就与合成生物学原理一样，说不定也可以通过某种受控自组织途径来合成具有高级心智能力的物体。

最重要的是，随着近年来脑科学研究的突飞猛进发展，我们探测人脑的手段不断发展，脑电图（EEG）、脑磁图（MEG）、脑成像（PET、fMRI）、近红外光谱仪（NIRS）、深部脑刺激术（DBS）以及光遗传学（Optoenetics）手段等等，使得开展人类大脑逆向工程成为可能。因此通过这样的人类大脑工程研究，如果能够模拟人类大脑，就可以利用全部大脑连接信息来备份人脑，从而开展人脑扫描备份研究工程，使得我们的心灵像软件一样不再依赖于硬件的躯体而得到永生。

当然，人类大脑连接的信息总量是十分巨大的，约为 1ZB（10^{21}B），如果将来的机器容量也足够巨大，将心灵移植到一台机器中也就成为可能。甚至通过激光之束的纯能量形式来保存和传输心灵，能够让心灵遨游在太空，随时随地通过某处的接收站，落户植入某台主机上，可以在太空到处留下心智的化身。

尽管真切实现这样的大脑扫描备份技术还比较遥远，但脑科学最新研究的进展还是为我们结合自然机制的智能机器研制带来了全新的可能。比如读取人脑中流动的思想、植入芯片帮助残疾人自主生活、建造脑联网进行直接心灵交流、开展大脑逆向工程，只要遵循或不违背物理定律，一切都有可能。这就为开展自然机制 + 算法的智能科学研究带来了广阔的天地。

从这种新的计算观点出发，正如我们已经提到的，任何事物都可分为可约简部分和不可约简部分。对于完全可以算法化（丘奇-图灵论题意义上，特别是可多项式时间确定算法化上）加以描述的部分，是属于可约简部分，否则便是不可约简部分。一般不可约简部分本质上属于自然机制问题，只有通过自然机制以复杂性对付复杂性的策略才能够解决。有些问题是完全可约简的，这样的问题可完全归入经典算法研究的范围。但有些问题除了可约简部分外，还存在不可约简部分，因此需要通过“自然机制 + 算法”相结合的方法来解决。还有些问题完全是由不可约简部分组成的，只能完全由自然机制的方法来解决。

对于心智机制的实现问题，必定存在着不可约简部分，因此就需要通过“自然机制 + 算法”相结合的方法来进行研究，找出解决问题的方法。这样一来，我们也就必须放弃强人工智能一直执着的“人工”手段，而采用“人工（算法）+自然（机制）”的新策略。目前已经广泛开展脑机融合方法，就是这种新策略的具体体现。

最后，关于机器能否拥有心智的哲学讨论也将不断深化，由于非经典计算思想的不断成熟，原有的逻辑计算局限性这一限制人工智能发展的桎梏，已经被以复杂性对付复杂性的自然机制+算法的原则所打破。智能科学家们和心智哲学家们也不再会一味强调逻辑还原的重要性和必要性。

从这个意义上讲，重新认识“心”的构成，强调“意”、“情”和“智”三位一体，开展对意识的自反映机制、情志的个性化机制和智慧的自涌现机制的研究，利用非经典计算手段，必将成为智能科学进一步发展的新思路。而所有这些研究，集中到一点，就必须认识到，心智是伴随着意识活动的情感化心智；看待心智，既要一分为三，又要三位一体，然后才能把握机器心智研究的基本问题。

总之，展望智能科学这一当代科学新领域，前景十分诱人，心智计算的自然观将给智能科学研究带来的是一场崭新的革命。这场革命不但可以使传统的人工智能走出困境，而且还可以推动全新智能科学技术研究的进程。我们相信，未来智能科学技术，或者确切地说是心智计算自然观下的智能科学技术，一定会比以往做出更加丰富的成就。

本章小结和习题

在本章中，我们讨论了智能科学技术一些根本性的话题，主要以机器计算能力的局限性为基点，通过哲学思辨和心智计算分析，引入图灵测验，从强弱人工智能之争出发，探讨了一种智能科学技术发展的全新途径。结论是，只要我们充分利用自然机制，并与传统的计算算法相结合，那么智能科学技术不仅可以为当今社会做出重要贡献，而且其发展潜力也将不可限量。这也就是为什么我们称未来社会一定是崭新的智能社会的重要原因。

习题 9.1　请陈述你自己对机器智能研究的看法。

习题 9.2　如何改进图灵测验，使得通过测验能够更好鉴别人机之间的差别？

习题 9.3　对待智能科学新的发展前景，你如何看待未来的机器人时代？

习题 9.4　机器能否拥有人类的心智，你的观点是什么？请给出详细的论述。

习题 9.5　按照“自然机制+算法”的观点，除了集群、生物与量子机制，你认为还有哪些自然机制可以引入智能科学的研究之中，以及会产生什么样的效果？

习题 9.6　充分发挥你的想象力，请从日常生活方面，预测一下未来50年内智能社会所能达到的程度。

参 考 文 献

（同时作为推荐读物，排列次序先外文后中文，按作者名拼音首字母为序）

[1] Amos M. Cellular Computing[M]. New York:Oxford University Press,2004.

[2] Baars B J. In the Theater of Consciousness:The Workspace of the Mind[M]. New York:Oxford University Press,1997.

[3] Blooks R A. Cambrian Intelligence:The Early History of the New AI[M]. Cambridge,MA:MIT Press,1999.

[4] Boden M A. The Creative Mind: Myths and Mechanisms [M]. London: Weidenfeld and Nicolson,1990.

[5] Braunstern S L. Quantum Computing:Where do we want to tomorrow[M]. New York:Willy-VCH,1999.

[6] Churchland P S,T J Sejnowski. The Computational Brain[M]. Cambridge,MA:MIT Press,1992.

[7] Cope D. Computer Models of Music[M]. Cambridge,MA:MIT Press,2005.

[8] Dreyfus H L. What Computers Can't Do:The Limits of Artificial Intelligence[M]. New York,Harper and Row,1979.

[9] Haikonen,P O A. Consciousness and Robot Sentience[M]. Singapore:World Scientific,2012.

[10] Hofstadter D R. Godel,Escher,Bach:An Eternal Golden Braid[M]. Basic Books,1979.

[11] Marcus G,J Freeman. The Future of the Brain:Essays by the World's Leading Neuroscientists [M]. Princeton University Press,2015.

[12] Minker J. Logic-Based Artificial Intelligence[M]. Kluwer Academic Publishers,2000.

[13] Minsky M. Society of Mind[M]. New York:Simon & Schuster,1985.

[14] Minsky M. The Emotion Machine[M]. New York:Simon& Schuster,2006.

[15] Negnevitsky M. Artificial Intelligence: A Guide to Intelligence Systems [M]. Addison-wesley,2002.

[16] Paun G,G Rozenberg,A Salomaa. DNA Computing:New Computing Paradigms[M]. Springer-Verlag,1998.

[17] Penrose R. The Emperor's New Mind:Concerning Computers,Minds,and the Laws of Physics [M]. New York:Oxford University Press,1989.

[18] Penrose R. Shadows of the Mind, A Search for the Missing Science of Consciousness[M]. New York: Oxford University Press, 1994.

[19] Picard R W. Affective Computing[M]. Cambridge, MA: MIT Print, 1997.

[20] 阿尔茨特,比尔梅林. 动物有意识吗[M]. 马怀琪,译. 北京:北京理工大学出版社,2004.

[21] 贝内特,哈克. 神经科学的哲学基础[M]. 张立,等译. 杭州:浙江大学出版社,2008.

[22] 博登. 人工智能哲学[M]. 刘西瑞,王汉琦,译. 上海:上海译文出版社,2001.

[23] 玻姆. 量子理论[M]. 侯德彭,译. 北京:商务印书馆,1982.

[24] 布罗克契尔. 计算机科学概论[M]. 王保江,等译. 7 版. 北京:人民邮电出版社,2003.

[25] 布约克沃尔德. 本能的缪斯[M]. 王毅,等译. 上海:上海人民出版社,1997.

[26] 丹西. 当代认识论导论[M]. 周文彰,何包钢,译. 北京:中国人民大学出版社,1990.

[27] 德雷福斯. 计算机不能做什么[M]. 宁春岩,译. 北京:读书·新知·生活三联书店,1986.

[28] 付蔚. 家居物联网技术开发与实践[M]. 北京:北京大学出版社,2013.

[29] 高德纳. 计算机程序设计艺术(三卷本)[M]. 苏运霖,译. 北京:国防工业出版社,2002.

[30] 格莱克. 混沌:开创新科学[M]. 张淑誉,译. 上海:上海译文出版社,1990.

[31] 格列高里. 视觉心理学[M]. 彭聃龄,杨旻,译. 北京:北京师范大学出版社,1986.

[32] 韩济生. 神经科学原理[M]. 2 版. 北京:北京医科大学出版社,1999.

[33] 韩家炜,等. 数据挖掘:概念与技术(原书第 3 版)[M]. 范明,孟小峰,译. 北京:机械工业出版社 ,2012.

[34] 韩江洪,等. 智能家居系统与技术[M]. 合肥:合肥工业大学出版社,2005.

[35] 侯世达. 哥德尔、艾舍尔、巴赫——集异璧之大成[M]. 郭维德,等译. 北京:商务印书馆,1996.

[36] 黄可鸣. 专家系统[M]. 南京:东南大学出版社,1991.

[37] 伽德纳. 啊哈,灵机一动[M]. 李建臣,刘正新,译. 北京:科学出版社,2007.

[38] 加来道雄. 心灵的未来:理解、增强和控制心灵的科学探索[M]. 伍义生,等译. 重庆:重庆出版社,2015.

[39] 伽扎尼噶,等. 认知神经科学——关于心智的生物学[M]. 周晓林,高定国,等译. 北京:中国轻工业出版社,2011.

[40] 卡尔文. 大脑如何思维[M]. 杨雄里, 梁培基,译. 上海:上海科学技术出版社,2007.

[41] 克里克. 惊人的假说:灵魂的科学探索[M]. 汪云九,等译. 长沙:湖南科学技术出版社,1998.

[42] 库费雷. 神经生物学——从神经元到大脑[M]. 张人骥,潘其丽,译. 北京:北京大学出版社,1991.

[43] 利奇. 语义学[M]. 李瑞华,等译. 上海:上海外语教育出版社,1996.

[44] 李祖枢,涂亚庆. 仿人智能控制[M]. 北京:国防工业出版社,2003.

[45] 刘增良,刘有才. 模糊逻辑与神经网络[M]. 北京:北京航空航天大学出版社,1996.

[46] 陆汝钤. 人工智能[M]. 北京:科学出版社,1996.

[47] 曼德勃罗. 大自然的分形几何学[M]. 陈守吉,译. 上海:上海远东出版社,2001.

[48] 马尔. 视觉计算理论[M]. 汪云九,等译. 北京:科学出版社,1988.

[49] 迈尔斯,陈干. 智能交通系统手册[M]. 北京:人民交通出版社,2007.

[50] 米凯利维茨. 演化程序——遗传算法和数据编码的结合[M]. 周家驹,译. 北京:科学出版社,2000.

[51] 米切尔. 机器学习[M]. 曾华军,等译. 北京:机械工业出版社,2003.

[52] 普特南. 理性、真理与历史[M]. 李光程,译. 上海:上海译文出版社,2005.

[53] 萨伽德. 心智:认知科学导论[M]. 2 版. 朱菁,等译. 上海:上海辞书出版社,2012.

[54] 舍恩伯格. 删除:大数据取舍之道[M]. 袁杰,译. 杭州:浙江人民出版社,2013.

[55] 施克,梅兰. BCI2000 与脑机接口[M]. 胡三清,译. 北京:国防工业出版社,2010.

[56] 斯图尔特. 上帝掷骰子吗——混沌之数学[M]. 潘涛,译. 上海:上海远东出版社,1995.

[57] 史忠植. 智能主体及其应用[M]. 北京:科学出版社,2000.

[58] 史忠植. 智能科学[M]. 北京:清华大学出版社,2006.

[59] 王辉. 智慧城市[M]. 北京:清华大学出版社,2010.

[60] 王克照. 智慧政府之路:大数据、云计算、物联网架构应用[M]. 北京:清华大学出版社,2014.

[61] 王正志,等. 进化计算[M]. 北京:国防科技大学出版社,2000.

[62] 韦特海默. 创造性思维[M]. 林宗基,译. 北京:教育科学出版社,1987.

[63] 艉田秀司. 仿人机器人[M]. 管贻生,译. 北京:清华大学出版社,2007.

[64] 渥维克. 机器的征途[M]. 李碧等,译. 呼和浩特:内蒙古人民出版社,1998.

[65] 肖南峰. 智能机器人[M]. 广州:华南理工大学出版社,2008.

[66] 希利斯. 通灵芯片:计算机运作的简单原理[M]. 崔良沂,译. 上海:上海科学技术出版社,1999.

[67] 向忠宏. 智能家居[M]. 北京:人民邮电出版社,2001.

[68] 姚宏宇,田溯宁. 云计算:大数据时代的系统工程[M]. 北京:电子工业出版社,2013.

[69] 袁媛,等. 智慧城市实践指南[M]. 北京:电子工业出版社,2013.

[70] 詹奇. 自组织的宇宙观[M]. 曾国屏,等译. 北京:中国社会科学出版社,1992.

[71] 周昌乐. 视觉计算原理[M]. 杭州:杭州大学出版社,1996.

[72] 周昌乐. 无心的机器[M]. 长沙:湖南科学技术出版社,2000.

[73] 周昌乐. 认知逻辑导论[M]. 北京:清华大学出版社,2001.

[74] 周昌乐. 心脑计算举要[M]. 北京:清华大学出版社,2003.

[75] 周志华,等. 神经网络及其应用[M]. 北京:清华大学出版社,2004.

[76] 朱德熙. 语法答问[M]. 北京:商务印书馆,1985.